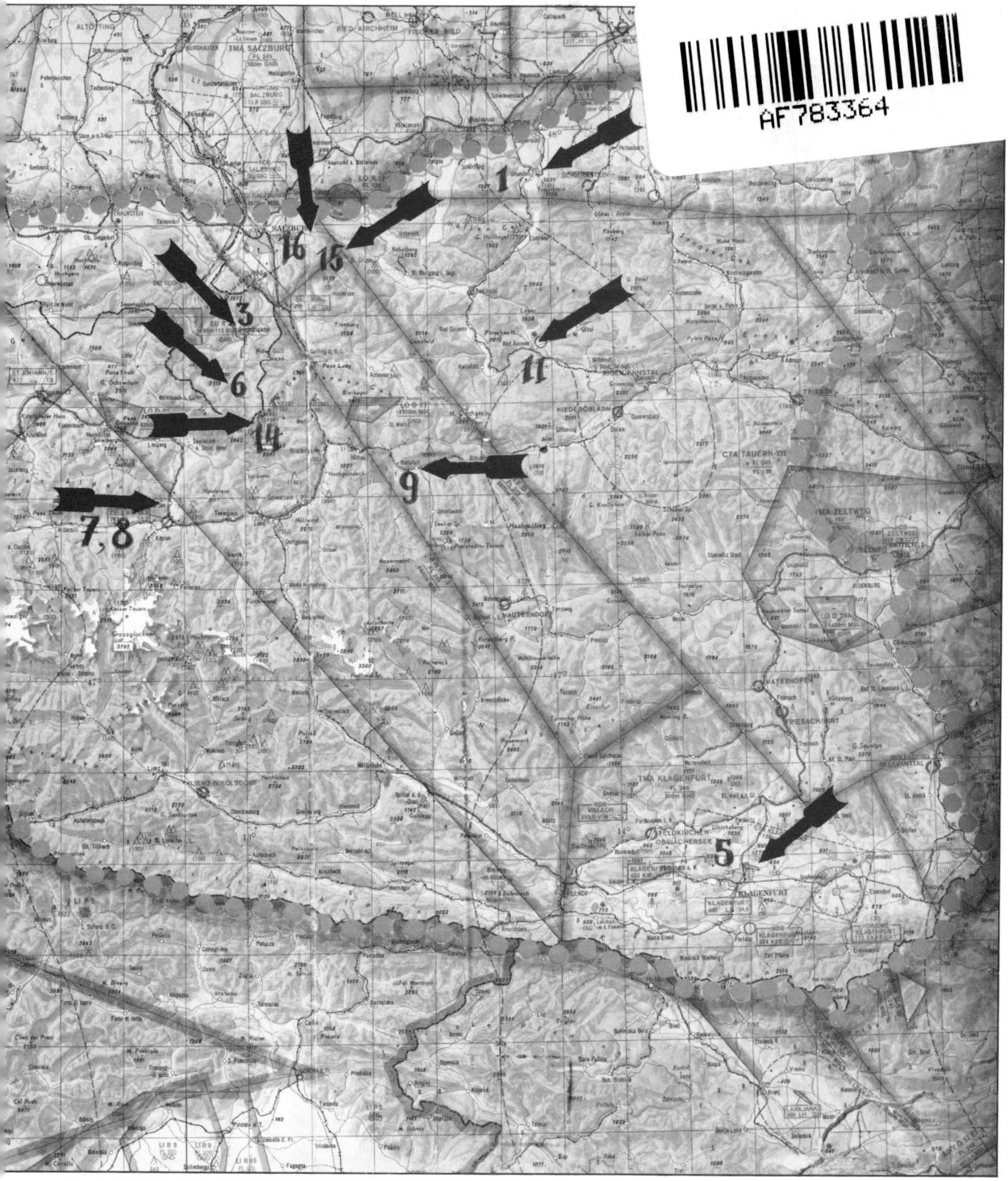

10 Bayrischzell
Sitz von Gen. Gehlen, Chef des Armee-Nachrichtendienstes.

11 Altaussee
Sitz Kaltenbrunners,
Chef RSHA, und Eichmanns.
Nahebei:
versteckte Kunstschätze.

12 Hindelang
Sitz des Raketenspezialisten Wernher von Braun.

13 Hall/Tirol
Sitz von Gauleiter Hofer, Initiator der »Reichsfestung Tirol«.

14 Obersalzberg
Refugien Hitlers, Bormanns, Speers und anderer NS-Prominenz.

15 Schloß Fuschl
Sitz des Reichsaußenministers v. Ribbentrop.

16 Hof/Bayern
Sammelort für Angehörige der SS-Jagdverbände.

17 Garmisch-Partenkirchen
Dr. W. von Brauns
V-2 Forschungsstelle.

18 Schloß Labers bei Meran
Zentrale des
»Unternehmen Bernhard«
Falschgeldproduktionsstätte
Leiter: Friedrich Schwendt,
alias SS-Sturmbannführer
Dr. Wendig.

Rose · Werwolf

Eine Dokumentation

Arno Rose

WERWOLF

1944-1945

Motorbuch Verlag Stuttgart

Einband und Schutzumschlag: Siegfried Horn

Bildnachweis:
Bundesarchiv Koblenz: S. 51, 52, 87, 105, 142, 159, 177, 233, 234, 269
US Army: S. 123, 160, 178, 195, 197, 198
Niemeyer: S. 33, 60, 61, 88, 160, 198, 215, 270, 287
Eher: S. 33, 106
Zeitgeschichtliches Archiv: S. 124, 141, 178, 233, 252
Privat: S. 34, 88, 123, 196, 216, 288.

ISBN 3-87943-700-9

1. Auflage 1980

Eine Abteilung des Buch- und Verlagshauses Paul Pietsch GmbH & Co KG.

Satz und Druck: Verlagsdruckerei Carle, 7143 Vaihingen/Enz
Bindung: Großbuchbinderei Franz Spiegel, 7900 Ulm/Donau
Printed in Germany

Inhalt

Vorwort

In unserer Welt versuchen immer mehr militante Widerstandsgruppen Umstürze zu erzwingen. Etablierte Staatsmächte wehren sich dagegen mit Spezialeinheiten. Dabei scheinen sich die Strategien beider Seiten im Grunde genommen zu gleichen; sie ähneln einer Kleinkrieg-Strategie – der Strategie des »Werwolf«.

Nun hat das Wort »Werwolf« einen ausgesprochen schlechten Klang. Schon in grauer Vorzeit sollen sich Werwölfe in ganz Europa als widerliche, menschenfresserische Unholde umgetrieben haben. Dann fanden von der Inquisition erpreßte, schauderhafte Geständnisse als Flugschriften sowie in Büchern weite Verbreitung und sorgten so für dauerhaften Schrecken. Auch die brutale Parole vom Ostersonntag des Jahres 1945: »Haß ist unser Gebet und Rache unser Feldgeschrei!«, von allen deutschen Rundfunksendern für eine nationalsozialistische Organisation namens »Werwolf« in alle Welt hinausposaunt, ließ Schlimmes ahnen.

Tatsächlich sind dann auch schreckliche Dinge passiert. Bagatellisierende Bewertungen, wie etwa jene des ehemaligen Kriegstagebuchführers beim OKW, der die »Werwolf«-Organisation als »stümperhafte Improvisation« der NSDAP bezeichnete, »die über die ersten Ansätze nicht hinauskam«, lassen sich kaum aufrecht erhalten. Ebenso falsch war aber auch die weitverbreitete Vorstellung vom »Werwolf« als einer Bande von Totschlägern.

Die vorliegende Arbeit stellt klar, daß in Wirklichkeit zwei Organisationen gleichen Namens existierten: Ein Kleinkrieg-Verband, genannt »Werwolf«, unter Leitung von Hans Prützmann als Generalinspekteur für Spezialabwehr beim Reichsführer-SS sowie eine politisch-revolutionär als Volksaufstand inszenierte »Werwolf«-Bewegung.

Beide »Werwolf«-Formen mußten ausführlich dargestellt, gegeneinander und gegen andere Organisationen abgegrenzt sowie zueinander in Beziehung gesetzt werden, was insbesondere im Hinblick auf die Schlußphase des Krieges unerläßlich schien; schließlich ging ja alles ineinander über. Hier war eine exakte Trennung, was wem inwiefern zuzuschreiben sei, nicht mehr möglich.

Der alte »Wehrwolf«-Kampfbund von 1923 erweckte nicht nur wegen seines Namens Interesse; seine ideologischen Wurzeln reichten tiefer als gedacht. Ein kurzer historischer Rückblick sowie eine Analyse des Löns'schen »Wehrwolf« sollten das allgemeine Verständnis für Zusammenhänge fördern.

An »Werwolf«-Taten beteiligten sich ebenso Männer wie Frauen, Wehrmacht-Offiziere und Soldaten wie Hitler-Jungen, alte wie junge Leute, gebildete wie ungebildete, fanatische Nationalsozialisten wie Mitläufer. Dies dürfte zeigen, daß gegen Verhetzung in außergewöhnlichen Situationen offenbar niemand bloß wegen Zugehörigkeit zu irgendeiner Menschengruppe gefeit ist.

Strengstes Schweigegebot im »Werwolf«, Prützmann's Befehl: »Nichts Schriftliches!«, Aktenvernichtung durch Kriegswirren sowie Zurückhaltung überlebender Angehöriger dieser Organisationen oder übergeordneter Dienststellen machten es nicht leicht, lang verborgene Geheimnisse zu lüften. Ergänzungen könnten durchaus angebracht sein, Hinweise sind jedenfalls willkommen.

In der Schreibweise erscheint das Wort »Werwolf« einmal mit, einmal ohne »h«. Löns schrieb es mit »h«, desgleichen der »Wehrwolf«-Kampfbund von 1923. Im Dritten Reich ließ man offiziell das »h« fort, was einzelne Dienststellen nicht daran hinderte, das Wort richtig und falsch zu schreiben. Zitate werden hier im Original, also auch fehlerhaft, wiedergegeben. Einige Unterlagen durften nur begrenzt verwendet werden, deshalb erscheinen manchmal anstelle von Namen nur Anfangsbuchstaben.

Ich danke allen Persönlichkeiten und Institutionen, die diese Arbeit gefördert haben, insbesondere Herrn Karl Siebel, Herrn Wolfgang Vopersal, den Herren Meyer und Loos vom Militärarchiv Freiburg, den Herren Dr. Ritter, Raillard und Dr. Haupt vom Bundesarchiv Koblenz, Herrn Dr. Ziegahn vom Hauptstaatsarchiv Düsseldorf, den Damen und Herren des Instituts für Zeitgeschichte München, der Forschungsstelle Hamburg, dem Erzbischöflichen Archiv Freiburg, dem Generallandesarchiv Karlsruhe, der Badischen Landesbibliothek Karlsruhe, sowie dem MOTORBUCH-VERLAG, hier ganz besonders Herrn Wolfgang Schilling.

Arno Rose

Abkürzungen

a.D.	außer Dienst
AK	Armee-Korps
AOK	Armee-Oberkommando
Ausb. Abt.	Ausbildungsabteilung
BDM	Bund Deutscher Mädel
BdU	Befehlshaber der Unterseebootflotte
Bf	Bayerische Flugzeugwerke
Chef BKV	Chef der Bandenkampfverbände
D.A.F.	Deutsche Arbeitsfront
F.A.B.	Freiheitsaktion Bayern
Fi	Fieseler; Flugzeugtyp
Fjd.	Feldjägerdienst
Flak	Fliegerabwehrkanone; Waffengattung Flugabwehr
Fr. H. Ost	Fremde Heere Ost
GenSt	Generalstab
GenStdH	Generalstab des Heeres
GenStdLW	Generalstab der Luftwaffe
Gestapo	Geheime Staatspolizei
GI	volkstümlich: einfacher amerikanischer Soldat (Government Issue = Regierungsexemplar)
G. Kdos.	Geheime Kommandosache
GPU	Geheime russische Staatspolizei
g. Rs.	Geheime Reichssache
Grufü	Gruppenführer
HJ	Hitler-Jugend
HKL	Hauptkampflinie
H.L.K.O.	Haager Landkriegsordnung (Haager Konvention)
HQ	Hauptquartier, headquarter
HSSPF	Höherer SS- und Polizeiführer
i.G.	im Generalstab
(J)	Jagd, Jagdeinsatz
Jabo	Jagdbomber
JG	Jagdgeschwader
KG	Kampfgeschwader
KP	Kommunistische Partei
KPD	Kommunistische Partei Deutschlands
KPdSU	Kommunistische Partei der Sowjetunion

Kripo	Kriminalpolizei
KTB	Kriegstagebuch
L.D.S.	»Landsturm. Der Stahlhelm«
L.O.	Landesschutzoffizier
LW	Deutsche Luftwaffe
Me	Messerschmitt, Flugzeugtyp
MG	Maschinengewehr
Mil.	Militär, militärisch
mot.	motorisiert
MP	Maschinenpistole
N-Apparat	Nachrichtendienst-Apparat
Napola	Nationalpolitische Erziehungsanstalt
NKWD	Narodny Kommissaria Wnutrenny Diel
NS	Nationalsozialismus, nationalsozialistisch
NSBO	Nationalsozialistische Betriebsorganisation
NSDAP	Nationalsozialistische Deutsche Arbeiterpartei
NSF	Nationalsozialistischer Führungsstab
NSFO	Nationalsozialistischer Führungsoffizier
NSKK	Nationalsozialistisches Kraftfahrkorps
NSV	Nationalsozialistische Volkswohlfahrt
OB	Oberbefehlshaber
Ob.d.E.	Oberbefehlshaber des Ersatzheeres
O.C.	Organisation Consul
OFFLAG	Offiziersgefangenenlager
Ogrufü	Obergruppenführer
OHL	Oberste Heeresleitung UdSSR
OKH	Oberkommando des Heeres
OKL	Oberkommando der Luftwaffe
OKW	Oberkommando der Wehrmacht
Op. Abt.	Operationsabteilung
Org. Abt.	Organisationsabteilung
OSS	Office of Strategic Services
OT	Organisation Todt
PG	Parteigenosse
P-Mann	»Werwolf«-Angehöriger des »Werwolf-West«
Pz.	Panzer
R.A.	Rote Armee
RAD	Reichsarbeitsdienst
R.A.F.	Royal Air Force
RFSS	Reichsführer-SS
RLZ-Maßnahmen	Maßnahmen zur Räumung, Lähmung und Zerstörung von Gebieten, Fabriken, Anlagen
RMVP	Reichsminister für Volksaufklärung und Propaganda
RPA	Reichspropagandaamt
RSHA	Reichssicherheitshauptamt
RVK	Reichsverteidigungskommissar
R.W.B.R.	Reichswehrblock Roßbach
SA	Sturmabteilung
SD	Sicherheitsdienst
SHAEF	Supreme Headquarters Allied Expeditionary Forces
Sipo	Sicherheitspolizei
S.O.	Selbstopfer

SS	Schutzstaffel
Stapo	Staatspolizei
Stawka	Staatliches Verteidigungskomitee der UdSSR
Stubafü	Sturmbannführer
TNT	Sprengstoff Trinitrotoluol
U-Boot	Unterseeboot
UdSSR	Union der sozialistischen Sowjetrepubliken
UK	unabkömmlich
Uko und	Ukrainische Widerstandsorganisationen
Undo	der Zwanziger Jahre
UPA	Ukrainska Powstanka Armia, ukrainische Aufständischen Armee
USA	Vereinigte Staaten von Amerika
USAAF	United States Army Air Force
V-Leute	Verbindungsleute
V.N.S.	Verband nationalgesinnter Soldaten
Vomi	Volksdeutsche Mittelstelle
V.V.V.D.	Vereinigte Vaterländische Verbände Deutschlands
W	Werwolf
WE	Wehrertüchtigungslager der HJ
WH/H	Wehrmachthelferinnen/Heer
WFSt	Wehrmachtführungsstab
WKP	Zentralkomitee der Allrussischen Kommunistischen Partei
z.b.V.	zur besonderen Verwendung
ZK	Zentralkomitee

1. Unternehmen »Karneval« – Ermordung des Oberbürgermeisters Dr. Oppenhoff im feindbesetzten Aachen durch ein »Werwolf«-Kommando.

Im Herbst 1944 hatte die deutsche Front vor herandrängenden alliierten Truppen bereits so weit zurückweichen müssen, daß der Feind nun auf deutschem Boden stand.
Allerdings reagierten kriegsmüde Menschen in diesen Gebieten auf Besetzungen durch Feindmächte nicht immer so, wie nationalsozialistische Führer sich das vorgestellt hatten. Infolgedessen erging am 18. Oktober 1944 ein Geheimbefehl Himmlers an den Höheren SS- und Polizeiführer West, General der Waffen-SS Gutenberger, mit folgendem Inhalt:
»Aus der Feindpresse ist zu entnehmen, daß in manchen von den Anglo-Amerikanern besetzten Ortschaften die Bevölkerung sich würdelos benimmt. Ich ordne heute schon an:

1. daß bei einer Wiedereroberung dieser Ortschaften die Schuldigen sofort zur Verantwortung zu ziehen sind.
2. Schon jetzt hat unsere Organisation hinter der amerikanischen Front durch Vollstreckung der Todesstrafe an Verrätern energisch zu wirken.«

In bezug auf Mandatsträger befahl Himmler noch schärfer, »... daß jeder Bürgermeister in dem von den Amerikanern besetzten Gebiet zu erschießen sei.«
Und so geschah es dann, daß ein »Werwolf«-Kommando am Abend des 25. März 1945 tatsächlich einen Tötungsbefehl an dem Oberbürgermeister von Aachen, der ersten evakuierten und feindbesetzten Großstadt im Westen des Reiches, vollstreckte.
Den Anstoß zu dieser Tat, die weltweites Aufsehen erregte, hatte Anfang November 1944 SS-Obergruppenführer Hans-Adolf Prützmann, Sonderbeauftragter Himmlers für eine neugegründete »Werwolf«-Organisation, übermittelt. Damals besprach die-

ser hohe SS-Offizier mit SS-Obergruppenführer und General der Waffen-SS Gutenberger in Erkelenz Maßnahmen zum Aufbau einer Untergrundorganisation, genannt »Werwolf-West«. Karl Gutenberger, Mitglied der NSDAP seit 1925 und ehemaliger Polizeipräsident von Duisburg, vertrat als Höherer SS- und Polizeiführer West Himmlers Interessen in Westdeutschland.
Erste schriftliche Anordnungen zur Gründung einer »Werwolf«-Untergrundorganisation hatte Himmler in seiner Eigenschaft als Oberbefehlshaber des Ersatzheeres erteilt: Durch permanente, bodenständige Spionage und Sabotage in feindbesetzten deutschen Gebieten, also im Rücken des Feindes sowohl im Osten wie im Westen, sollte der Wehrmacht ein fast aussichtslos gewordener Abwehrkampf erleichtert werden. Nun ging es darum, qualifizierte Männer, Frauen und Jugendliche zu finden, die sich als »Werwölfe« von der Front überrollen lassen wollten, sowie um die Frage, wie am besten »eine Reihe unterirdischer Bunker« mit Gerät, Waffen und Verpflegung möglichst rasch für diese Leute angelegt werden könnten.
Gelegentlich der Besprechung mit Gutenberger gab Prützmann mündlich den zusätzlichen Befehl Himmlers weiter, den »neuen Oberbürgermeister von Aachen« wegen »reichsfeindlicher Einstellung« zu erschießen.
Nachdem Prützmann unter dem Siegel der Verschwiegenheit die Katze aus dem Sack gelassen hatte, verlor er keine Zeit und besuchte gleich anschließend mit Gutenberger die Gauleiter von Düsseldorf, Köln-Aachen und Essen, um auch diese Herren sofort in die »Werwolf«-Organisation einzuspannen.
Sie reisten in Prützmanns schwerem, schwarzen »Horch«, wie stets begleitet von jungen, strammen Leibwächtern.
Schon bald nach diesen inhaltschweren Gesprächen, die den »Werwolf«-Plan Himmlers im Westen des Reiches in Gang setzten, meldete sich am 10. November 1944 abends gegen 21 Uhr SS-Sturmbannführer Sch. beim Einsatzkommando IV der Gestapo in Schleiden und gab an, von SS-Obergruppenführer Gutenberger beauftragt worden zu sein, »den Bürgermeister von Aachen umzulegen«. Man habe ihn persönlich und »allein für die sofortige Durchführung dieses Auftrages verantwortlich« gemacht. Nun bat er um nähere Informationen und Unterstützung.
Die Schleidener Beamten, bei denen schon vorher zwei Personen

mit demselben »höchstpersönlichen Auftrag« erschienen waren, schickten den SS-Sturmbannführer wieder nach Düsseldorf zurück. Er solle doch bitte dem HSSPF-West berichten, es gebe überhaupt noch keinen Bürgermeister im besetzten Aachen. Überdies sei das Einschleusen von Frontläufern zur Zeit außerordentlich schwierig.

Diese Auskunft war, jedenfalls im ersten Teil, nicht richtig. Denn in Wirklichkeit hatten bereits am 31. Oktober 1944 unter dem Druck amerikanischer Besatzungsbehörden dreißig deutsche Vertrauensleute Dr. Franz Oppenhoff zum neuen Aachener Oberbürgermeister wählen müssen – allerdings, auf inständigen Wunsch der Deutschen – in aller Heimlichkeit, sogar unter Ausschluß alliierter Journalisten.

Mit Recht fürchteten die zurückgebliebenen Deutschen in Aachen die Rache der Partei.

Der zweite Teil der Auskunft entsprach jedoch den Tatsachen. Erst am 5. November 1944 hatte zum Beispiel ein deutscher Trupp von sieben Mann unverrichteter Dinge wieder aus dem unterirdischen Tunnel- und Schachtsystem der Zechen Maria und Anna III zurückkehren müssen. Berggerecht mit Grubenkleidung, Lampen und Rettungs- sowie Nachrichtengerät ausgerüstet, von der 246. Volksgrenadierdivision zusätzlich mit Proviant und Pistolen versorgt, waren die Männer im Auftrage des Dürener Einsatzkommandos III der Gestapo in den frühen Morgenstunden des 5. November 1944 in zwei Schächte der Zeche Maria-Hauptschacht eingestiegen. Das Unternehmen lief unter dem Stichwort »Glückauf«; es sollte unterirdische Verbindungswege für Frontläufer erkunden. Doch überflutete Schächte, ein Wassersturz im Schacht Anna III sowie unüberwindliche Abriegelungen des Ausstiegsschachtes am Zielort, unterhalb besetzten Gebietes, ließen den Versuch scheitern.

Aufgrund der von Prützmann überbrachten Befehle Himmlers hatten nun im Machtbereich des Höheren SS- und Polizeiführers West alle Gauleitungen der NSDAP ebenso wie die Wehrmacht für den »Werwolf« geeignete Leute zu melden. Nach und nach folgten etwa zweihundert Mann, darunter zahlreiche Angehörige der Hitler-Jugend, der offiziellen Einberufung zur Waffen-SS durch einen Angehörigen der Gestapo-Leitstelle Düsseldorf. Sie wurden beim Stabsquartier des HSSPF-West auf Schloß Hülch-

rath bei Grevenbroich in Speziallehrgängen von SS- und Wehrmacht-Offizieren und Unterführern geschult.
Militärische Aufgaben und Einsatzfragen des »Werwolf«-West bearbeitete Oberstleutnant N. im Stabe des Höheren SS- und Polizeiführers West, ein Berufsoffizier des Ersten Weltkrieges sowie ein alter Bekannter Gutenbergers, der diesem nur zufällig in Köln über den Weg gelaufen war, und der vom Fleck weg für die neue Sache verpflichtet worden war.
Bei allen Absprachen und Vorbereitungen, die mit dem Aufbau und den Aktionen des »Werwolf«-West zusammenhingen, wirkte SS-Standartenführer R. mit, ein ehemaliger Lehrer mit juristischer Bildung. Als Freiwilliger bei der »Leibstandarte Adolf Hitler« war er im Juni 1944 bei Caen verwundet worden; danach hatte man ihn als Stabsführer zum HSSPF-West versetzt.
Gegen Ende November 1944 reklamierte Himmler per Fernschreiben bei Gutenberger den Vollzug »in der Angelegenheit des Oberbürgermeisters von Aachen«. Im Dezember folgte eine telefonische Rüge. Als Gutenberger wegen personeller und tatsächlicher Schwierigkeiten, die vor allem mit dem Überwinden der Front zusammenhingen, wiederum Einwände erhob, befahl Himmler kurzangebunden den Luftweg.
Im Januar 1945, als immer noch nichts geschehen war, überbrachte schließlich ein besonderer Kurier Prützmanns Himmlers definitiven schriftlichen Befehl:

> »Der Oberbürgermeister von Aachen ist zum Tode verurteilt. Die Vollstreckung ist durch W (Werwolf) zu vollziehen.«

Zugleich beorderte Prützmann Leutnant Herbert Wenzel, den »Werwolf«-Ausbildungsleiter beim HSSPF-West, nach Berlin. Dort übertrug man diesem ehemaligen Offizier der »Division Brandenburg« offiziell die Führung des Erschießungskommandos, das nun unter dem Decknamen »Karneval« rasch Gestalt annahm. Anfangs verwendete man auch die Bezeichnung »Unternehmen Oberbürgermeister«.
Leutnant Wenzel, ein Auslandsdeutscher, der gut Englisch sprach, war einer jener Offiziere der »Division Brandenburg« gewesen, die im September 1944 auf Veranlassung Guderians zu den SS-Jagdverbänden nach Friedenthal versetzt worden waren, um hier ihre speziellen Kenntnisse und Fertigkeiten unter dem Befehl Skorzenys anzuwenden.

Wenzel beschaffte nun für das geplante Unternehmen Waffen und Gerät, und der Gestapo-Beamte Stubenrauch stattete die Gruppe mit gefälschten Papieren aus, die sie als Angehörige der harmlosen »Organisation Todt« auswiesen.
Unterdessen setzte sich SS-Obergruppenführer Gutenberger mit LW-Generalmajor P. wegen eines geeigneten Flugzeuges in Verbindung, ohne ihn näher einzuweihen. P. unterstand unter anderem die in Hildesheim stationierte, in die »Luftflotte Reich« integrierte und von Major Koch kommandierte I./KG 200, ein fliegerischer Verband, der in mancherlei Hinsicht geheimnisvoll erschien; denn er brachte, meistens im Auftrage des Reichssicherheitshauptamtes der SS, unter Verwendung erbeuteter, mit deutschen Hoheitsabzeichen versehener amerikanischer, französischer sowie italienischer Großbomber und Transportflugzeuge Sabotagetrupps ins feindliche Hinterland, setzte Agenten und Material ab und führte andere komplizierte und waghalsige Sonderunternehmungen durch. Zuständig für Geheim-Einsätze im frontnahen Bereich war die 2. Staffel der I./KG 200.
Generalmajor P. sicherte Unterstützung zu.
Im Februar 1945 ließ sich Gutenberger von der Gestapo zwei Grenzbeamte nennen, die bereits erfolgreich als Frontläufer in der Aachener Gegend hinter den feindlichen Linien aufgeklärt und auch mehrmals Spione sowie Saboteure durchgeschleust hatten. Sie sollten nun eine gute Absprungstelle für den Trupp ermitteln, die Gruppe durchs Gelände führen sowie den Rückweg sichern. Der eine, He., galt als alter, besonders routinierter Frontläufer, zumal er schon einmal einem Fallschirmkommando angehört hatte. Wenzel, der Führer des Kommandos, sowie sein Stellvertreter Josef (Sepp) Leitgeb, ein dreißigjähriger SS-Unterscharführer aus Innsbruck, zur Zeit »Werwolf«-Ausbilder in Hülchrath, waren als Vollstrecker des Tötungsbefehls vorgesehen.
Die BDM-Hauptgruppenführerin H., 23 Jahre alt, sorgte für Verpflegung und kannte sich in Aachen gut aus.
Als jüngstes Mitglied des Erschießungskommandos hatte Wenzel den sechzehnjährigen M. ausgewählt, einen eifrigen HJ-Führer im Streifendienst, der bereits seit November 1944 als Mitglied der »Werwolf«-Organisation in Hülchrath Schießen und Sprengen gelernt hatte. Ihm fielen nun Meldegänge als Auftrag zu.
Alle schworen, zusammenzuhalten und jeden möglichen Verräter

in ihrer Mitte sofort mit dem Tode zu bestrafen.
In der letzten Februarwoche fuhr Gutenberger nach Schloß Hülchrath, um zum letzten Male mit den auf Oppenhoff angesetzten »Werwölfen« zu sprechen.
Anfang März 1945, ein Start von Düsseldorf-Lohausen war inzwischen durch das Vordringen der Alliierten nicht mehr möglich, händigte Gutenberger an Wenzel dicke Bündel brandneuer Belgischer Franc-Scheine sowie Alliierte Währungen aus.
»Verteilen Sie das«, sagte er; und er fügte hinzu: »Unternehmen Karneval startet in sechs Tagen.«
Ein Lastwagen der Polizei brachte den »Werwolf«-Trupp nach Hildesheim.
Auf dem Flugplatz wußte man Bescheid. Niemand stellte Fragen. Ein Oberleutnant der Luftwaffe überreichte Wenzel ein gelbes Päckchen. Der Inhalt, 5000 US-Dollar, war für einen englischen Spion bestimmt, den man über Funk über das ausgemachte Versteck unterrichten würde.
Um 21 Uhr, am 20. März 1945, hob die schwere amerikanische Beutemaschine vom Typ Boeing B-17 »Fliegende Festung« mit dem »Werwolf«-Kommando an Bord von der Startbahn des Flugplatzes Hildesheim ab und verschwand in Richtung Westen.
Alle »Werwölfe« trugen Zivil, darüber Fliegerkombinationen. Alleine die Frau blieb unbewaffnet.
Über belgischem Waldgelände bei Gemmenich sprang der Trupp in die Dunkelheit. Die Versammlung gelang. Gemeinsam verbrachte man die restliche Nacht und den darauffolgenden Tag im Wald.
Am Sockel eines ganz bestimmten, verwitterten Grenzsteines, kenntlich durch ein tief eingemeißeltes »N« sowie eine Krone, entfernte Wenzel mit dem Messer etwas Erde und legte eine versteckte Höhlung frei, in welche das wasserdicht verpackte Bündel mit dem Geld für den englischen Captain in deutschem Sold genau hineinpaßte.
Beim Weitermarschieren stieß die Gruppe plötzlich auf einen holländischen Grenzposten. Alle Waffenträger eröffneten sofort das Feuer. Josef (Jost) Saive, so hieß der unglückliche Grenzer aus Wolfhaag, erhielt tödliche Treffer in der Leistengegend, in die rechte Brust sowie ins linke Knie.
In der allgemeinen Aufregung, die dieser Zwischenfall verursach-

te, verlor die BDM-Führerin den Anschluß an die Gruppe. Infolgedessen mußte sie sich auf eigene Faust nach Aachen durchschlagen. Hier streifte sie zunächst ziellos umher und erfuhr schließlich das, was den »Werwolf« brennend interessierte: Namen und Adresse des Opfers.

Oberbürgermeister Dr. Franz Oppenhoff bewohnte mit Frau und drei Kindern sowie einem jungen Dienstmädchen das Haus Eupenerstraße 251.

Zufälligerweise traf die BDM-Führerin, als sie die Verhältnisse im Hause Oppenhoff erkundete, eine Bekannte, die sechzehnjährige Christel Sch. Diese gab ihr arglos den Rat, sich bei der amerikanischen Kommandantur im Suermondt-Museum eine Aufenthaltsgenehmigung zu beschaffen – Voraussetzung für lebensnotwendige Rationen.

Gerade als die H. am alten Arbeitsamt Augustastraße vorüberging, hörte sie, wie hinter ihr jemand ihren Namen flüsterte.

Wieder war der Zufall im Spiel: Sie traf die Kommando-Mitglieder Leitgeb und M.

Nun fanden sich alle wieder beim inzwischen errichteten Standlager Pelzerturm zusammen.

Nachdem die H. berichtet hatte, machte man sich auf, um bei Hauset, auf belgischem Boden, ein neues und letztes Waldlager zu beziehen. Von hier aus konnte man die Wohnung des Opfers leicht zu Fuß erreichen.

Am Abend des 25. März 1945 gab Wenzel Befehl zum Aufbruch. Er, Leitgeb und He. marschierten in ihren neutralen Fliegerkombinationen los, um den Auftrag auszuführen. Hei., H. und M. blieben im Lager zurück.

Unangefochten drangen die »Werwolf«-Männer bis zu ihrem Ziel vor, obwohl ganz in der Nähe von Oppenhoffs Haus die Dienststelle eines amerikanischen Generals eingerichtet worden war.

Bevor sie durch ein Kellerfenster einstiegen, schnitt Leitgeb mit seinem Messer das Telefonkabel durch – ein Fehler, wie sich bald ergeben sollte.

Der jungen Hausangestellten, die sie im Obergeschoß antrafen, machten sie plausibel, Pässe zu benötigen, aber das Mädchen hielt sie in ihrer Angst für Amerikaner. Es stellte sich heraus, daß sich der Oberbürgermeister nebst Frau im Nachbarhaus aufhielten. Elisabeth G. rannte nun hinüber zum Hause der Familie Faust, wo

die Oppenhoffs mit Freunden Palmsonntag feierten.
»Herr Oppenhoff, Herr Oppenhoff«, platzte sie in die Gesellschaft. »Da sind ein paar Amerikaner, die Sie unbedingt sprechen wollen – jetzt gleich!«
Zögernd kam der Oberbürgermeister dieser Aufforderung nach. »What do you want?« fragte er die im Dunkeln kaum erkennbaren Männer, tatsächlich in dem Glauben, Amerikaner vor sich zu haben. Wenzel ergriff das Wort und erwiderte in Deutsch:
»Nein, wir sind keine Amerikaner. Wir sind deutsche Flieger; uns hat es vor drei Tagen bei Brüssel erwischt, wir sind abgeschossen worden. Wir wollen zu den deutschen Linien durch. Haben Sie Pässe für uns, Herr Bürgermeister?«
Oppenhoff schüttelte den Kopf: »Nein, das geht nicht. Geben Sie doch auf, der Krieg ist doch fast vorbei, eine Sache von ein paar Tagen...«.
Als der linientreue Leitgeb das hörte, überkam ihn die Wut und er zischte böse:
»Heil Hitler!«.
Betroffen und verwirrt wandte sich Oppenhoff ab und ging, sich kurz entschuldigend, ins Haus, um Elisabeth G. zu bitten, sich mit den Butterbroten zu beeilen, die er den vermeintlichen Fliegern mitgeben wollte.
Zögernd schraubte Wenzel einen langen Schalldämpfer auf seine Pistole.
Inzwischen kam dem Nachbarn Oppenhoffs, der seinem Bekannten langsam gefolgt war, der Verdacht, es könne mit diesen angeblichen Fliegern doch etwas nicht stimmen. Möglichst unauffällig ging er wieder zu seinem Haus zurück, um Hilfe zu holen.
Jetzt schien den »Werwolf«-Leuten schnelles Handeln geboten. Die passende Gelegenheit war da, als Oppenhoff zurückkehrte. An der Kellertreppe tötete Leitgeb, nachdem er dem zaudernden Wenzel die Waffe aus der Hand genommen hatte, den Oberbürgermeister, ohne ein Wort zu sagen, mit einem Schuß in die linke Schläfe und nahm dessen Handschuhe sowie die Bürgermeister-Armbinde an sich.
Plötzlich tauchte ein Trupp von einer nahegelegenen Nachrichteneinheit der Amerikaner auf. Die Soldaten suchten die Störung, die Leitgeb verursacht hatte, als er die Telefonleitung durchtrennte. Noch soeben konnten die Attentäter entwischen, allerdings

wurden sie nun voneinander getrennt.
Jeder der drei hastete in eine andere Richtung davon.
Um 22.30 Uhr, soeben hatte die BDM-Führerin den Hei. aus unruhigem Schlaf aufgeweckt, hörten sie jemanden herannahen, und bevor sie fliehen konnten brach Leitgeb durch das Unterholz. Außer Atem berichtete er rasch, wie er den Auftrag erfüllt habe. Dabei schimpfte er auf den »Feigling Wenzel«, brüstete sich seiner Tat und wies stolz die grauen Handschuhe sowie die Armbinde des Opfers vor, deren Aufdruck »Town Mayor« deutlich darauf hindeutete, wem sie vorher gehört hatte. Sofort setzten die vier Kommando-Teilnehmer gemeinsam die hastige Flucht fort. Als Treffpunkt nach vollbrachter Tat hatte man Gut Hombusch bestimmt, ein abgelegenes Gehöft, versteckt auf einem bewaldeten Hügel in der Nähe von Mechernich liegend. Hier lebte nur noch Baron Solemacher mit ein paar Dienstboten. Diesem Ziel strebten die Vier zu.
Eineinhalb Tage später, als sie bereits die Kallbach-Talsperre erreicht hatten, trat der Attentäter Leitgeb auf eine Mine und wurde auf der Stelle getötet. Nur wenig später schieden die beiden jüngsten Mitglieder des »Werwolf«-Trupps auf ähnliche Weise aus. Nachdem sie ausgangs Schleiden ebenfalls Minen übersehen hatten, blutete M. aus schweren Wunden im Rücken und an der Hand, H. hatte es böse am rechten Knie erwischt. Beide kamen nach Vussem/Eifel ins Krankenhaus.
Am verabredeten Treffpunkt trafen nur Wenzel, He. und Hei. ein – ausgerechnet am Ostersonntag, dem hohen Festtag der Auferstehung des Herrn, jenem 1. April 1945, den eine spektakuläre »Werwolf«-Proklamation des fanatischen Dr. Goebbels durch eine völlig andere, lebensfeindliche Prägung vergiftete. Doch davon später.
Die Ermordung des ersten von Alliierten eingesetzten deutschen Bürgermeisters ging durch die ganze Presse.
Die New York Times brachte die Nachricht als Sensation in einer großen Schlagzeile:

> »Non-Nazi Mayor of Aachen Killed by 3 German Chutists in Uniform.« (Unbelasteter Bürgermeister von Aachen durch drei deutsche Fallschirmjäger in Uniform getötet.) Der Kommentar lautete:
> »Die Meuchelmörder erschossen den Bürgermeister in Gang-

stermanier und entkamen. Hitler hat oft allen Deutschen Rache geschworen, die mit dem Feind zusammenarbeiten.«

Dagegen frohlockten die nationalsozialistischen Blätter.

So schrieb unter anderen am 31. März 1945 der »Völkische Beobachter«:

»Wie das amtliche englische Nachrichtenbüro Reuter bekanntgibt, wurde der von der alliierten Militärbehörde als Oberbürgermeister eingesetzte Franz O. von deutschen Freiheitskämpfern getötet.

Ergänzend wird hierzu mitgeteilt, daß ein Gericht zur Wahrung der deutschen Ehre den treulosen Verräter sofort nach Antritt seines Amtes im Solde des verhaßten Feindes zum Tode verurteilte.

Das Urteil wurde in der Nacht zum Mittwoch durch Erschießen vollstreckt.«

Auerbach sieht in seinem »Werwolf«-Gutachten vom 20. April 1956 einen Zusammenhang zwischen der Tötung Dr. Oppenhoffs »durch ›Werwölfe‹« am 25. März 1945 und der am Ostersonntag, dem 1. April 1945, in Gang gesetzten »Werwolf«-Agitation in Presse und Rundfunk; ja, es scheint, als ob der Aachener Mord gewissermaßen das Fanal für alle »Werwolf«-Verbände gewesen sei, nun allgemein loszuschlagen. Tatsächlich glückte das schon lange vorher geplante Attentat nur zufällig an diesem Tag. Als spektakulärer Auftakt zu größeren Aktionen kam diese Tat zwar gerade recht, aber in diesem Sinne geplant gewesen war sie nicht. Himmlers »Werwolf« verfolgte zunächst ganz andere Ziele.

2. *Himmlers Entschluß, Kleinkrieg-Verbände, genannt »Werwolf«, aufzustellen.*

Heinrich Himmlers Stellung beruhte im Dritten Reich vor dem Attentat vom 20. Juli 1944 vor allem auf den vier mächtigen Positionen Reichsführer-SS, Chef der Deutschen Polizei, Reichskommissar für die Festigung deutschen Volkstums (eine Reichsaufgabe), Chef des Kriegsgefangenenwesens (eine Wehrmachtfunktion).

Himmler war schon immer der Meinung gewesen, daß die deutsche Polizei nicht denkbar sei ohne die SS. »Wir sind aber auch nicht denkbar ohne diese Exekutive des Staates, die in unserer Hand ist«, bekannte er einmal in einer Rede vor Offizieren der Leibstandarte Adolf Hitler. Seine mit Akribie verfolgte Lieblingsidee rankte um einen einheitlichen Machtblock »mit all seinen Sparten: Allgemeine SS, Waffen-SS, Ordnungspolizei, Sicherheitspolizei..., ein Block, ein Körper, ein Orden«, natürlich in der Hand treuer Nationalsozialisten, in sich geschlossen, undurchdringlich, zugleich ein Geheimhaltungssystem als »Meisterstück der Täuschung«, wie Jodl sich ausdrückte.

Der Reichsführer, ohnehin schon Herr über Leben und Tod, erfuhr weiteren Machtzuwachs, als Hitler am 20. Juli 1944 das Attentat v. Stauffenbergs überlebte. Nun übernahm er auch noch den Oberbefehl über das Ersatzheer.

Ganz anders als Goebbels, Bormann, Ley und insbesondere Göring, der später, als alles vorbei war, nationalsozialistische Glaubenssätze als »ideologischen Krams« verächtlich machen sollte, nahm Himmler seine Aufgaben als historischen Auftrag blutig ernst. Er war stets ein Eiferer gewesen.

Nach dem Ersten Weltkrieg hatte er in mehreren Freikorps paramilitärischen Dienst geleistet, unter anderem auch im »Bund

Oberland«, der ideologisch eine zeitlang mit dem alten »Wehrwolf«-Kampfbund von 1923 (siehe unten Seite 54) paktierte. Später, als er Macht ausübte, schmeichelten »wilde Sachen« Himmlers revolutionärer Eitelkeit; er förderte solche Ideen in seinem Einflußbereich umso eifriger, je mehr er meinte, damit Hitler imponieren und zaudernde Wehrmachtgenerale in den Schatten stellen zu können.
Konsequent ließ er seine Leute die Entwicklung spezieller Kampfeinheiten, von Einsatzgruppen zur Bandenbekämpfung über den »Sonderverband z.b.V. Friedenthal«, SS-Jagdverbände, bis letztlich zur »Werwolf«-Organisation vorantreiben.
Daß er sofort zupackte, als Canaris nach dem 20. Juli 1944 als Mitverschwörer stürzte, und passende Einheiten der »Division Brandenburg« seiner eigenen modernen Kampftruppe in Friedenthal einverleibte, wie wir im einzelnen noch sehen werden, war nur logisch. Innerhalb der Waffen-SS entstand auf diese Weise zum ersten Male das, was heute jede verteidigungsbewußte Nation für unerläßlich hält: Ein Elite-Korps besonders einsatzstarker Soldaten zur Bewältigung von »Sonderaufträgen« der obersten politischen und militärischen Kommandobehörden außerhalb der großen, offenen Kampfführung.
Durch Himmlers Aufgeschlossenheit in subversiven Angelegenheiten ermuntert, erörterte man bereits im Frühjahr 1944 Möglichkeiten im Hinblick auf die Frage, ob nicht die zu befürchtende Eroberung deutschen Bodens durch feindliche Truppen auf gleiche Weise beantwortet werden könnte, wie es seinerzeit beim deutschen Vormarsch russische und andere Völker getan hatten: mit der scharfen Waffe zahlreicher Partisanen-Verbände im Rükken der Gegner.
Diese Überlegungen entstanden nicht von ungefähr; sie reichten vielmehr über Jahre zurück. Denn schon gegen Ende der Zwanziger Jahre kam im Kreise der Landesschutzoffiziere (LO) während der Vorbereitungsarbeiten zum Aufbau eines Ost-Grenzschutzes aus Zeitfreiwilligen der Gedanke auf, das große Angebot von Freiwilligen aus den Reihen des »Stahlhelm. Bund der Frontsoldaten« nicht nur zu Gunsten normaler Waffengattungen zu nutzen, sondern auch zur Schaffung einer Spezialtruppe als Nachfolgeorganisation des 1928 in den allgemeinen Grundschutz integrierten »Feldjägerdienstes«. Diese Idee wurde verworfen.

Erst als Hitler an die Macht gekommen war, führte der persönliche Kontakt zwischen dem Verbindungsführer des »Stahlhelm« zur SA, der zugleich die Funktion eines Stabsführers im »Jung-Stahlhelm« innehatte, und Röhm, dem Stabschef der SA, zur Realisierung des Gedankens, Kleinkrieg-Verbände im Rahmen der SA aufzustellen.
Röhm befand sich damals, nichtsahnend, was kommen würde, auf dem Höhepunkt seiner Laufbahn. Millionen »Braunhemden« hörten auf sein Kommando. Möglicherweise sah er sich als künftigen Reichswehrminister oder Nachfolger Blombergs.
Jedenfalls entstand auf seine Anweisung hin östlich von Hanau in einem Waldgelände, das zu einer ehemaligen Munitionsfabrik gehört hatte, ein Ausbildungslager für Kleinkrieg-Spezialisten á la »Feldjägerdienst«. Zunächst griff man tatsächlich auf ehemalige Feldjäger zurück, wie man es dann Jahre später beim »Werwolf« wieder tun würde, wobei der damalige Oberführer der SA, Gottlob Berger, der als Württemberger selbst den Feldjägern im Schwarzwald angehört hatte, gute Dienste leistete.
Geldmittel flossen aus den Kassen der Reichswehr zu.
Die Ausbildung ehemaliger Feldjäger sowie neuer Freiwilliger war in Hanau gerade erst richtig angelaufen, als Himmlers Intrige gegen seinen Vorgesetzten Röhm zündete. Hitlers außerordentlich scharfe Reaktion auf den sogenannten »Röhm-Putsch«, die Liquidierung Röhms, Schleichers sowie einer Reihe von Leuten ihrer Umgebung, stoppte abrupt begonnene Arbeiten, und die frischen neuen Kleinkrieg-Verbände zerstreute die Reichswehr rasch in alle Winde.
Derselbe ehemalige Landesschutzoffizier, der damals den Stabschef der SA, den er seit 1921 kannte, vom Nutzen einer Kleinkrieg-Truppe überzeugen konnte, bediente sich im Frühjahr 1944 seiner Verbindungen zu Berger, dem inzwischen zum Chef des SS-Hauptamtes sowie zum SS-Obergruppenführer aufgestiegenen ehemaligen Feldjäger. Angesichts der offensichtlichen Ohnmacht Deutschlands, feindliche Heere mit normalen Mitteln vom eigenen Boden fernhalten zu können, griff Berger die nun abermals akute Idee auf:
Der »Werwolf« warf einen ersten Schatten.
Über Kontakte zu dem ehemaligen Leiter des »Feldjägerdienstes«, Generalleutnant von Voß, beschaffte man sich aus Potsdam

die im Reichsarchiv verwahrte, sehr gründliche »Denkschrift über den Feldjägerdienst« vom 1. Mai 1928 und verwendete sie als Richtschnur für eigene Pläne.
Die Bezeichnung »Werwolf« nahm Himmler selbst zum ersten Male in aller Öffentlichkeit in den Mund, als er drei Tage vor dem Fall Aachens die jüngste Einheit des neuaufgestellten Deutschen Volkssturms in Ostpreußen besichtigte.
Eher beiläufig, ohne besondere Betonung einer speziellen Untergrundorganisation, erinnerte er die angetretenen alten Männer und Jugendlichen an heroische Begebenheiten des Jahres 1813, als schon einmal das Volk in seiner Wut aufgestanden sei, um Napoleon zu verjagen, mit nichts weiter als Vogelflinten, Säbeln, Sensen und Selbstvertrauen. Und er schloß mit jener außerordentlichen Drohung, die sofort alliierte Geheimdienste alarmierte: »Auch in dem Gebiet, das sie glauben, erobert zu haben, wird immer wieder in ihrem Rücken der deutsche Widerstandswille aufspringen, *und wie die Werwölfe* werden todesmutige Freiwillige dem Feinde schaden und seine Lebensfäden abschneiden. Unsere verfluchten Feinde werden es feststellen und einsehen müssen, daß ein Einbruch in Deutschland ... für den Angreifer Opfer kostet, die für ihn dem nationalen Selbstmord gleichkommen.«
Als sich die geheimen Überlegungen konkretisierten, bestimmte Himmler nach dem üblichen Prinzip der Ämterhäufung zum Organisator und Führer der »Werwolf«-Verbände den SS-Obergruppenführer und General der Waffen-SS Hans-Adolf Prützmann; zugleich gab er ihm für diese Aufgabe den Titel »Der Generalinspekteur für Spezialabwehr beim Reichsführer-SS«.
Prützmann war zu dieser Zeit als Dreiundvierzigjähriger Staatsrat, Mitglied des Reichstages und Bevollmächtigter Deutscher General in Kroatien. Einem führenden Mann in seiner nächsten Umgebung erschien er »intelligent, gewandt, selbstbewußt, leicht eitel, selten erregt. Er konnte zuhören und nachdenken«.
Im Juli 1941 hatte Hitler Prützmann als einen seiner Hauptrepräsentanten ins besetzte Rußland entsandt, wo er die Polizei aufbaute. Seine generelle Aufgabe bestand darin, die »neue Ordnung« aufzurichten – und aufrecht zu erhalten.
Tatsächlich hatte dieser Vertraute Himmlers, bevor er »Werwolf«-Führer wurde, als Höchster SS- und Polizeiführer Ukraine und Höherer SS- und Polizeiführer Rußland-Süd lange Jahre im

Sinne des nationalsozialistischen Regimes gedient und sich auch beim Ausführen schwieriger und unangenehmer Befehle nicht zimperlich gezeigt. Allerdings zog er sich dabei die Mißgunst Gauleiter Kochs zu, weil sich dieser mächtige Mann von der SS bespitzelt fühlte. Er ließ keine Gelegenheit ungenutzt, dem hohen SS-Offizier Schwierigkeiten zu machen. Zum offenen Bruch kam es aber erst, als Koch so weit ging, von Prützmann kategorisch zu fordern, er habe seinen, Kochs, Befehlen zu gehorchen und nicht den Weisungen Himmlers.

Für die Gebiete Rußland-Süd und Ukraine gebot Prützmann in Kiew auch über den SS-Brigadeführer Hoffmeyer, Chef des Amtes VII »Volksdeutsche Mittelstelle (Vomi)«, ein Instrument zur Bewältigung nationalsozialistischer Volkstumspolitik, an dessen Wirksamkeit Himmler, dem Rassenfanatiker, sehr gelegen war und das er nur Männern anvertraute, die er für absolut zuverlässig hielt. Immerhin sollte die Vomi das deutsche Volkstum in den eroberten Gebieten erfassen und den »Grundstein zu einer (ewigen) deutschen Führung... legen«. Was Himmlers Weisung, nach seiner Version »kriminell-verbrecherische Elemente...umzusiedeln«, tatsächlich bedeutete, hatte Prützmann, damals noch SS-Gruppenführer in Riga, unbefangenen Unterführern persönlich mit den Worten erläutert:

»Nicht so, wie Sie meinen; die sollen ins Jenseits befördert werden!«.

Prützmann nahm unter anderem auch an einer Besprechung teil, zu welcher Himmler im Juni 1942 mehrere Höhere SS- und Polizeiführer befohlen hatte, um wegen des Aufsehens zu beratschlagen, das diese »Umsiedlungen« im Ausland erregt hatten.

Nachdem Prützmann unter dem Druck der Roten Armee seine Positionen in Rußland verloren hatte, war er unter anderem auch seine »alleinige Verantwortung für die Bandenbekämpfung in den Gebieten mit ziviler Verwaltung« losgeworden. Himmler hatte diese Aufgabe erst kürzlich mit »SS-Befehl über die Führung in der Bandenbekämpfung« vom 27. September 1944 allen HSSPF noch einmal nachdrücklich aufgebürdet, wobei als »höhere Führung« konkret genannt worden waren: Steuerung des Gesamteinsatzes; Erfassung aller Kräfte, auch solcher außerhalb von Polizei- und SS-Kompetenzen; persönliche Führung von Groß-Unternehmungen ab Divisionsstärke.

Prützmanns Wahl zum Führer des »Werwolf« lag im Herbst 1944 auf der Hand; er war frei.
Anläßlich einer Zusammenkunft besprachen Himmler, Kaltenbrunner, Schellenberg und Skorzeny mit Prützmann Einzelheiten der geplanten »Werwolf«-Organisation.
Skorzeny schrieb nach dem Kriege, die erste »Werwolf«-Besprechung habe in Himmlers Kommandostelle »Birkenwald« bei Hohenlychen stattgefunden. Diese Angabe muß angezweifelt werden; denn im Herbst 1944 befand sich die Feldkommandostelle des Reichsführers-SS, Tarnname »Hegewald«, noch in Hochwald, einem kleinen Örtchen, etwa fünfzehn Kilometer von Hitlers »Wolfsschanze« entfernt. Da der Zeitpunkt der »Werwolf«-Zusammenkunft ebenso feststeht wie die Tatsache, daß man sich in Himmlers Befehlsstand traf, muß Prützmann in »Hegewald« und nicht in Hohenlychen mit der Führung der »Werwolf«-Organisation beauftragt worden sein.
Skorzenys Überlastung mit vielfältigen Sonderaufträgen außerhalb der deutschen Reichsgrenzen führte dazu, daß Prützmann die Leitung der »Werwolf«-Organisation, die ja zunächst nur auf deutschem, feindbesetzten Boden operieren sollte, voll in die Hand bekam. Himmler ordnete lediglich weitgehende Unterstützung von Prützmanns Leuten durch Skorzenys gut eingespielte und auf Untergrundarbeit spezialisierte Dienststelle an.
Angesichts der Eile des Aufbaues sollte Skorzeny vor allem die Kampfschulen der SS-Jagdverbände für Angehörige des »Werwolf« öffnen. Hier lehrten erfahrene Fachleute Techniken eines neuartigen, gefährlichen Untergrundkampfes – den Kleinkrieg.
Früher Hinweis auf entsprechende Vorbereitungen ist der Inhalt eines Blitz-Fernschreibens vom 20. September 1944, welches im Bestand des HSSPF-West erhalten blieb.
Dieses Fernschreiben stammte von Skorzeny, damals noch SS-Sturmbannführer und Abteilungschef Mil.; es wurde um 17.30 Uhr von der Funkstelle der Geheimen Staatspolizei-Leitstelle in Düsseldorf aufgenommen und sofort fernmündlich an SS-Ogrufü Gutenberger, einen der drei angesprochenen HSSPF, weitergegeben. Skorzeny teilte darin mit, drei seiner Beauftragten, alles Offiziere der Waffen-SS, deren Dienstgrade und Namen er nannte, hätten Befehl erhalten, »die für die geplante Aktion ausgesuchten Männer zu übernehmen und nach der Schule zu bringen«. Er bat,

sie Herrn Ogrufü Prützmann vorzustellen, sobald dieser in Kassel, Düsseldorf und Wiesbaden eingetroffen sei.
Tatsächlich reiste Prützmann, soeben erst zum Generalinspekteur für den »Werwolf« ernannt, zu dieser Zeit bereits umher, um sich der Hilfe Höherer SS- und Polizeiführer bei Organisation, Auswahl, Ausbildung und Ausrüstung dieser Spezialeinheit zu versichern.
Nach dem Wortlaut des Fernschreibens hatte man keine Zeit verloren, Freiwillige aus der Truppe für das »Bataillon West« (Werwolf-West) zu gewinnen. Freiwillige aus politischen Gliederungen stießen erst in den nächsten Wochen hinzu.
Noch in der Mitte des Jahres 1943 hatte Himmler offenbar nicht an einen deutscherseits aktivierten »Partisanenkrieg« gedacht; denn als er am 18. Juli 1943 dem Chef BKV, von dem Bach-Zelewski (»Lieber Bach«) die Verordnung über den Landsturm vom 21. April 1813 mit der Weisung zuschickte, »sie einmal genau durchzulesen«, bat er um besondere Verschwiegenheit, »damit nicht irgendein Unberufener (Goebbels?) diese Verordnung veröffentlicht... und der Gegner damit eine wunderbare Ausrede für seinen Partisanenkrieg hat«.
Übrigens bemerkte Himmler bei dieser Gelegenheit, es sei »herzerfrischend, wie konsequent damals preußisch-deutsche Generale waren«. Allerdings könnte beim sicherlich folgenden Meinungsaustausch wegen dieser alten Landsturm-Verordnung tatsächlich schon im Jahre 1943 im Kreise höherer SS-Führer eine Diskussion über Für und Wider eines möglichen Kleinkrieges zur Überbrükkung momentaner Schwächen in Gang gekommen sein, so wie Stroop, HSSPF Rhein-Westmark, dies nach dem Kriege einem Zellengenossen gegenüber in Polen geäußert haben soll.
Dieses Landsturm-Edikt, gegeben zu Breslau am 21. April 1813 von »Friedrich Wilhelm, von Gottes Gnaden König von Preußen etc. etc.« enthielt vermessene Sätze wie diese:
»Ein Volk (kann) nicht besiegt werden, welches eins mit seinem Könige ist... Vaterlandsliebe, Ausdauer, Erbitterung, nähere Hülfsquellen geben, auf die Länge, dem Vertheidiger das Uebergewicht.« (Präambel) – schillernde Argumente, wie sie mehr als ein Jahrhundert später nationalsozialistische Führer beim Aufbau letzten Widerstandes abermals ins Feld führten.
Der Landsturm – modern: Partisanen – sollte »den Rückhalt und

die Mauer (bilden), an welche das Heer und die schon ausgezogene Jugend sich lehnen; so wie, wenn sie im Lande augenblicklich zurückweichen müssen, d i e Macht, die in des Feindes Rücken, ihm allen nur möglichen Abbruch zu thun verbunden ist...«(§ 3). Der Kampf des Landsturms sei »ein Kampf der Nothwehr, der alle Mittel heiligt. Die schneidendsten sind die vorzüglichsten, denn sie beenden die gerechte Sache am siegreichsten und schnellsten.«(§ 7). Wie dieses im einzelnen geschehen sollte, regelte § 8: »Es ist daher die Bestimmung des Landsturms, dem Feinde den Einbruch, wie den Rückzug zu versperren, ihn beständig außer Athem zu halten; seine Munition, Lebensmittel, Couriere und Rekruten aufzufangen; seine Hospitäler aufzuheben; nächtliche Überfälle auszuführen, kurz, ihn zu beunruhigen, zu peinigen, schlaflos zu machen, einzeln und in Trupps zu vernichten, wo es nur möglich ist. Dränge selbst der Feind vorwärts und wäre 50 Meilen weit; so bringt es ihm geringen Vortheil, wenn der Strich, den er einnimmt, keine Breite hat, wenn er nicht mehr wagen darf, kleine Detaschements zum Fouragiren und Recognosciren auszusenden, ohne die Gewißheit, daß sie ihm erschlagen werden, und wenn er nur in Masse und auf gebahnten Wegen vordringen kann, wie das Beispiel von Spanien und Rußland lehrt.« (§ 8).
Angehörige des Landsturms gaben sich schon im neunzehnten Jahrhundert nach außen wie harmlose Zivilisten, denn »eigen für den Landsturm verfertigte Uniformen oder Trachten werden nicht verstattet, weil sie den Landstürmer kenntlich machen, und der Verfolgung des Feindes leichter Preis geben können.« (§ 39). Waffen-Depots waren nie »an der Heerstraße, sondern in Wäldern und wenig zugänglichen Oertern anzulegen.« (§ 44). »Auch Weiber und Kinder von 12 bis 15 Jahren sind (zu täglichen Botengängen von Meile zu Meile) brauchbar« (§ 60), hieß es weiter.
Zum Thema »Räumung und Verwüstung der Bezirke« bestimmte die Landsturm-Verordnung, »daß ein oder der andre Bezirk, oder Umkreis einer belagerten Festung... von den Einwohnern auf eine Zeitlang geräumt und in solchen Zustand versetzt werde, der den Aufenthalt des Feindes darin unmöglich macht, und ihn des Unterhalts beraubt. (§ 65) ... Die Mühlen werden in den zu verlassenden Gegenden verbrannt, die Brunnen verschüttet. (§ 71) ...Die zeitigenden Früchte werden abgeschlagen. Korn und Getreide jeder Art, wenn es der Reife nahe, wird in Asche verwan-

delt. (§ 74) ...Kähne, Fähren und Brücken (sind) auf das erste schriftliche Geheiß des Militair-Gouverneurs der Provinz zu verbrennen. (§ 76)«.
All' diese Landsturm-Maßnahmen sollten dazu dienen, »dem Feinde das Leben möglichst zu erschweren«, und die Untertanen wurden verpflichtet, »sich allen seinen Anordnungen mit Gewalt zu widersetzen, alle Leistungen und Lieferungen für ihn zu versagen, ihn einzeln zu vernichten und Abbruch zu thun«. (§ 81).
Jedoch: »Was Nothwehr gegen den Feind ist, arte nie in verderbende Zügellosigkeit aus. (§ 85)«.
Tatsächlich, im Grundsätzlichen ergeben sich beim Vergleich dieser alten Landsturm-Verordnung mit Kampf-Parolen des »Werwolf« verblüffende Übereinstimmungen; kein Wunder, daß der geschichtsbewußte Himmler sich begeistert zeigte und seine Unterführer mit diesem rigorosen Geist der Altvorderen erfüllen wollte.
Von SS-Ogrufü Stroop soll die Information stammen, der Gründung des »Werwolf« seien lange, wissenschaftlich fundierte Vorbereitungen vorausgegangen. Eine geheime Spezialabteilung der SS, welcher sowohl Historiker, Soziologen, Psychologen als auch auf konspirative Organisationen spezialisierte Kriminologen und Offiziere angehörten, habe systematisch jede sich bietende Gelegenheit wahrgenommen, durch Verhöre und Aktenstudium Wesen und Aufbau geheimer Untergrundorganisationen im Ausland zu erforschen.
Moczarski, Stroops Interviewer, steuerte in diesem Zusammenhang eine selbst erlebte Episode bei, welche Stroops angebliche Behauptung zu bestätigen schien: Während des Warschauer Aufstandes sei polnischen Widerstandskämpfern ein zunächst harmlos erscheinender SS-Mann in die Hände geraten, der plötzlich beim Verhör die Maske fallen ließ und aus seiner Uniformjacke ein winziges Papier hervornestelte, das ihn als Angehörigen jener speziellen Forschungsgruppe auswies.
Nimmt man Moczarskis Bericht ernst, dann richtete sich die Aufmerksamkeit dieses »NS-Büros zum Studium des polnischen Untergrundes«, wie er es den Angaben des Gefangenen gemäß umschrieb, ausschließlich auf polnische Erscheinungen und Vorkommnisse. Ja, man meint, eine gewisse Genugtuung darüber heraushören zu können, daß sich die Deutschen anscheinend be-

sonders intensiv mit Formen polnischen Widerstandes beschäftigten. Moczarski geht so weit, den gefangenen SS-Mann behaupten zu lassen, »eine künftige deutsche Untergrundorganisation... müsse... auf den Erfahrungen der Polen und nach polnischem Vorbild aufgebaut werden«; mit anderen Worten, der »Werwolf« könnte als direkter Nachfahre polnischen Widerstandsgeistes angesehen werden, eine nach Meinung des Autors einseitige, ziemlich kühne Mutmaßung.

Recherchen bestätigten eine derartige Vorrangstellung nicht. Prützmann nützte beim forcierten Aufbau der »Werwolf«-Organisation vielmehr alles aus, was sich zur Erfüllung seiner gewiß nicht leichten Aufgabe bot, unter anderem auch polnische Erfahrungen, aber eben nur »unter anderem«.

Im Umgang mit Selbstschutzverbänden besaß er selbst Kenntnisse; denn zu seinen vielfältigen Aufgaben in Rußland gehörte auch, Selbstschutzeinheiten volksdeutscher Siedler an »volksdeutschen Siedlungspunkten« aufzustellen, auszurüsten und einsatzbereit zu machen, so zum Beispiel in Försterstadt bei Korosten, Hegewald bei Shitomir, Transnistrien und – Wehrwolf (!) bei Winniza. In Transnistrien alleine verfügte Prützmann bereits 1942 über eine Selbstschutz-Streitmacht von 8000 Mann, deren Qualität allerdings umstritten blieb.

Als erstes suchte Prützmann sich nun zur Bewältigung des »Werwolf«-Auftrags Mitarbeiter für seinen Stab aus. Da er zu delegieren verstand, fiel diese Auswahl besonders ins Gewicht.

Von der Waffen-SS brachte er den Chef des Stabes mit, einen SS-Standartenführer, den Adjutanten im Range eines SS-Sturmführers, den Kommandanten des Stabsquartiers, einen SS-Hauptsturmführer, sowie den Personalsachbearbeiter, einen SS-Sturmbannführer. Das Heer stellte einen jungen Major als Ia-Offizier, und aus dem Stabe des Befehlshabers des Ersatzheeres, Führungsstab Volkssturm, kam der Leiter der Ausbildung. Außerdem gehörte dem Stab Prützmann noch ein Hauptmann als Verbindungsoffizier zum Heer an. Die Position des Ib-Offiziers, zuständig für Nachschub und Bewaffnung, besetzte ein Major der Schutzpolizei; auch der Nachrichtenoffizier, ein Hauptmann, war vorher bei der Schutzpolizei gewesen. Verbindung zur Deutschen Luftwaffe hielt ein Major dieser Waffengattung.

Die Reichsjugendführung vertrat ein HJ-Bannführer, und für den

Schloß Hülchrath – geheime Ausbildungsstätte des »Werwolf«-West, Ausgangsbasis für jenes »Unternehmen Karneval«: die Ermordung des Oberbürgermeisters von Aachen.

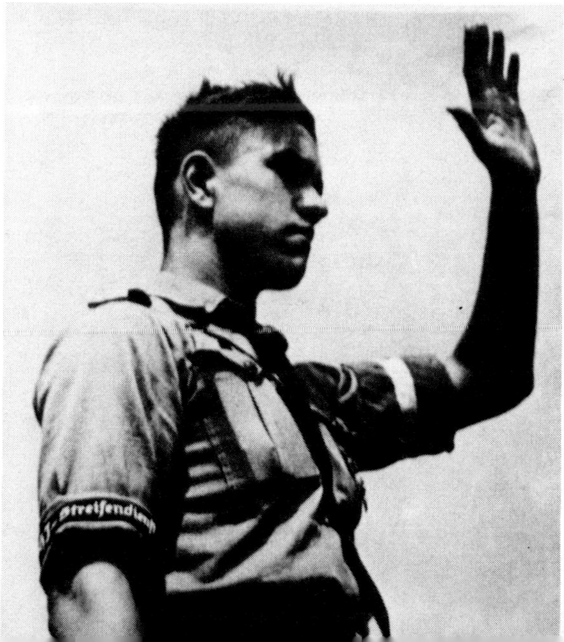

Ein Junge des HJ-Streifendienstes, eine Formation, deren Schirmherrschaft die SS übernommen hatte.

Dr. Franz Oppenhoff (links), von der amerikanischen Militärregierung eingesetzter Oberbürgermeister in Aachen, Opfer eines auf ihn angesetzten »Werwolf«-Kommandos.

An diesem Kellereingang (rechts) zum Hause Eupener Straße 251 in Aachen wurde Dr. Oppenhoff am 24. März 1945 von Angehörigen eines »Werwolf«-Kommandos erschossen.

Aufbau eines »Frauen-Werwolfs« gewann man die Witwe eines Diplomaten, der beim Kriegseintritt der USA ins Reich zurückgekehrt und dann in Ostpreußen gefallen war.
Über praktische Erfahrungen im Kleinkrieg verfügten einige der Herren, so auch der Chef der Versorgungseinheit, den sich Prützmann aus der Führerreserve der Waffen-SS holte. Dieser SS-Stubafü hatte schon 1919 in jungen Jahren als Angehöriger der Marine-Sturm-Kompanie des 1. Garde Res.-Regiments in Kurland gekämpft und 1923 im Hunsrück eine illegale Widerstandsgruppe befehligt; dafür bekam er den Schlageter-Schild verliehen. Den Zweiten Weltkrieg machte er zunächst beim Heer in Südrußland und Lappland mit; danach leitete er das Fürsorgekommando »Ostsee«. Aber Anfang 1945 meinte er, mehr für das Vaterland tun zu müssen, und er meldete sich freiwillig an die Front. Prützmann kam dieser Wunsch gerade recht, und so nahm er ihn in seinen »Werwolf«-Stab auf.
Die Prägung des Begriffes »Werwolf« für die nun entstehende Kleinkrieg-Organisation schreibt der ehemalige Leiter der Ausbildung dem Chef persönlich zu. Prützmann habe diese Bezeichnung tatsächlich dem literarischen Wehrwolf Hermann Löns' entlehnt. Aber auch Berger, der die Idee, Untergrundverbände zu schaffen, Himmler nahegebracht hatte, verehrte, wie viele Nationalsozialisten, Löns und dessen Weltanschauung; bei aller Härte etwas romantisch geblieben, verfügte er über ein Repertoire von Löns-Sprüchen, die er in Reden, Briefen und Gesprächen verwendete. Möglicherweise schlug Berger den Namen vor.
Nicht alle hielten diese Namenswahl für glücklich.
Zum Beispiel sprach der Leiter der Ausbildung in seinem Bereich lieber von der »Organisation Prützmann«; er ahnte, was kommen würde: »Die gefährliche Einschätzung der Feldjägertruppen«, wie er »Werwölfe« in Anlehnung an einen später noch zu erörternden »Feldjägerdienst« der Zwanziger Jahre nannte, »als bewaffnete Zivilisten, die man aufhängt«.
Erfahrene Heeresoffiziere machten ihren Einfluß geltend und sahen möglichst zu, »die zunächst etwas wilden Vorstellungen der SS-Führer (zu) korrigieren«.
Prützmanns »Werwolf«-Dienststelle, offiziell »Generalinspektion für Spezialabwehr beim Reichsführer-SS«, intern »Stab Prützmann« oder »Organisation Prützmann« genannt, befand

sich in einem Sonderzug der Deutschen Reichsbahn, und zwar in der Zeit von November 1944 bis Ende Januar 1945 auf dem Fabrikgleis einer stillgelegten Ziegelei in der Nähe von Königswusterhausen, dem Standort des alten Deutschlandsenders, über den dann, wie wir noch sehen werden, Goebbels ab 1. April 1945 den politisch-fanatisierten »Werwolf« ausposaunen lassen sollte.
Alleine die sogenannte Stabswache – Köche, Mechaniker, Waffenmeister, Kraftfahrzeugmechaniker, Schreiber, fast alles Angehörige der Ersatzreserve II des Heeres – umfaßte zweihundert Mann. Anfang Februar 1945 rollte der Kommandozug Prützmanns in eine Kiesgrube nahe bei Reinsberg in der Mark Brandenburg, wo er, unter Kiefern verborgen, unentdeckt blieb, bis es dann nach rapide schlechter gewordener Lage im März 1945 in Richtung Süden weiterging.
Prützmanns »Werwolf«-Einheit führte die Feldpostnummer 34546, die sich im verwendeten Dienstsiegel der Waffen-SS wiederholte.

3. Zum Begriff »We(h)rwolf«. Historischer und literarischer We(h)rwolf. Das Symbol der Wolfsangel.

Ein alter Spruch lautete zwar: homo homini lupus – der Mensch ist dem Menschen ein Wolf –, aber während der Zeit des Nationalsozialismus gelangte ausgerechnet dieses Grautier zu beachtlichem Ansehen.

Kein Geringerer als Hitler selbst ließ sich in der sogenannten »Kampfzeit« Wolf nennen. Frau B., eine ältere Dame und Gattin eines bekannten Fabrikanten, behandelte damals den noch kaum bekannten Führer der NSDAP wie einen Sohn. Ihre häufigen Besuche im Gefängnis von Landsberg, wo ihr Schützling einsaß, dienten angeblich dazu, Schallplatten auszutauschen; tatsächlich brachte sie jedoch das, was der junge Revolutionär geschrieben hatte, insgeheim Blatt für Blatt aus den bewachten Mauern heraus. Hitler gestattete seinen Gönnern, ihn Wolf zu nennen, ein Tarnname, den sie auch benutzten, wenn sie am Telefon über ihn sprachen.

Auf diese Weise bürgerte sich Wolf als Deckname des »Führers« bei allen Mitstreitern im Parteikampf ein, allerdings nur so lange, wie die NSDAP im Untergrund verharren mußte.

Später machte Hitler Frau B. das nun begehrt gewordene Manuskript seines Buches »Mein Kampf« zum Geschenk. Darin verglich er übrigens in einer Passage über wilde Saalschlachten seine SA-Leute nicht etwa mit Löwen, Tigern, Panthern oder Adlern, sondern mit Grauröcken:

»Wie Wölfe stürzten sie sich in Rudeln von acht und zehn immer wieder auf ihre Gegner los, (um diese)... aus dem Saal zu dreschen.«

Als dann der Zweite Weltkrieg ausgebrochen war, gab Hitler während des Westfeldzuges seinem Hauptquartier bei Bruly le Peche,

einem transportablen Barackenkomplex, wiederum einen Namen, der an das streitbare Tier erinnerte: »Wolfsschlucht«.
Darauf folgte »Wolfsschanze« als Tarnbezeichnung des Führerhauptquartiers bei Rastenburg/Ostpreußen, welches 1940 unter dem Decknamen »Chemische Werke Askania« erbaut worden war.
Noch deutlicher trat die Gedankenverbindung mit wilden Zeiten vor der Machtübernahme, die von »Rudeln« nationalsozialistischer »Wölfe« siegreich überwunden worden waren, zutage, als Hitler seinem Hauptquartier bei Winniza in der Ukraine im Juli 1942 schließlich die Bezeichnung »Werwolf« gab.
Derselbe Begriff tauchte auch im Rahmen jener »Aktion Reinhardt« auf, die SS-Grufü und Generalleutnant der Polizei Globocnik (»Globus«) in den Jahren 1943 und 1944 im sogenannten Generalgouvernement Polen zur »Herstellung der Sicherheit in den Bandengebieten« durchführte. Unter der Bezeichnung »Sicherungsaktion Werwolf I« siedelte man die bodenständige Bevölkerung gewaltsam aus und machte umgeschulte Landwachtkräfte – »Wehrbauern« – in den entvölkerten Dörfern heimisch. Als zum Beispiel selbst Städte wie Tomaszow und Zamosc von Polen »entsiedelt« worden waren, rückten deutsche Siedler nach. Das Umland teilte man jedoch Ukrainern zu, in der Absicht, »den Spannungszustand der Polen auf die Ukrainer (zu) übertragen und sie zu Abwehrkräften (zu) machen«.
Aber auch bei der Tarnung militärischer Operationen fand man offenbar Gefallen an einer Bezugnahme auf den Wolf oder Werwolf, teils ohne Hintergedanken, einfach nur so, weil im Kriege Tag für Tag immer wieder neue Decknamen benötigt wurden, teils absichtsvoll.
Großadmiral Dönitz bezeichnete Kooperationen seiner auf den Weltmeeren kämpfenden U-Boote als »Wolfsrudel-Taktik«.
Um die Jahreswende 1943/1944 sollte das kuriose Stichwort »Der Wolf bellt« eine Aktion von Angehörigen der Friedenthaler SS-Sonderverbände auslösen, in deren Verlauf der siebenundachtzigjährige Marschall Pétain sowie dessen Arzt Dr. Ménétrel aus dem Hôtel du Parc in Vichy mehr oder weniger freiwillig nach Deutschland zu bringen waren, weil angeblich eine Entführung des greisen Marschalls von Frankreich durch ein britisch-gaullistisches Fallschirmkommando drohte.

Skorzeny, Führer der SS-Jagdverbände, benutzte den Namen erneut im Oktober 1944: Als »Dr. Wolff« fuhr er in Zivil über Wien nach Budapest, um hier Möglichkeiten einer Festnahme des abtrünnigen ungarischen Reichsverwesers Horthy auszukundschaften.

Im Lagebuch des WFSt vermerkte man unter dem Datum des 24. Februar 1945: »Südosten. Abschlußmeldung des Unternehmens ›Werwolf‹, 1988 Tote, 30 Geschütze«, offenbar ein normaler Infanterieeinsatz. Spektakulärer und nicht zufällig in geistige Nähe zur »Werwolf«-Bewegung der Parteiführung gerückt, erschien dann jenes »Unternehmen Wehrwolf« der Deutschen Luftwaffe, über welches weiter unten berichtet wird, ein tollkühner, ja, verzweifelter Ramm-Einsatz von »Rudeln« deutscher Jagdflieger.

Selbst Amerikanern war das Wort nicht fremd; denn lange bevor es in Deutschland zum Begriff für verbissene Untergrundaktivitäten fanatisierter Nationalsozialisten wurde, blieb ein amerikanischer Großbomber vom Typ Boeing »Flying Fortress«, dem die Besatzung aus unerfindlichen Gründen den Namen »Werewolf« aufgepinselt hatte, glücklos: Unter dem Kommando von Leutnant George J. Oxrider erlitt er bei einem Einsatz schwere Beschädigungen in deutschem Flakfeuer.

Derartige Identifikationen mit wilden Wölfen geschahen meistens nicht leichthin, jedenfalls nicht in Deutschland; ihr tieferer Sinn reichte vielmehr weit in die Geschichte zurück.

Völker vorchristlicher Zeiten nahmen kultische Tierverwandlungen vor, um sich in den Besitz der Eigenschaften und Kräfte der verkörperten Tiere zu bringen. Hier liegt wohl auch der Ursprung kriegerischer Vermummung.

»Hunde« oder »Werwölfe« nannten sich schon germanische Maskenkriegerbünde, und unter »Hundingas«, Hundeköpfen, einer furchteinflößenden Tierverkleidung, verbargen sich wildkämpfende germanische Krieger; statt zu schreien, heulten und bellten sie wie Wölfe oder Hunde.

Vorfahren der Rumänen hießen »Daker«, »Wolf-Gleiche«. Allerdings bezeichnete man als »Wölfe« auch friedlose, flüchtige oder ausgestoßene Völker.

In der giftigen Atmosphäre von Hexenwahn und Teufelsbündelei gediehen dunkle Sagen aus der Vorzeit zu verderblichem Werwolf-Aberglauben. Mord und Totschlag wurden umso bereitwilli-

Mensch oder Tier – Tiermensch – Werwolf. Zeitgenössische Darstellung.

ger als Werwolf-Untaten denunziert, als herausgefolterte Geständnisse angeblicher Werwölfe mit schauderhaften Details für Angst, Schrecken und geistige Verwirrung sorgten.
Zahlreiche mittelalterliche Hexenprozesse behandelten Fälle von Lykanthropie.
Als Lykanthropen werden Menschen bezeichnet, die sich als reißende Wölfe wähnen, wobei sich der Begriff selbst auf jenen sagenhaften König Lykaon von Arkadien bezieht, der dem Kanni-

balismus frönte. Noch im vierten Jahrhundert vor Christus opferte man dem Zeus Lykaios auf dem Gipfel des Wolfsberges, Lykaion, Menschen; und wer vom Opferfleische aß, nahm, wie man glaubte, für die Dauer von zehn Jahren die Gestalt eines Wolfes an.

So scheinen Phänomene wie Lykanthropie und Wolfsphobie, bei den Römern »versipellis« genannt, auf frühe kannibalische Entwicklungsstufen der Menschheit hinzudeuten.

Werwolf, in älteren Schriften auch in den Ausdrucksformen Wehrwolf oder Wärwolf, hin und wieder auch Wahr-, Gefahr- oder Fahrwolf, bedeutete Mann-Wolf (althochdeutsch: wer = Mann). Gemeint war stets ein Mann oder Mensch, der zum Wolf wurde, wobei allerdings im finsteren Mittelalter jede Tiergestalt, in die Menschen schlüpften, für die Bezeichnung Werwolf herhalten mußte.

Verwandte Erscheinungen gab es im Hessisch-Westfälischen, wo der Böxenwolf in Wolfsgestalt Menschen auflauerte; in Skandinavien kannte man den Varulf.

Älteste Belege finden sich bei Bonifatius, Burchard von Worms sowie in der Völsunga-Saga. Für den deutschen und nordischen Werwolf standen im serbisch-kroatischen Raum der Vukodlak sowie in Frankreich der Loups Garaux oder Loup-Garou.

Beispiele für positive Anschauungen des Werwolfes lassen sich kaum finden. Nur im alten Ägypten wurde die Metamorphose vom Mensch zum Tier als Ehre und Erhöhung gewertet; den Wolf vergötterte man hier als hilfreichen Beschützer.

Marie de France griff den Inhalt einer bretonischen Sage auf und nahm in ihrem darauf basierenden Gedicht »Lai du Bisclaveret« entschieden Partei für einen unglücklichen Werwolf, der infolge menschlicher Hinterlist scheinbar Untaten beging.

Für Türken ist der »Bozkurt« oder Grauwolf ein Heilsbringer; der Sage nach soll ein solches Tier dem Stamm der Türken aus unzugänglicher Bergwildnis über Wolfspfade den Weg in die Freiheit geöffnet haben. Kemal Atatürk, Begründer der modernen Türkei, trug im Volk den ehrenden Beinamen »Grauer Wolf«.

Unvergleichlich vielfältiger und ausgeprägter sind hingegen die negativen Aspekte des Werwolfaberglaubens – bis in unsere Zeit. Schon die alten Götter schlüpften in Tiergestalten, wenn sie sich scheuten, wie Menschen auszusehen und – wenn sie etwas zu verbergen hatten.

Völlig anders als in Ägypten bedeutete für Griechen und Angehörige nordischer Völker eine Verwandlung in Tiere grausames Mißgeschick. Nach der Bibel und Ovid zufolge wurden Menschen durch Verurteilung zu tierischem Dasein verdammt. Tiergestalt bedeutete in den vielen Werwolf-Legenden Verzerrung menschlicher Natur, Abscheulichkeit, auch Gleichsetzung mit »schuldigen, verdammten Seelen, die aus der Hölle emporsteigen«, mit Kindermördern, Viehverderbern, Unholden, ja, sogar mit dem Teufel selbst.

Peter Stump aus Bedburg bei Köln wurde im Jahre 1589 zu dem fürchterlichen Eingeständnis bewogen, als Werwolf fünfzehn Kinder, zwei Frauen und einen Mann erwürgt und deren Hirne gegessen zu haben. Gilles Garnier aus Lyon starb 1573 auf dem Scheiterhaufen, nachdem ihn das Parlament von Dôle für schuldig befand, als Werwolf mehrere Kinder umgebracht zu haben.

Oft berichteten Chronisten nicht von einzelnen Werwölfen, sondern von ganzen Rudeln, »Genossenschaften«, mit Angehörigen beiderlei Geschlechts, die gemeinsam umherzogen und das Land in Angst und Schrecken versetzten. Bei einigen Prozessen stellte sich allerdings heraus, daß ganz bewußt die menschliche Angst vor Werwölfen ausgenutzt worden war: Die Täter hatten sich in Wolfsvermummung wie Werwölfe verhalten. Auch von solchen Begebenheiten wird berichtet, in denen sich Täter in Trance versetzten oder narkotische Mittel einnahmen, bevor sie als reißende Werwölfe ihr Unwesen trieben.

Ein großer Felsbrocken bei dem magdeburgischen Ort Eggenstedt, unweit Sommerschenburg und Schöningen, heißt im Volksmund »Werwolfstein«; nach der Sage tötete an dieser Stelle ein Schäfer einen bösartigen Werwolf, dessen Verwandlung vom Menschen zum Tier er vorher selbst mit eigenen Augen angesehen haben wollte.

Im Hinblick auf Traditionen germanischer Kriegervölker nahmen sich in den Augen deutschvölkisch empfindender Kreise besonders einige tapfere, »wilde«, Germanenstämme derart attraktiv aus, daß Männer- und Burschenbünde sowie Wehrverbände nach dem Ersten Weltkrieg in Deutschland unbedingt daran anknüpfen wollten. In diesem Sinne verstanden sie ihr kompromißloses, militantes Handeln und Verhalten. Als romantische Chauvinisten bildeten sie in ihrer sicherlich oft ehrlichen Vaterlandsliebe das Ver-

bindungsglied zwischen literarischer Verklärung von Werwölfen, wie zum Beispiel durch Hermann Löns (1910), und dem nationalsozialistischen Werwolf der Jahre 1944/1945.
Verbundenheit mit Löns und dessen Gedankengut kommt deutlich in einer Schrift des Landesfeldmeisters des »Wehrwolf«-Kampfbundes von 1923, P. Th. Eckhardt, zum Ausdruck, in der dieser sich auf den »Wehrwolfspruch unseres Löns« bezog: »›Hilf dir selber, so hilft dir unser Herre Gott‹...«.
»...Jeder ist sich selbst der Nächste. Besser fremdes Blut am Messer, als ein fremdes Messer im eigenen Blut!«
Diesen grimmigen Ausspruch legte Hermann Löns dem Heidebauern Harm Wulf in den Mund (Löns: Der Wehrwolf, 1910). Braunschweiger Kriegsvolk hatte im Dreißigjährigen Krieg dessen Frau so mißhandelt, daß sie ihr Kind unter dem Herzen verlor. Bald darauf blies Wulf einem Weimar'schen Obristen, der das Fuhrgespann des Bauern einfach requiriert hatte, kaltblütig das Lebenslicht aus und hielt sich schadlos.
Diese Tat sprach sich schnell herum. Sie fand den Beifall anderer Heidebauern, die nun meinten:
»Einer für alle und alle für einen muß es heißen, sonst gehen wir allesamt vor die Hunde.«
Unter diesem Motto rotteten sie sich zur Abwehr von Kriegshorden und Gesindel zusammen. Ihr Anführer sanktionierte von vornherein finstere Absichten mit den Worten:
»Auge um Auge, Zahn um Zahn, so lehrt uns die (Heilige) Schrift. Wir sind keine Räuber und Mörder, aber wenn der Wolf uns über das Weidevieh kommt und der Marder uns an die Hühner geht, dann besinnen wir uns nicht lange...«. Zugleich pochte er auf das insgeheime Einverständnis der Obrigkeit:
»...unser lieber Herr Herzog... hat uns wissen lassen, wir sollen zusehen, daß wir uns so gut wehren sollen, wie wir irgend können, und alle Hundsfötter, die hier nicht hergehören, totschießen wie tolle Hunde.«
Er wiederholte die Losung:
»Schimpf um Schimpf, Schlag um Schlag, Blut um Blut, daran wollen wir festhalten, auf daß es uns gut geht...!«
Als jedoch die Kriegswirren immer schlimmer geworden waren, verließen die Heidebauern ihre brandgeschatzten Dörfer und verschanzten sich mit Sack und Pack im Wald. Rundum schnitten sie

an allen Zufahrtswegen Wolfsangeln in die Bäume; das bedeutete für jedermann: »Wahr' dich!«, sieh' dich vor.

Mit schwarzgefärbten Gesichtern räumten nun die Verschworenen von Fall zu Fall unter fremdem Volk auf. An mehreren Stellen im Busch hatten sie Bäume kahlgeschlagen und zu Galgen hergerichtet. Meistens hingen einer oder mehrere daran, Männer und Frauen; niemand, außer den Bauern selbst, wußte, wer sie gewesen waren, wer sie hingerichtet hatte – und was sie getan hatten.

Als immer noch kein Ende des fürchterlichen Krieges in Sicht kam, stellte Harm Wulf aus dreißig jungen Burschen eine »Schleichtruppe« zusammen. Ein Kundschafterdienst sorgte dafür, daß fremde Proviantzüge und Marketender rechtzeitig vorher gemeldet wurden. Sie machten nun große Beute, lebten nicht schlecht und schafften manchen ansehnlichen Gold- und Geschmeideschatz beiseite.

Schließlich meinte einer, dem Wehrhaufen gebühre nun aber auch ein passender Name. In Anspielung auf Harm Wulf, ihren Hauptmann, der ein richtiger Wolf sei, schlug er vor, sie sollten sich »die Wehrwölfe« nennen. Überall, wo sie zuschlagen würden – »wo wir der Niedertracht gewehret haben« – wollten sie künftig ihr markantes Zeichen hinterlassen: drei Beilhiebe, »einen hin, einen her und den dritten in die Quer« – das Zeichen der Wolfsangel. Alles sollte insgeheim geschehen, im Verborgenen. Niemand, außer den Bundesgenossen, sollte etwas wissen dürfen; »und wer darüber das Maul aufmacht, der soll zwischen zwei räudigen Hunden mit der Wiede (der gewundenen Weidengerte) um den Hals so lange hängen, bis man nicht mehr wissen tut, wer am mehrsten stinkt«.

Die Wehrwölfe beschlossen aber auch, sich der Schwachen, Alten, Witwen und Waisen anzunehmen. Sie verbrüderten sich »auf Not und Tod, Gut und Blut, daß alle für einen stehen, und einer für alle, aber wir alle für alles«, für das Volk »unserer Art«.

Dazu brauchten sie freilich mehr Mann.

Jeder einzelne der Wehrwölfe suchte nun ledige Freunde für den Geheimbund zu gewinnen. So kamen zunächst 111 »Nachtboten« zusammen und an die zweihundert »Tagboten«, Kundschafter.

Bald bekamen die Wehrwölfe alle Hände voll zu tun.

Ihr Gericht war knapp; und wenn sie nach schnellem Urteil den Steinkreis um die Hinrichtungsstätte schlossen, gaben sie Soldaten die Kugel und beerdigten sie; Pack und Raubgesindel – was sie da-

für hielten – starb jedoch mit der Weidenschlinge um den Hals und diente Krähen und Wölfen als Fraß.
Wehrwölfe, die sich begegneten, taten so, als kennten sie sich nicht. Wenn sie Hand an Leute legten, die nur der Krieg zu Dieben gemacht hatte, kam ihnen das zwar schwer an, aber sie gaben trotzdem kein Pardon.
Überhaupt, mit den Jahren fackelten sie nicht mehr so lange. Immer schneller war jemand umgebracht. Einmal hingen sie dreißig Marodebrüder an einen einzigen Galgenbaum; auf das Schild schrieben sie:
»Wir sind die Wölve drei mal einhundert Elwe, wahret Euch, wir bellen nicht, sondern beißen sogleich!«
Einen Trupp hatten sie »wie Hasen im Kessel« zusammengeschossen, »ganz gleich, ob sie Hosen oder Röcke anhatten«.
Trost und Befreiung von Gewissensnot gab den Wehrwölfen ein vom Krieg vertriebener und bei ihnen untergeschlüpfter Gottesmann: »Wer sich und die Seinen gegen Schandtat und Greuel wehrt und Witfrauen und Waisen beschützt..., den wird unser Herrgott willkommen heißen, und wenn seine Hände auch über und über rot sind.« Weitherzig legte der Pastor die Schrift zugunsten der Wehrwölfe aus:
»Es steht geschrieben: Wer Menschenblut vergießt, dessen Blut soll wieder vergossen werden. Auf uns trifft das nicht zu; wer seinem Bruder aus dem Hinterhalte nach dem Leben trachtet, der ist wie der Wolf; sein Blut beflecket den nicht, der ihn erschlägt. Unsere Hände sind rein vor dem Herrn.«
Auf solche Weise wegen ihres Seelenheiles beruhigt, sahen die Wehrwölfe gerne darüber hinweg, daß sie selbst sich ja Wölfe nannten, und daß ihr eigener mörderischer Kampf meist nachts, mit geschwärzten Gesichtern aus dem Hinterhalt geschah. So siechten allem Gerede zum Trotz auch ihre Seelen »an der greulichen Zeit dahin«, und der Prediger hatte einen schweren Stand. Aber er lebte ja bei ihnen und von ihrer Beute.
Die Obrigkeit, der Herzog und sein Minister, lobte »die wackeren Männer und treuen Untertanen«, nachdem der Hauptmann der Wehrwölfe einmal berichten konnte, sie hätten die Toten zwar nicht gezählt, »... aber es kann wohl bis auf einige Tausend hinlangen, denen wir das Genick länger gemacht haben«. Wenn doch nur alle Untertanen so wären, seufzte der Minister; »dann stünde es

besser um unser armes Land«. Für die Dauer des Krieges wurde den Wehrwölfen jede Steuer erlassen.

Natürlich blieben Wehrwölfe trotz manchmal tierischen Verhaltens Menschen. Täglich fraßen sie den Ekel in sich hinein, sie bekamen »harte Augen und einen engen Mund«. Harm Wulf, der Hauptmann, ergraute weit vor der Zeit.

Als schließlich Friede gekommen war, verwendeten die Wehrwölfe reumütig einen Teil ihres erbeuteten Goldes und Geschmeides zum Bau einer Kirche. Ob ihre Gebete die Seelen aller Opfer einbezogen, ist nicht überliefert worden.

So beschreibt Löns, wie einige Bauern Sippe, Scholle und Gut verteidigten – mit allen Mitteln damaliger Zeit. Was er schildert, ist Selbstschutz. Den von ihm gestalteten Wehrwölfen ging es in erster Linie um sich selbst und ihre Familien. Operative oder gar strategische Absichten im Rahmen großer kriegerischer Auseinandersetzungen, wie sie der »Werwolf« von 1944/1945 verfolgen sollte, kamen ihnen überhaupt nicht in den Sinn.

Genau betrachtet könnte Löns, der doch nur eine Bauernchronik schreiben wollte, tatsächlich für den Namen »Werwolf« sowie für die Werwolf-Ideologie hergehalten haben, und auch für das Werwolf-Zeichen, die Wolfsangel.

Als Wolfsangel beschrieb Löns ein »Zeichen, das viel als Hausmarke gebraucht wurde und das« in der Form entweder so 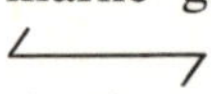 oder auch so 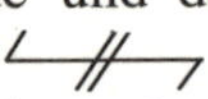 aussehen konnte.

Auch aufrecht gestellt kam das Zeichen vor, zum Beispiel an schlanken Bäumen, wo sonst der Platz nicht reichte: 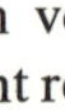 . Ein Nachfahre Harm Wulfs nagelte schließlich zwei gekreuzte Wolfsangeln als Hausmarke an den Giebel, was dann so aussah: 

Wolfsangel nannte man im Mittelalter in Deutschland ursprünglich eine zum Fang von Wölfen gebräuchliche Falle, sie ähnelte einem Fanggerät für Füchse. Federnde Widerhaken hinderten ein mit den Pfoten festsitzendes Tier am Entkommen. Der Köderträger, ein Doppelhaken, wurde später stilisiert und als Heilszeichen zur Hausmarkierung verwendet, wie oben beschrieben. Steinmetze schlugen in behauene Steine dasselbe Zeichen, und als Forstsymbol wurde die Wolfsangel schließlich in Wappen aufgenommen, wie zum Beispiel in die Wappen von Mannheim oder Wolfach.

Der alte Wehrwolf-Kampfbund von 1923 übernahm infolge

2. SS-Panzerdivision »Das Reich«

19. Panzerdivison, Wehrkreis XI Hannover

Panzergrenadier-Division »Feldherrnhalle«, Wehrkreis XX Danzig

4. SS-Polizei, Panzergrenadier-Division

Die »Wolfsangel« als taktisches Zeichen militärischer Verbände.

Löns-Verehrung mit Löns-Ideologie auch gleich das Zeichen. Als Marke des Wehrwolf-Kampfbundes prangte die Wolfsangel sowohl auf dem Titelblatt der Wehrwolf-Satzung, als auch in den Kopfzeilen der Bundeszeitschrift »Der Wehrwolf«.
Die Nationalsozialisten, bei ihren vielen Uniformen und Rangunterscheidungen stets verlegen um geschichtsträchtige Symbole, übernahmen auch die Wolfsangel. So waren nach Tafel 58 des Organisationshandbuches der NSDAP, Ausgabe 1943, HJ-Adjutanten an einem weiß-silbernen, wolfsangelähnlichen Abzeichen auf rautenförmiger Stoffplatte kenntlich. Wolfsangel auf rotem Grund kennzeichnete den normalen Adjutanten, Wolfsangel auf blauem Grund den Politischen Leiter.
Einige Wehrmacht- und Waffen-SS-Divisionen verwendeten die stilisierte Wolfsangel als taktisches Zeichen.
Im urprünglichen, Löns'schen Sinne verwendet wurde das Symbol der Wolfsangel allerdings erst wieder in den letzten, dramatischen Wochen des untergehenden Dritten Reiches. Plötzlich tauchten die Haken wieder auf: als Warn- und Drohsymbole auf hastig her-

gestellten Plakaten, improvisierten, schnell heruntergetippten Flugzetteln, als Kreidestriche auf Mauern, Zäunen und Toren. Ein wiedererstandener Werwolf schien umzugehen: »Wahr' dich...!«

Als dem Autor unlängst ein vergilbtes Exemplar der »Ludwigsburger Zeitung« vom 10. Januar 1945, Ausgabe-Nr. 16, 127. Jahrgang, in die Hände fiel, fand er auf Seite 3 unten als zehnte Folge eines Fortsetzungsromans abgedruckt – einen Ausschnitt aus dem »Wehrwolf« von Hermann Löns!

Die Serie war am Mittwoch, dem 10. Januar 1945, gestartet worden. Leider ließ sich nicht ermitteln, wer die Veröffentlichung in dieser »Parteiamtlichen Kreiszeitung / (dem) Amtsblatt aller Behörden« angeordnet hatte. Es gab auch keine Parallelen. Folgte der Redakteur etwa einem Wink von »oben«? Oder war vielleicht nur situationsbedingter Zufall im Spiel gewesen, der da jemanden veranlaßt hatte, Volksgenossen, die ein Kriegsende mit Schrecken herannahen sahen, die trotzige Bauernchronik Stück für Stück, und bruchstückweise noch viel eindrucksvoller als in einem, ins Haus zu schicken, ohne zu ahnen, daß knapp drei Monate später ein neuer »Werwolf« ins Leben gerufen werden sollte?

Wir wissen es nicht.

4. Vorläufer des »Werwolf« von 1944/1945: Freikorps, der alte »Wehrwolf«-Kampfbund von 1923, »Feldjägerdienst«.

Werwolf-Ideologie als geistige Quelle für Selbstschutz und Selbstachtung, wie sie Löns in seiner damals weitverbreiteten Chronik am historischen Beispiel von Heidebauern entwickelt hatte, gewann aktuelle Bedeutung, als nach verlorenem Ersten Weltkrieg nationalbewußte Deutsche vor dem Scherbenhaufen bisheriger Werte standen. Stark verbittert und mit dem Gefühl, im Stich gelassen worden zu sein, mündete Liebe zur engeren Heimat und Vaterlandsliebe, aber auch Wut und Scham, in die hohe Idee von der »Rettung des Reiches«.

Spontan und ohne Auftrag scharten sich vor allem in den Städten deutsche Selbstschutztruppen, die der Nachkriegsgewalt mit Gewalt begegnen wollten, um Aktivisten, unter ihnen einige Träger der höchsten deutschen Kriegsauszeichnung 1914–1918, des Pour le mérite.

Sogenannte Freikorps entstanden.

Ihre Angehörigen kamen aus allen Schichten des deutschen Volkes. Unter ihnen befanden sich ebenso Arbeiter wie Kaufleute, Beamte, ehemalige Soldaten, Handwerker, Angestellte, Bauern, Männer anderer Berufe und Schüler. Sie alle griffen, nachdem das Kriegsende sie aus der Bahn geschleudert hatte, zur Waffe und unterstellten sich selbstgewählten Führern. Bei Schicksalsgefährten fanden sie neuen Halt, neues Selbstbewußtsein.

Dabei bedeutete Freikorps-Leben alles andere als bürgerliches, sattes Leben. Hoffnung auf sozialen Aufstieg bestand nicht, und an Sold sprang nicht mehr heraus als ein guter Arbeiterlohn. Freikorps-Kämpfer begaben sich bewußt persönlicher Freiheiten, warfen humanitären, traditionellen, gesellschaftlichen und oftmals auch gesetzlichen »Ballast« ab, um Energien freizusetzen für ungewöhnliche, oft extreme Aktivitäten. Im übrigen blieben sie bindungslos. Ihr Gehorsam galt unmittelbaren Führern; es gab keine Obrigkeit, etwa in einer fernen Hauptstadt oder Residenz. Freikorps der Nachkriegszeit entstanden geheim unter dem Deckmantel kuriosester Organisationen und Firmen. Stets war ihr Aushängeschild bürgerlich. Gleichzeitige Mitgliedschaften in mehreren derartigen Organisationen bewirkten ein dichter und dichter werdendes Verbindungsnetz, vorteilhaft für größere, koordinierte Einsätze.

Als was auch immer Freikorps firmierten, stets lagen Waffen gut verwahrt und griffbereit. Freikorpsleute handelten spontan, weniger aus politischem Kalkül, obwohl sie für Fakten sorgten, die den von ihnen akzeptierten Politikern gerade recht kamen. Während die Instabilität der Weimarer Republik nicht weniger als zwanzig Regierungen hervorbrachte, kämpfte der »aktive Teil der deutschen Jugend« in Freikorps. Zwar existierten eigene Vorstellungen über eine Neugestaltung Deutschlands, aber die Ideen erschienen eher unklar und verschwommen. Unter der allgemeinen Devise »für Ruhe und Ordnung« schlugen sich schließlich an die hundert nennenswerte Freikorps mit allen möglichen Leuten herum, von denen sie den Eindruck hatten, sie stünden gegen sie. Bekannt wurden die II. Marine-Brigade Ehrhardt, deren Kerntruppe dem Korps elitär gesinnter Offiziere und Unteroffiziere der ehemaligen Kaiserlichen Marine entstammte und deren Mitglieder als Abzeichen ein Wikingerschiff am Ärmel trugen, dann der »Stahlhelm« Seldtes, ein Zusammenschluß verbitterter Frontsoldaten, die den »Dolchstoß der Heimat in den Rücken der Front« nicht verschmerzen konnten, sowie das Regiment Reinhard, benannt nach Oberst a.D. Reinhard, dem letzten Kommandeur des 4. Garde-Regiments zu Fuß, verstärkt unter anderem durch eine Gruppe aktiver ehemaliger Unteroffiziere, der »Kompanie Suppe«; dieses letztgenannte Freikorps bildete übrigens die Keimzelle der »Grünen Sicherheitspolizei«, die später als Schutzpolizei des Dritten Reiches in Erscheinung trat.

In der Marine-Brigade Ehrhardt sammelte damals ein junger Leutnant Erfahrungen, die er später als Leiter der »Werwolf«-Ausbildung gut verwenden konnte.

Die Anzahl der Freikorps schwankte; auf dem Höhepunkt des Nachkriegs mag es etwa 150000 Freikorps-Kämpfer gegeben ha-

Himmler und Prützmann im Kreise hoher SS-Führer.

Hans-Adolf Prützmann, SS-Obergruppenführer, als General-inspekteur für Spezialabwehr Führer von militärischen »Werwolf«-Kleinkrieg-Verbänden.

Zu den Waffen!
R
1919
Bürger, Soldaten, Offiziere, Studenten!!
Meldet Euch sofort zum Eintritt in das
Freiwilligen-Regiment Reinhard!
Meldestelle: Moabit, Kriminalgericht, Rathenowerstrasse 79.

ben. Freikorps fühlten sich in ihrem Selbstverständnis zur Lösung jeder militärischen Aufgabe befähigt, sie vereinigten in ihren Reihen Angehörige aller Waffengattungen.
Insbesondere die Separatistenbewegung trieb viele Männer in Selbstschutz-Brigaden, denen es auch tatsächlich gelang, derartige Bestrebungen abrupt zu unterbinden. Der Separatistenführer Smeets starb in seiner Kölner Wohnung unter der Kugel eines jungen Deutschen, Hannes Miebach, welcher dann kurz darauf in Speyer mit ein paar anderen im »Wittelsbacher Hof« auch noch den Separatistenführer Heinz Orbis samt seinen Ministern durch Schüsse in aller Öffentlichkeit niederstreckte.
Aber auch Freikorps-Führer lebten gefährlich.
In Harburg tötete zum Beispiel eine fanatisierte Menge den soeben erst von den Kämpfen im Baltikum zurückgekehrten bayerischen Hauptmann, Pour le mérite-Flieger und Freikorps-Führer Berthold.
Nach dem gescheiterten Kapp-Putsch am 14. März 1920 brach im Ruhrgebiet, dem Hexenkessel revolutionärer Umtriebe, mit einem Schlage der Aufstand des revolutionären Proletariats los. Ganz Deutschland schien nahe daran, von einer gewaltigen roten Welle erfaßt zu werden. Unter dem Oberkommando des Generals von Watter schlugen eilig zusammengetrommelte Freikorps mit vereinten Kräften den Aufstand nieder.
Allerdings entwickelte sich der sogenannte Nachkrieg ohne Zustimmung der Bevölkerung. Insofern handelten Freikorps weder im Auftrag »des Volkes« noch immer so, wie es sich »das Volk« gewünscht hätte; aber sie handelten. Indem sie schließlich massiv gegen die Revolution und für die Existenz eines Deutschen Reiches eintraten, stellten sie sich, obschon selbst keineswegs arbeiterfeindlich, letzten Endes doch in schroffen Gegensatz zur revolutionären Arbeiterschaft. Und so mußten sie dann später erkennen, daß sie sich in Wahrheit doch nur zur Restitution einer konservativen Ordnung hergegeben hatten.
Am 9. November 1934, dem Jahrestag des gescheiterten »Marsches zur Feldherrnhalle« der NSDAP, hatten alle Freikorpsbünde anläßlich der Feierlichkeiten symbolisch ihre Fahnen und Feldzeichen in nationalsozialistische Obhut gegeben; damit war ihre Zeit endgültig vorüber.
Bormann behauptete stets, er sei zwei Jahre lang »Abschnittsleiter

Linke Seite:

Ein Beispiel für viele:
Plakatwerbung des Freikorpsführers Oberst a. D. Friedrich Reinhard.

der Org. Roßbach in Mecklenburg« gewesen; allerdings nahm er nie am rauhen Dienst der Freikorpsleute teil, stattdessen hatte er immer nur am Schreibtisch seine Pflicht erfüllt.
Auch Himmler legte Wert auf seine Meriten als Freikorpskämpfer, obwohl auch er eigentlich nie so richtig im Einsatz gewesen war. –
Als Vorläufer des »Werwolf« der Jahre 1944/1945 besonders interessant erscheint natürlich der »Wehrwolf«-Kampfbund von 1923.
Als unter einem lapidaren Vorwand General Degouette am 11. Januar 1923 mit der französischen Rheinarmee, schwerer Artillerie und mehreren Tankgeschwadern ins Ruhrgebiet einrückte, um unter einem strengen Militärregime gewaltsam Poincarés ungeheuerliche Reparationsforderungen durchzusetzen, steigerte sich die Geschäftigkeit gewisser Rechtskreise in Deutschland zum Alarm.
Von 1919 bis zum Mord an Außenminister Rathenau, 1922, hatte man ohnehin in Deutschland alleine 376 politische Tötungsverbrechen aufgedeckt, 354 davon verübt von Rechtsextremisten, wobei politische Mörder meistens unbestraft blieben; sie fühlten sich, von vielen bestärkt, wie vaterländische Helden.
Es gab genügend weniger zimperliche Männer, die, während die Reichsregierung offiziell nur zum passiven Widerstand gegen die Machtdemonstration der Franzosen aufrief, mit heimlicher Zustimmung der Reichswehr zur Tat schritten. Aktivisten drängten im Ruhrgebiet in kleine Trupps von Partisanen und Bombenlegern.
Unter anderem entstand am schwarzen Tage der Ruhrbesetzung in Halle an der Saale, dem Standort des »Stahlhelm«, spontan ein radikaler Wehrverband, der sich in Anlehnung an Hermann Löns den Namen »Wehrwolf« gab. Als Gründer trat Fritz Kloppe auf, ein Studienrat und ehemaliger Hauptmann der Reserve, zugleich glühender Patriot, der sich den erfolgreichen Widerstand jener Heidebauern im Dreißigjährigen Krieg, wie ihn Löns beschrieben hatte, zum Vorbild nahm und nun daranging, neue Feinde Deutschlands auf ähnliche Weise zu bekämpfen.
Im »Wehrwolf« sammelten sich fast nur junge Männer und Jugendliche, die sich von den Idealen des »Stahlhelm« angesprochen fühlten, dort aber nicht Mitglied werden konnten, weil sie wegen

ihrer Jugend den Weltkrieg an der Front verpaßt hatten. Deutsche Schulen, besonders Gymnasien, standen damals in dem Verruf, »die Jugend politisch zu verhetzen«, eine republikfeindliche Haltung zu fördern und »das größte Kontingent in den Geheimbünden« zu stellen. Die im Verlaufe turbulenter Nachkriegsjahre in revolutionärem Klima wachsende Zahl von Jugendlichen, die ihre überschäumende Kraft in Straßenkämpfen und abenteuerlich empfundenen Kommandounternehmungen einzusetzen suchten, bereitete damaligen Regierungen schwere Sorgen.
Während des Kampfes an der Ruhr brachten nun Angehörige des »Wehrwolf« Seite an Seite mit anderen Kampfbünden das Mittel der Gewalt zur Geltung, indem sie wie im Kriege Züge entgleisen ließen, Brücken und Kanäle sprengten, Straßen unpassierbar machten und Gegenspionage betrieben. Illegale Zentralen, geleitet von Pferrer, Hauenstein, Roßbach und anderen ehemaligen Freikorps-Führern sowie Kloppe steuerten die Einsätze.
Als die Franzosen sich jedoch trotz Terror nicht beirren ließen und weiterhin deutsche Kohle mit Bajonetten schürften, brach der sogenannte »Ruhrwiderstand« im September 1923 zusammen; nicht zuletzt, weil jeder auf seine Art zugeschlagen hatte. Kooperation und Koordination waren im Eifer des Gefechts zu kurz gekommen.
Kloppes »Wehrwolf« ging jedoch aus dem Ruhrkampf selbstbewußt hervor.
Als im Oktober 1923 Vorbereitungen für einen Marsch Hitlers auf Berlin gelaufen waren, befanden sich unter den rechtsradikalen Kampforganisationen, die sich entlang der Grenze Thüringens formierten, ebenfalls »Wehrwolf«-Trupps, ausgerüstet mit Gewehren, Maschinen-Gewehren, Minenwerfern und anderem Gerät, was zum Führen eines Kleinkrieges unentbehrlich schien.
Nach Hitlers gescheitertem Putsch vom 9. November 1923 in München hielten bereits Verbände des »Wehrwolf« mit Reichswehrtruppen unter Anwendung von Waffengewalt Reaktionen nieder, marschierten in Thüringen und Sachsen ein, verjagten demokratische Landesregierungen und verbreiteten Unruhe im Land.
Schon bald darauf änderte der »Wehrwolf« seinen Untertitel »Mitteldeutscher Schutzverband« in »Bund deutscher Männer«. 1924 öffnete er durch seine endgültige Bezeichnung »Wehrwolf.

Bund deutscher Männer und Frontkrieger« seine Reihen völkischgesinnten Schichten und betonte regionale Unabhängigkeit. An verschiedenen Orten verbündete er sich mit Gliederungen der Deutschvölkischen Freiheitspartei – Bormanns damalige Partei. Nach seinen »Reichsrichtlinien« war der »Wehrwolf« von 1923 eine den Krieg bejahende, politisch-kämpferische, paramilitärische Wehrbewegung, völkisch, sozial und »großdeutsch«. Seine männlichen Mitglieder pflegten Soldatentugenden wie Tapferkeit, Kameradschaft, Manneszucht und Opferbereitschaft, seine weiblichen förderten deutsche Art und Sitte. »Dauernde Übung des Körpers« durfte nicht als Spaß an Sport und Spiel, sondern mußte vielmehr als »Selbstzucht« und »Vorbedingung eines wehrhaften Sinnes« aufgefaßt und betrieben werden.
Angehörige des »Wehrwolf« vertraten den Standpunkt, nur eine »hochwertige Minderheit (könne) Träger deutscher Schicksalsgestaltung« sein. Infolgedessen betrachteten sie sich als berufene »Führer des Volkes«, berechtigt durch besonders entwickeltes Verantwortungsgefühl und Opferbereitschaft. »Ewig höchste Sittlichkeit (sei) Selbstopfer für Volk und Staat«.
Privilegien infolge von Stand oder Besitz wurden kategorisch abgelehnt. Der Wert einzelner Menschen bemesse sich nur »nach seiner kämpferischen Leistung für Volk und Vaterland«; »Wehrwölfe« bekannten sich als nationale Revolutionäre zu »aktivstem und kampfesfrohestem« Einsatz im Ringen um die Freiheit des ganzen deutschen Volkes. Nach § 5 seiner Satzung organisierte der Bund unter anderem »Widerstand gegen die den Bestand des Deutschen Reiches bedrohenden Gefahren«. Hier kam eine Gesinnung zum Ausdruck, wie sie Ernst Niekisch beharrlich propagierte. Den Titel »Widerstand« für Schriftenfolge und Bewegung wählte Niekisch in Anlehnung an die Clausewitz'sche Definition in dessen Werk »Vom Kriege«; »Widerstand«, so hatte Clausewitz geschrieben, »ist eine Tätigkeit, durch die so viele von des Feindes Kräften zerstört werden, daß er seine Absichten aufgeben muß«.
In dem Bestreben, den »in der Widerstandsgesinnung wurzelnden Befreiungsgedanken« zu entwickeln, versuchte Niekisch ab 1926, einige vaterländische Verbände, darunter den »Wehrwolf«, um den Bund Oberland herum in eine gemeinsame Front gegen die Politik des Reiches zu bringen. Niekisch hoffte, einen Großteil der

Bundesgenossen mit »nationalaktiver Gesinnung« – Widerstandsgesinnung – »durchsäuern« sowie nach Osten orientieren zu können. Als dieser revolutionäre Gedanke am Gegensatz zwischen »Stahlhelm« und »Jungdo« scheiterte, versuchte es Niekisch erneut 1930 mit einem »Widerstandsblock«, dem wiederum der »Wehrwolf« angehörte.
»In den Staaten des Westens wird das Deutsche als etwas Minderes behandelt, im Osten ist es die führende Macht. Was Rom für den Westen ist, kann und soll Potsdam für den Osten werden. Wir brauchen ein Weltwendebewußtsein. Die Weltherrschaft des Romanischen ist abgelaufen, der Weltentag des Ostens steigt herauf.« – In derartiger national-bolschewistischer Gesinnung stellte sich der »Wehrwolf« von 1923 schließlich gegen parlamentarisch-demokratisches Denken, gegen beschließende Gremien überhaupt sowie gegen die ganze »langatmige und heuchlerische Prozedur zur Erzeugung lahmer Kompromisse«.
Mitglieder des »Wehrwolf« träumten vom »Dritten Reich«, einem neuen, geläuterten Staat ohne »Plutokratie und internationalen Kapitalismus«. Wahlparolen, abgedruckt in der Bundeszeitung vom 1. November 1929, enthielten scharfe Absagen an deutsche »kommunistische Führer, ... die... ihre Anhänger in einen nutzlosen Bruderkampf mit anderen Arbeitern... hetzen«; an »verwässerte Sozialdemokraten... in (ihrer) lächerlichen Kleinbürgerlichkeit«; an »jene schleimige, spießige, liberale, demokratische Gesellschaft, die auf den Namen ›Bürgertum‹ pocht«; aber schließlich auch an »die Kaste von ›Hochwohlgeborenen‹... jene Plutokraten...«
Außenpolitisch, das war klar, wollten »Wehrwölfe« von damals gemeinsam mit Rußland Frontstellung gegen den Westen beziehen.
Für militärische Ausbildung sorgte der »Reichswehrblock Roßbach (R.W.B.R.)« sowie der »Verband nationalgesinnter Soldaten (V.N.S.)«, in dessen Reihen politisch-fanatische Männer standen und den die offizielle Reichswehr massiv unterstützte. Der sogenannten »Schwarzen Reichswehr« angehörend, nahm der »Wehrwolf« freizügig von der Reichswehr zur Verfügung gestelltes Waffen- und Instruktionsmaterial sowie Munition in Anspruch; die Ausbildung besorgten auch Reichswehr-Instrukteure.
Besonders enge Bindungen zur NSDAP traten vorerst nicht in Er-

scheinung. Hitler hielt nicht viel von Geheimbündelei; er lehnte brüsk alle Gruppierungen ab, die sich ihm nicht bedingungslos unterwarfen. Nach seiner festen Überzeugung führte »im Zeitalter der Massenkämpfe« nur die Volksbewegung zum Ziel. Als entscheidenden Mangel der Wehrverbände der Weimarer Republik erkannte er deren politische Ziellosigkeit, trotz allen Geredes, und deren Ideenarmut. Wer für »Entscheidendes« eintrete, müsse brutal sein. In »Mein Kampf« schrieb er:

»Der Mangel einer großen neugestaltenden Idee bedeutet... eine Beschränkung der Kampfkraft. Die Überzeugung vom Recht der Anwendung selbst brutalster Waffen ist stets gebunden an das Vorhandensein eines fanatischen Glaubens an die Notwendigkeit des Sieges einer umwälzenden neuen Ordnung... Eine Bewegung, die nicht für solche höchste Ziele und Ideale ficht, wird dadurch nie zur letzten Waffe greifen.«

Auch der »Wehrwolf« konnte sich betroffen fühlen; denn tatsächlich blieb er, von kurzen Episoden abgesehen, politisch indifferent. Erst nachdem seine Mitglieder infolge Auflösung des Bundes im Dritten Reich der siegreichen Nationalsozialisten ihre »Wehrwolf«-Kluft gegen Uniformen der SA eintauschten, bekannte sich ein Teil der alten »Wehrwölfe« zur NSDAP – viele aber auch nicht.

Allerdings hatten auch schon in der sogenannten Kampfzeit »Wehrwölfe« und NSDAP-Genossen miteinander sympathisiert. Aus dem, was Alfred Conn in Hamburg an Aufzeichnungen hinterlassen hat, ergibt sich deutlich eine Verbindung zwischen »Wehrwolf« (von Conn ohne h geschrieben) und NSDAP: In den Jahren 1923/1924 hatte er sowohl das Amt eines »Leiters des Bezirks Rothenbaum der NSDAP« als auch die Führungsstelle eines Kornetts beim »Wehrwolf«-Bund inne. Seinen Schilderungen zufolge ergänzten sich die Aufgaben beider Organisationen, später gingen sie ineinander über.

Mannigfache Verflechtungen rechtsradikaler Kreise verdeutlicht auch das Beispiel eines SA-Mannes namens Stahl aus Aue. Bereits 1923 trat er in die »Scharnhorst-Jugend« der NSDAP ein. Als diese verboten worden war, wechselte er zunächst zum »Wehrwolf« über, dann 1925 in den »Wikingbund« und schließlich, nach dessen Auflösung, 1927 in den »Bund Oberland«. 1929 wurde er dann letztlich Mitglied der NSDAP und SA-Mann.

Nach dem Reichsführertreffen der HJ vom 28. bis 31. Dezember 1928 im Nonnenturm bei Plauen nahm v. Schirach, Reichsjugendführer der NSDAP, zu verschiedenen Jugendbünden Verbindung auf, so auch zum »Wehrwolf«. Als Ziel schwebte ihm vor, eine »Junge Front« zu bilden. Aber die elitären Bünde ließen sich zu seiner Enttäuschung nicht mit der HJ gleichschalten – noch nicht. Im Sommer darauf, beim Reichsparteitag der NSDAP in Nürnberg, saßen Vertreter des »Wehrwolf« abermals an einem Tisch mit HJ-Führern und Führern anderer, stark nationalsozialistisch durchdrungener Jugendbünde, ohne daß allerdings eine von Rosenberg, dem Initiator dieses Treffens, erhoffte Einigung über ein abgestimmtes Verhalten und eventuelles Zusammengehen damals schon erreicht worden wäre.

Die Ziererei hatte erst 1933 ein Ende. Aber selbst nach Hitlers Machtübernahme am 31. Januar 1933 dauerte es dann doch noch geraume Zeit, bis der alte »Wehrwolf« sein Eigenleben aufgab und die Bundesgenossen in Gliederungen der herrschenden NSDAP entließ.

Noch am 26. April 1933 gelang es zum Beispiel einem Rotfront-Bund-Spitzel, Mitglied der immer noch bestehenden Ortsgruppe I, Essen, des »Wehrwolf« zu werden. In der Einlieferungsanzeige vom 8. Juni 1933 des Polizeipräsidenten von Essen wurde als »geschädigt« ganz offen die »Kampfgruppe Wehrwolf« genannt. Heimstatt in politischen Gliederungen der neuen Staatspartei erhielten Angehörige des »Wehrwolf« endgültig, nachdem der Reichsminister des Innern unter dem Rubrum I A 1323/9.9. den Landesregierungen mitteilte, der »Wehrwolf« sei auf Befehl vom 25. August 1933 – Ch. Nr. B 2333/33 – der Obersten SA-Führung (Unterschrift: Röhm) in die SA einzugliedern.

Ein geschlossen in die SA überführter »Wehrwolf«-Trupp war zum Beispiel der SA-Trupp 4, Sturm 1/I, Standarte 138 Duisburg. Sein Führer, Truppführer D., gehörte zunächst von 1928 bis 1932 als eingeschriebenes Mitglied der SA an und trat erst 1932 zum »Wehrwolf« über, um die Integration zu besorgen.

Der Unterstützungsverein »Wehrwolfhilfe« löste sich erst zwei Jahre nach der Machtübernahme der NSDAP, nämlich am 9. Februar 1935, in Halle an der Saale auf. Die Liquidation vollzogen dort im besten Einvernehmen Vertreter von 3963 vollgültigen »Wehrwolf«-Stimmberechtigten, Parteigenossen der NSDAP, ein

Gauleiter der DAF sowie der im Auftrag der DAF vom Amtsgericht eingesetzte Liquidator.
Am 27. Mai 1935 schrieb die »Jessener Zeitung« in einem Artikel über die feierliche Enthüllung einer Gedenktafel am Grabe des »Wehrwolf«-Kameraden Pattky, der »Wehrwolf« habe so lange national-revolutionär »für Deutschlands Größe und Freiheit« kämpfen müssen, bis der »große Führer« Hitler endlich die Macht übernehmen konnte. Am Grabe sang man das nationalsozialistische Horst-Wessel-Lied »Die Fahne hoch...« und erwies »letzte Ehre mit dem deutschen Gruß«. Nichts mehr von Widerstand oder national-bolschewistischer Tendenz.
Fritz Kloppe, Begründer des alten Kampfbundes unter der schwarzen Fahne mit dem Totenkopf, bekannte in einem Brief vom 10. Juli 1935 selber, daß Kräfte in den eigenen Reihen die »Wehrwolf«-Bewegung »im Sinne einer radikalen Durchführung der nationalsozialistischen Revolution« einzusetzen gedachten. Als die »Wehrwölfe« nach ihrer Eingliederung in die Partei »einen besonders radikalen Flügel innerhalb« der nationalsozialistischen Bewegung verstärken wollten, habe dies »bei der mächtig gewordenen NSDAP dann jedoch nachteilig gewirkt«.
Nach Wiedereinführung der allgemeinen Wehrpflicht in Deutschland wurde ehemaligen Kämpfern des »Wehrwolf«, sobald sie wieder aktiv dienten, die Dauer ihrer Tätigkeit innerhalb des »Wehrwolf«-Kampfbundes als Wehrdienstzeit angerechnet.
Einiges spricht dafür, daß ultranationalistische, fanatische Ideen, wie sie im alten »Wehrwolf« zum Ausdruck kamen, im Nationalsozialismus, allerdings ohne Ostdrall, neuen Nährboden fanden und mit dazu beitrugen, rigorose Widerstandsgesinnung im neuformierten »Werwolf« von 1944/1945 zu aktivieren.
Jüngere Jahrgänge des »Wehrwolf« von 1923, in die SA übernommen, standen, als der neue »Werwolf« gegründet wurde, in der Blüte ihrer Mannesjahre – falls sie überhaupt noch lebten – und, sofern sie Parteigeist und Intelligenz besaßen, auf verantwortlichen Posten.
Trotz gründlicher Recherchen gelang es nicht, eine direkte, offensichtliche personelle Verbindung zwischen »Wehrwolf. Bund deutscher Männer und Frontkrieger« und nationalsozialistischem »Werwolf« nachzuweisen. Einmal schien es, als stelle Gottlob Berger, späterer SS-Ogrufü und Chef des SS-Hauptamtes, Löns-

begeistert und früher SA-Oberführer, ein Bindeglied dar. Doch weder bei ihm, noch bei einem anderen hohen SA-Führer, Jahrgang 1899, gelang ein schlüssiger Beweis.

Möglicherweise fühlen sich Wissensträger aufgrund dieser Arbeit veranlaßt, mehr Licht in dieses Halbdunkel zu bringen. –

Kommt der alte »Wehrwolf« zwar als Vorläufer eines politischmotivierten, nationalsozialistischen »Werwolf«, weniger jedoch als Vorläufer von militärisch orientierten Kleinkrieg-Verbänden in der Endphase des Zweiten Weltkrieges in Betracht, trifft ein derartiger Zusammenhang umso mehr auf einen anderen, gleichfalls in den Zwanziger Jahren entstandenen, allerdings geheimen Wehrverband in vollem Umfange zu; gemeint ist der »Feldjägerdienst (Fjd)« der damaligen deutschen Reichswehr.

Als man sich gegen Ende des Zweiten Weltkrieges unter dem massiven Druck der Verhältnisse daranmachte, ein Konzept für eine neue »Werwolf«-Organisation zu erarbeiten, lenkte der Leiter der Ausbildung im Stabe Prützmanns die Aufmerksamkeit auf eine gründliche »Denkschrift über den Feldjägerdienst« vom 1. Mai 1928, die aus der Feder des damaligen Leiters dieser Truppe, Oberstleutnant a. D. von Voß, stammte und aus der wertvolle Erkenntnisse für Aufbau und Führung von »Werwolf«-Verbänden gewonnen werden konnten.

Damals, im März 1924, hatte der Chef der Abteilung T 1 im Reichswehrministerium unter dem nachhaltigen Schock der gewaltsamen Ruhrbesetzung durch französische Truppen Führer der westlichen Wehrkreise veranlaßt, sich Gedanken über eine Kampftruppe zu machen, die in »straffer militärischer Disziplin … besser als der ungeleitete aktive und passive Ruhrkampf des Jahres 1923 geeignet sein« sollte, Widerstand zu leisten und dem »Feinde zu schaden«.

Danach entwickelte ein streng geheimgehaltener »Sonderstab« beim Reichswehrministerium aus »ureigenstem Volkswillen«, wie Voß meinte, aus allen Schichten der Bevölkerung besetzter deutscher Gebiete Kader einer »Feldjägerkampftruppe«, wobei als Vorkämpfer Männer des Ruhrkampfes, mithin auch Angehörige des »Wehrwolf« von 1923, sowie Separatisten-Abwehrkämpfer in der Pfalz dienten. Im Zeitraum von vier Jahren erarbeitete dieser Stab, zuletzt innerhalb der Abteilung T 2 IV, in engster Verbindung mit der früheren Abwehrgruppe, Grundlagen für den weiteren Aufbau einer Feldjägertruppe durch Territorialstellen als »äußerst scharfe Waffe der oberen und obersten Führung«.

Im »Feldjägerdienst« gewann zum ersten Mal in Deutschland der Kleinkrieg-Gedanke Gestalt: Kleinkrieg als flexibler, versteckter Kampf, eine »neueste schärfste Waffe des Schwachen gegen neuzeitliche materialisierte Heere«. Man hielt planmäßig organisierten Kleinkrieg gegen konventionelle, rüstungstarrende Feindheere mit schwerfälligem, technischen Kampfballast für umso notwendiger, je mehr Blößen ein schwaches oder geschwächtes Land bot. Dabei blickte man mit besonderem Interesse auf die Schweiz, die dem Kleinkrieg und seiner Entwicklung notgedrungen stets besondere Aufmerksamkeit gewidmet hatte.

Das Wesen dieses Kleinkrieges, so wie es Leiter des damaligen »Fjd.« sahen, bestand im wesentlichen darin, zunächst auf deutschem Boden im Rücken gegnerischer Besatzungstruppen an allen empfindlichen Stellen »eine Zone der Unsicherheit für den Feind zu schaffen«, und zwar durch systematische, insgeheime, allgegenwärtige und »nicht abwehrbare Sabotage«.

Heimatbodenständige »Feldjäger« ähnelten normalen Kavallerie- und/oder Infanterie-Patrouillen, allerdings mit dem wichtigen Unterschied, daß sie im Operationsgebiet verblieben, während konventionelle Patrouillen nach Einsätzen immer wieder zur Truppe zurückkehrten.

Unter der Devise »Der Angriff ist die beste Verteidigung« sollte der »Feldjägerdienst« als »aktives Verteidigungsmittel« Aufmarsch und Vormarsch feindlicher Heere auf deutschem Boden stören, hemmen, in ihren Reihen allgemeine Verwirrung stiften und dem Feind Abbruch tun. Die feindliche Führung sollte in ihren Entschlüssen gelähmt, starke feindliche Sicherungskräfte sollten gebunden werden; Kleinkrieg zielte mithin ab auf Krafteinbußen und Zermürbung eines stärkeren Gegners unter verhältnismäßig geringem eigenen Aufwand.

Ähnliches hatte schon die Landsturmverordnung vom 21. April 1813 des Preußenkönigs Friedrich Wilhelm bewirken wollen.

Im einzelnen verlangte man vom »Feldjägerdienst« die Gefährdung und Unpassierbarmachung von Schienenwegen, Straßen, Wasserwegen, die Zerstörung feindlicher Nachrichtenmittel sowie von Hilfsmitteln des Landes – Rohstoffe, Bodenschätze, Lager, Magazine, Industrieanlagen und dergleichen – sowie die Entfesselung passiven Widerstandes, alles Aufgaben, die man fast zwei Jahrzehnte später auch nationalsozialistischen »Werwölfen« aufbürden sollte. Ebenso wie bei Prützmanns »Werwolf«, jedoch völlig anders als bei der »Werwolf«-Bewegung fanatischer Führer der NSDAP, setzte »Feldjägerdienst« sorgfältige Auswahl, gewissenhaftes, gründliches und möglichst langfristiges Training sowie genaueste Kenntnisse von Einsatzraum und Versorgungsbasen voraus.

»Der Feldjägerdienst darf nicht in zügelloses Bandenwesen ausarten«, betonte Ziffer 2 der »Allgemeinen Grundsätze«. Improvisationen hielt man damals für sehr bedenklich, »weil undurchgebildete Feldjäger ihre Kampfgruppen belasten und gefährden und ungeeignet sind, die hohen Aufgaben der ›stehenden Kampfpatrouillen‹ im Feindrücken richtig zu erfüllen«.

Zur Tiefengliederung von derartigen Kleinkrieg-Verbänden hielt man damals Einsatz im Lande unmittelbar hinter der Front für falsch; die Truppe werde dabei nur sinnlos aufgerieben, so etwas käme einer »Selbstaufopferung« gleich. Stattdessen sollte Feldjägerkampf erst dort einsetzen, wo sich feindliche Truppenbelegungen weitmaschiger zeigten. Kampf von Fronttruppen könne niemals unmittelbar, sondern nur mittelbar unterstützt werden. Vollen Erfolg in einem Kleinkrieg von »Fjd.«-Verbänden hielt man für gesichert, sobald es gelänge, den Feind im Innern seines eigenen Territoriums, »an den Wurzeln seiner militärischen Kraft, in den Betrieben seiner Heimatindustrie und seiner zentralen Landesverwaltung und in seinem Verkehrsnetz durch nachhaltige Eingriffe« zu schädigen.

Deutlicher als später der politisch-fanatische »Werwolf« der NSDAP bezog der »Feldjägerdienst« Stellung zur Haager Konvention. Feldjäger hatten Waffen offen zu führen, sie kämpften unter verantwortlichen Leitern, und sie hatten sich durch Armbinden sowie durch uniformähnliche Bekleidung weithin als Soldaten kenntlich zu machen.

In krassem Gegensatz zur spontanen, ungeregelten Aufstellung von »Werwolf«-Haufen nach der lautstarken Goebbels'schen Proklamation vom 1. April 1945 sollten Feldjäger der Reichswehr in aller Ruhe durch sorgfältige Einzelauswahl, mit größter Vorsicht und nur durch Vertrauensleute gewonnen werden. Man suchte damals »beherzte, zähe, vaterlandsliebende und stets bedacht handelnde Menschen..., die aus freier Erkenntnis des hohen Wertes des Patrouillen-Einzelkampfes... gewillt (waren), freiwillig unter schwierigsten Verhältnissen« zu kämpfen, ihr Leben zu wagen. Sogenannte »Freundeskreise« gewährleisteten Zusammenhalt und gegenseitige Kontrolle.

Verbände, Wehrverbände allgemeiner Art und Bünde hielt man für ungeeignet zum »Feldjägerdienst«; denn diese Organisationen wollten ja doch nur durch Masse wirken. Ihr dauernder Drang nach Publizität stehe in scharfem Gegensatz zum Feldjägertum, welches nur »still im Einzelmenschen wirken« könne, verborgen, ohne allen »aktivistischen Betätigungsdrang«. Hier durfte es kein öffentliches Hervortreten geben. Im »Feldjägerdienst« verzichtete man ausdrücklich auf Putschisten zugunsten aufrechter Männer, die sich als »Nur-Soldaten« einer obersten Führung verpflichtet fühlten. Eine Elite also; Mitglieder von Verbänden oder Bünden, die derart hohen Ansprüchen nicht genügten, kamen für »Feldjägerdienste« nicht in Frage.Gänzlich anders als der gegen Ende des Zweiten Weltkrieges lauthals propagierte »Werwolf« der Partei sollte die Organisation des »Feldjägerdienstes« strikt geheim gehalten werden. Überraschung wurde für außerordentlich wichtig gehalten; es sei unklug, Gegenmaßnahmen früher herauszufordern als unbedingt erforderlich. Verbindungen zur eigenen Bevölkerung mußten im Hinblick auf mögliche Repressalien des Feindes vom ersten Einsatztage an, dem sogenannten »1. Pirschtag«, abgebrochen werden. »Schließlich kann auch der grausamste Feindwille nicht Tausende von Dörfern niederbrennen, ohne den neutralen Staaten gegenüber sich in schweres Unrecht zu setzen«; so dachte man noch im Jahre 1928. Eine Herabwürdigung des Krieges zu amoralischem, tierischen Töten schien noch unvorstellbar.

Im Hinblick auf Truppenstärke und Raumeinteilung ging man beim »Feldjägerdienst« davon aus, daß ein »Gruppenraum« von 60 bis 200 Quadratkilometern von etwa einhundert Feldjägern kontrolliert werden könne, wobei allerdings Objektdichte und Bedeckung des jeweiligen Geländes den Ausschlag geben sollten. Hundert Feldjäger bildeten nach dem Konzept von 1928 eine Feldjägerkompanie, eingeteilt in drei Züge, die wiederum in vier Gruppen untergliedert sein sollten. Sowohl Züge als auch Kompanien wurden von Führungsgruppen geleitet. Weil »Feldjäger-

dienst« als Kampfmittel der oberen und obersten Führung galt, kamen Unterstellungen unter Feldtruppe oder Grenzschutz nicht in Betracht. Führerpersönlichkeiten sollten aus der Feldjägerschaft herauswachsen. Der Beste bekam die Chance. Ein sogenannter Feldjägerstab operierte als Führungsorgan für mehrere Kompanien mit Sitz im Kampfgebiet, das heißt ebenfalls im Rükken des Feindes.
Befehls- und Nachrichtenapparate des »Feldjägerdienstes« sollten im wesentlichen modernste Geräte verwenden, Funkeinrichtungen, Rotfilter-Blinkanlagen, versenkte Kabelverbindungen sowie – in damaliger Zeit – Brieftauben. Rückgrat blieb jedoch der altbewährte Meldegänger.
Im »Feldjägerdienst« pflegte man soldatische Tugenden und Traditionen, jeder sollte den Namen »Feldjäger« mit Stolz tragen. »Wer viel mit diesen ernsten, vom Grenzgeiste erfüllten Männern zusammenkommt, der hat den Stolz gefühlt«, schrieb v. Voß.
Tatsächlich existierten bereits ab 1927 »Feldjägerdienste« in der geschilderten Form jenseits der Nordostgrenze Ostpreußens und auf Danziger Gebiet in sogenannten »Ausfallgruppen«. Ukrainische Kampforganisationen, wie »Uko« und »Undo«, erhielten vom »Feldjägerdienst« finanzielle und praktische Unterstützung mit dem Ziel, »eine kraftvolle ukrainische Freiheits-Bewegung im Rücken der polnischen Aufmarsch-Armee« zu schaffen. Mit Ungarn, dem »alten Waffenbruder«, fand ein jahrelanger Erfahrungsaustausch statt. An sich war auch die Tschechei, wie in der grundlegenden Geheimverfügung vom 1. Dezember 1924 über den Kleinkrieg befohlen, mit »Feldjägerdiensten« zu überziehen gewesen, aber die Sache lief sich aus verschiedenen Gründen tot. Ebenso mußte im Westen des Reiches ein weiterer Aufbau von subversiven »Feldjägerdiensten« der »Versöhnungspolitik des Auswärtigen Amtes allmählich weichen«. Doch der Leiter des »Feldjägerdienstes«, von Voß, warnte und mahnte: »Die Wiederaufnahme dieser Arbeit wäre dringend zu wünschen.«
Obwohl der »Feldjägerdienst« der Zwanziger Jahre unter ganz anderen Verhältnissen und Bedingungen geplant und in Ansätzen sogar bereits entwickelt wurde als der »Werwolf« in den Jahren 1944/1945, kam den Planern im Stabe Prützmanns die Vorarbeit zugute. Es steht fest, daß die Kleinkrieg-Verbände Prützmanns, genannt »Werwolf«, ähnlich aufgebaut, ähnlich geführt und fast

genau so eingestzt werden sollten und zum Teil auch eingesetzt wurden. Anfangs versuchte man, besonders im Osten, ehemalige Feldjäger ausfindig zu machen, und wo es gelang, sie zu ermitteln, spannte man sie, wenn es eben ging, als Ausbilder in die Aufbauarbeit ein. Beim kritischen Vergleich der »Werwolf«-Kampfanweisung »Winke für Jagdeinheiten«, über die weiter unten noch eingehender gesprochen werden muß, mit der »Denkschrift über den Feldjägerdienst« springt eine Übereinstimmung sowohl im Prinzipiellen, Grundsätzlichen wie auch in mancherlei Details ins Auge.

Alles in allem kann der »Feldjägerdienst (Fjd)« der damaligen Reichswehr als echter Vorläufer der militärisch motivierten Kleinkrieg-Verbände, genannt »Werwolf«, angesehen werden.

5. *Kleinkrieg-Vorbilder im Zweiten Weltkrieg.*

»Feldjägerdienst« der Reichswehr, vom Konzept her gesehen für den Prützmann-»Werwolf« interessant und lehrreich, mußte in der Bedeutung allerdings vor aktuelleren Kleinkrieg-Formen verblassen.

Wirklich ernsthaft mußte sich die Deutsche Wehrmacht erstmals nach dem Frankreich-Feldzug mit gegnerischen Kleinkampf-Verbänden auseinandersetzen.

Als der reguläre Kampf auf diesem Kriegsschauplatz beendet war, setzten beherzte Franzosen Widerstand aus dem Untergrund fort. Sie ließen deutsche Besatzungstruppen nicht zur Ruhe kommen, und in wachsender Erbitterung, die ganz andere Grausamkeiten und Ausschreitungen mit sich brachte als offener Kampf, machten sie, zunehmend mit den deutschen Niederlagen, klar, daß sich deutsche Truppen und Zivilisten der Verwaltung in Feindesland befanden. Widerstand in Frankreich ging aus von den Gruppen F.T.P. (France Tireurs et Partisans) und M.O.I. (Mouvement Quvrier International), beide kontrolliert von der sogenannten Terrorgruppe »Valmy«, die sich für besonders gewagte Attentate und Anschläge stark machte sowie für die »Parteijustiz« (Feme). In der Zeit von September 1941 bis Oktober 1942 fielen zum Beispiel zehn Franzosen dieser Parteijustiz eigener Landsleute zum Opfer, wurden zwei Raubüberfälle, drei Handgranatenanschläge und sechzehn Bombenanschläge verübt, die sich gegen Bahnanlagen, Straßen, Knotenpunkte, Nachrichtenverbindungen, Soldatenkinos, Wehrbetreuungseinrichtungen, Unterkünfte sowie Polizeiwachen richteten – gegen »klassische« Ziele aller Untergrundaktivitäten.

Ähnliches wie in Frankreich geschah in anderen deutschbesetzten

Ländern mit mehr oder weniger Intensität. Schließlich hatte es diese Art von Kleinkrieg heimattreuer Menschen gegen Eindringlinge zu allen Zeiten und bei vielen Nationen gegeben, in Deutschland selbst zuletzt, wie wir bereits gesehen haben, nach verlorenem Ersten Weltkrieg.

Abgesehen von dem wirklich als Vorläufer in Betracht kommenden »Feldjägerdienst«, deutschen Freikorpserfahrungen der beginnenden Zwanziger Jahre, den oftmals schmerzlichen Erkenntnissen im Kampf mit Widerstandsgruppen überall dort, wo deutsche Soldaten herrschten, stand den Initiatoren des »Werwolf« im Herbst 1944 hauptsächlich ein ganz anderes, außerordentlich bedrohlich gewordenes Vorbild vor Augen: Die russische Partisanen-Armee.

In einem unvorstellbar erbitterten Vernichtungskampf zerstörten im Osten Partisanen seit Jahren deutsche Soldatenunterkünfte, erschwerten die Verwaltung, lauerten berüchtigten »Einsatzkommandos«, ihren Todfeinden, auf und liquidierten diese, wo sie nur konnten, sie sprengten, was den Deutschen nützte, in die Luft, ließen Denunzierte und Gefährdete untertauchen, verhinderten die Verschleppung von Arbeitskräften sowie den Abtransport russischer Güter nach Deutschland und störten landwirtschaftliche Arbeiten für den Feind.

Die Bezeichnung »Bandenkrieg« hielt man im WFSt nicht für übertrieben, weil Umfang, Anzahl verwickelter Personen sowie räumliche Ausdehnung bisherige Vorstellungen vom Franktireurwesen bei weitem überstiegen.

Jodl beurteilte russische Partisanen als »im wesentlichen fanatische, stahlharte Kämpfer«; sie hätten den illegalen Bandenkampf zur tödlichen Gefahr für die Wehrmacht entwickelt. Hemmungen sowie Zweifel über Art und Weise der Niederschlagung und Bekämpfung solcher unsoldatischen Einsatzformen tauchten damals wohl bei allen kriegführenden Nationen auf.

Taktiken eines möglichen Heckenschützenkrieges waren in der UdSSR schon seit Jahren vor dem Krieg durch die »Gesellschaft für Wehrkunde« sowie die »Ossoaviachim«, einen Luftschutzverein, ins Volk getragen worden. An Schießständen und Fallschirm-Springertürmen in allen Kultur- und Erholungsparks hatte jedermann üben können. Bereits eineinhalb Jahre vor dem deutschen Angriff im Juni 1941 fanden in Rußland großangelegte Par-

Rechte Seite:

Russische Partisanen schworen einen heiligen Eid. Wer ihn brach, war des Todes.

Eben noch harmloser Zivilist – nun bewaffnet nach Feinden ausspähend – der russische Partisan.

Partisanen in Rußland erhalten letzte Instruktionen vor einem Einsatz.

tisanen-Übungen statt. Als dann der Krieg mit Deutschland vom Zaun gebrochen worden war, gab Radio Moskau Tag für Tag, morgens und abends, durch, wie sich Partisanen am besten verhielten; die russische Führung setzte alles daran, »partisan« und »partisanka« so populär wie möglich zu machen.

Als die Partisanin Sonja Kosmodemianskaja im Dezember 1941 in Petrischtschewo öffentlich hingerichtet worden war, erhob man sie sofort zur Heldin und zum patriotischen Idol.

Im Tagesbefehl vom 5. September 1942 faßte Stalin die Hauptaufgaben der Partisanen noch einmal zusammen:

Störung rückwärtiger deutscher Verbindungen,
Vernichtung von Stabsstellen und anderen Einrichtungen,
Zerstörung von Eisenbahnen und Brücken,
Niederbrennen und Sprengen von Depots und Unterkünften,
Vernichtung feindlichen Personals,
Gefangennahme oder Vernichten der Spitzen deutscher Verwaltung,
allgemeine Stör- und Terrormaßnahmen,
Aufklärungsarbeit im Rücken des Feindes.

Genau dasselbe, insbesondere die Durchdringung der Kämpfer mit fanatischem politischen Willen, wollte Goebbels ein paar Jahre später mit der »Werwolf«-Bewegung erzwingen. Aber in der UdSSR lagen die Wurzeln des Hasses viel tiefer. Gleich nach Beginn der Feindseligkeiten peitschte eine wirkungsvolle, alle Bereiche erfassende Propaganda zu glühendem Haß gegen Eindringlinge auf, insbesondere in den verwüsteten Gebieten. Durch Schrift, Ton und Bild systematisch wachgehalten und mit allen nur erdenklichen Mitteln geschürt, riß diese Welle des Hasses schließlich zu hemmungsloser, unmenschlicher Rache hin. Unter den grellen Farben eines beispiellosen Propagandasturmes verwandelten sich deutsche Greise, deutsche Frauen und deutsche Kinder sowie jeder biedere »Fritz« in »faschistische Untiere... Hitlerische Menschenfresser«.

Entsprechend mörderisch entwickelte sich die Kampfführung. – »Der Partisanenbegleiter« (Sputnik Partisana) fiel, aus Flugzeugen abgeworfen, in Abertausenden von Exemplaren in die Hände von Angehörigen der Wald-Armee. Er enthielt Tips über zweckmäßige Ernährung, Kochfragen, Konservieren von Fleisch, nützliche Kräuter, über Kampieren während des harten russischen Winters, den Bau von Bunkern und Magazinen, Minenfabrikation, Handhabung von Beutewaffen und -gerät, Konstruktion von Menschen- und Fahrzeugfallen, Bewegen im Gelände, Wetterkunde, Orientierung und so weiter, aber auch taktische und operative Vorschläge sowie Belehrungen über deutsche Uniformen, Ränge, taktische Zeichen. Selbst wichtige deutsche Wörter und Sätze waren abgedruckt und – Verhaltensregeln für den Fall einer Gefangennahme.

»Anwerber«-Abteilungen sorgten für Nachschub an Menschen und Versorgungsgütern. Mitglieder von »Späher«-Abteilungen gingen unter den Augen der Besatzungsmacht in der Maske harmloser Einwohner normalen Beschäftigungen nach. Notwendige Erkenntnisse über den Feind kamen von überall her, aus Städten, Dörfern, von der Eisenbahn, der Post, aus deutschen Schreibstuben, Lagern und Lazaretten.

Offiziere der Roten Armee sowie der Staatlichen Geheimpolizei, dem NKWD, brachten Partisanen ein blutiges Handwerk bei: improvisierte Minenfabrikation im Freien, Brandstiftung, Umgang mit Sprengstoffen, Sprengungen, An- und Einschleichen, Entwenden wichtiger Unterlagen, Täuschung, Verhalten hinter feindlichen Linien, Aufspüren von Helfern, Verhalten bei Gefangennahme – im Grunde genommen immer dasselbe.

Parallel zum theoretischen Unterricht lief die Ausbildung an den Waffen.

Im Laufe des Jahres 1942 festigten sich Bindungen an NKWD und Rote Armee. Befehle des Zentralen Stabes an Partisanen hinter der Front nahmen ihren vorgeschriebenen Weg über höhere Armee-Kommandos und Befehlsstellen der jeweiligen »Front«. Nachrichtenoffiziere des NKWD teilten das harte Los im Wald. Aus einem Speziallager in Tiflis kam eine Elite von Instrukteuren und Kontrolleuren, Angehörige jener berüchtigten, rücksichtslos kämpfenden, besonders fanatischen »00«-Einheiten.

In Tiflis stand auch der Partisanensender des NKWD.

Alle größeren Partisanenverbände verfügten inzwischen über Funkgeräte. Versorgungsflüge der Roten Luftwaffe sicherten immer besseren Nachschub an Kampfausrüstung und Gütern des täglichen Bedarfs, sogar Verwundeten-, Kranken- und Urlaubertransporte führten über den Luftweg in die Heimat.

Aus Furcht vor V-Leuten der deutschen Abwehr hatten neu ein-

Deckblatt der Satzung des Kampfbundes »Der Wehrwolf« von 1923 mit dem Symbol der Wolfsangel.

Der Wehrwolf

Bund deutscher Männer und Frontkrieger

(E. V.)

Deutschland in Not! Der Wehrruf erschallt,
Vom Alp bis zur See es widerhallt.
Deutschland in Not! Ihr Männer heran,
Wir zeigen, daß Not uns nicht brechen kann.
Wir Alten, wir helfen Euch Jungen mit Rat,
Wir Jungen, wir zeigen Euch Alten die Tat:
Wir hassen die Zwietracht, den Wucher, den Neid.
Der Tag muß kommen, der Deutschland befreit.
Kein Welscher soll rühren am deutschen Gut
Das Vaterland frei sein von fremder Brut;
Den Glauben uns niemand zu rauben vermag,
Wir schaffen es dennoch:

Lever dod als Sklaw!

tretende Partisanen zuallererst Fragebogen auszufüllen und mehr als 200 Fragen zu beantworten. NKWD-Offiziere fühlten jedem einzelnen gründlich auf den Zahn. Danach blieben die ersten drei Monate immer noch Probezeit. Neuen vertraute man zunächst keine Waffen an. Unter den wachsamen Augen ihrer Betreuer erfüllten sie zweitrangige Aufträge, und erst allmählich wurden sie als zuverlässig eingruppiert.

Auf Desertieren stand die Todesstrafe; jeder russische Partisan mußte schwören:

»... Sollte ich aus Schwäche, Feigheit oder bösem Willen diesen Eid nicht halten und Verrat an den Interessen des Volkes üben, so will ich eines verfluchten Todes von den Händen meiner Kameraden sterben.«

Reichskommissar Wilhelm Kube starb bei der Explosion einer Bombe, die ihm »seine hübsche weißrussische Freundin... unter das Bett gelegt hatte«.

Später, als das deutsche Ostheer unter wachsendem Druck zurückweichen mußte, sabotierten Partisanen und deren Helfershelfer Hitlers von Rache diktierten Zerstörplan »Verbrannte Erde«, wo sie nur konnten.

Deutsche Truppen hatten schwer zu leiden.

Im Bericht des Kommandeurs der 18. Flakdivision (mot) vom 26. August 1944 hieß es zum Beispiel unter der Überschrift »Der Zusammenbruch der Heeresgruppe Mitte im Sommer 1944«, daß »die Ereignisse nach dem 22. 6. auch durch... Bandentätigkeit weitgehendst... beeinflußt« wurden. »Sie hat sich mehr als störend auf unsere Absetz- und teilweise fluchtartigen Rückzugsbewegungen ausgewirkt. Die Unterstützung der R.A. (Rote Armee) durch einen umfangreichen Nachrichtendienst, durch das Aufhalten der rückwärtigen Bewegungen infolge Sprengung von Brükken, Unbrauchbarmachung von Wegen usw., durch unmittelbare Kampfeinwirkung, Unterbrechung von Nachrichtenverbindungen, Bereitstellung von Brennstoff, Vereinigung mit Kräften der R.A. sowie Anwendung heimtückischster Mittel aller Art (Auftreten von Banden- und Verräterelementen in deutscher Uniform) hat schwere Einbußen gekostet. Ein erheblicher Teil der Vermißten und Gefangenen unsererseits dürfte auf das Konto der Banditen zu schreiben sein...«

Ähnliche Zustände und Schwierigkeiten beklagte auch die

Hier wirbt der »Wehrwolf«-Kampfbund unter dem Zeichen des Totenkopfes als »soziale großdeutsche Freiheitsbewegung«.

Der Wehrwolf

Soziale großdeutsche Freiheitsbewegung

H. 3

Soʒial reden und ſoʒial handeln!

Freie Bahn dem Tüchtigen! Wo iſt dieſes Wort geblieben? Wer ſpricht noch heute davon? Niemand?

Warum? Weil durch den **internationalen Großkapitalismus** unſer Arbeiter unterdrückt gehalten werden ſoll, unſer tüchtiger Mittelſtand ausgetilgt, und jede ſelbſtſtändige Kapitalbildung verhindert werden ſoll.

Wie denkſt du dir, **vorwärts ſtrebender deutſcher Arbeiter, Handwerker und Bauer** deine Zukunft?

Hier greifen wir ein, wir,

Der Wehrwolf (e. V.)

mit unſerer Wehrwolfhilfe.

Erkundige dich bei unſeren Ortsgruppen nach ihren Satzungen und den genaueren Vorbedingungen.

Wir gewähren **Darlehn und Unterſtützungsſummen,** ſobald Kameraden ſich **eine ſelbſtändige Exiſtenz** gründen wollen, ſicher das ſtille Hoffen jedes Vorwärtsſtrebenden. — Unſeren Bundesſchweſtern geben wir bei **Heirat, Geburt von Kindern** uſw. die Möglichkeit, einen geordneten Haushalt einrichten zu können. — Bei **ſchweren Krankheitsfällen** gewähren wir Hilfe, bei **Unfällen** zahlen wir lebenslängliche Renten. — Dem **Mittelſtand** helfen wir, wenn die Großbanken ihn vernichten und ihn in ihre Konzerne einbeziehen wollen. — Den **deutſchen Kleinbauern** ſtehen wir zur Seite, wenn ſein Hof und Gut die ungeheure Zinslaſt nicht mehr tragen kann. — Bei **Tod** gewähren wir **Sterbegeld.**

Wir helfen bei

Streik und Arbeitsloſigkeit

durch Streikgeld und Arbeitsloſenunterſtützung.

Wir haben eine beſondere Kinderhilfe zur Unterſtützung kinderreicher Familien.

Auch wir müſſen von unſeren Mitgliedern Zahlungen verlangen, da wir frei von jeder Kapitalsgruppe ſind und bleiben. Aber dieſe geben wir nicht nach dem Ausland, „Der Internationale", dieſe verwenden wir nicht zur Organiſation, zum Kampf Deutſcher gegen Deutſche, zu Wahlen und Parteizwecken, ſondern dieſe kommen allen ſelbſt wieder zugute.

Das iſt nicht Maulſoʒialismus, das iſt

praktiſcher Soʒialismus.

Wir können mehr leiſten als andere, weil die Arbeit in allen Ortsgruppen ehrenamtlich geſchieht. Hier gibt es keine Parteibürokratie.

Darum du Deutſcher, **wache auf und ſieh mit eigenen Augen,** nicht durch die Lügenbrille, die man dir aufgeſetzt hat.

Hier iſt die Bewegung, die wahrhaft ſoʒiales Handeln beweiſt!

Der Wehrwolf!

Karras & Koennecke. Halle a. d. S.

23. Flakdivision (mot) in ihrer Stellungnahme zur sowjetischen Offensive am 25. August 1944 an das Luftflottenkommando 6. Unter Ziffer 2 d) berichtete man, daß die russische Armee »erhebliche Vorteile durch den erfolgreichen Einbau des Bandenwesens in seine operativen Pläne (Störungen der Truppenbewegungen, des Nachschubverkehrs, der Fernsprechverbindungen und Auskundschaftung der deutschen Vorhaben und Aufbauarbeit im Hinterland)« hatte.
Letztlich führten Partisanenverbände sogar selbständige Operationen größeren Ausmaßes durch, Kleinkrieg-Aktivitäten, von denen spätere »Werwolf«-Spezialisten in Deutschland nur träumen konnten. Aus schützenden Wäldern heraustretend, wurden sie gemeinsam mit Truppen der Roten Armee offensiv; ihre Hilfestellung bei der Feuerleitung der Artillerie sowie insbesondere beim Überwinden von Flußläufen wurde gerühmt.
Partisanenführer Generalmajor S.A. Kowpak, zweifacher Held der Sowjetunion, berichtete später:
»(Wir) kämpften in enger gegenseitiger Verbindung mit der Roten Armee und fühlten uns als ein Teil der Truppen der Stalingrad- und Südwestfront auf ihrem Vormarsch.« (Zit. Kowpak: Vom Putiwlj zu den Karpaten, Moskau, 1945, S. 85).
Komsomolzen, Angehörige der sowjetischen Jugendorganisation, leisteten von Anfang an wirksamen Widerstand gegen deutsche Truppen, zum Teil unter Führung ihrer Schullehrer. Alleine in Weißrußland erwarben 24 Komsomolzen den Titel eines Helden der Sowjetunion; mehr als 31000 Komsomolzen und junge Kämpfer wurden mit Orden und Medaillen ausgezeichnet.
Als »Volksrächer« (Narodnije mstitjeli) fielen junge und alte, männliche und weibliche Partisanen auch über Landsleute her, russische Kollaborateure, Denunzianten und Verräter, es gab kaum Pardon.
Aber auch die Deutschen kannten kaum Gnade.
Hitler mißachtete zumindest in der Siegesphase den Bolschewismus als »politischen Aussatz«. In einem von Keitel unterzeichneten Befehl des Führers hieß es am 16. Dezember 1942:
»Wenn dieser Kampf gegen die Banden sowohl im Osten wie auf dem Balkan nicht mit den allerbrutalsten Mitteln geführt wird, so reichen in absehbarer Zeit die verfügbaren Kräfte nicht mehr aus, um dieser Pest Herr zu werden. Die Truppe ist daher berechtigt

Der »Wehrwolf«-Kampfbund versucht, mit neuen Schlagworten aufzutrumpfen: »Possedismus«, die neue Wirtschaftsordnung soll die Welt verändern.

Vernichtet den Kapitalismus und

Ihr werdet die Freiheit schauen!

Unzufrieden, unwillig ist ganz Deutschland.
Ihr alle sagt: So geht es nicht weiter!
Zwar muß die Tributknechtschaft fallen, aber die Ursache wirtschaftlichen Elends ist **nicht allein der unmögliche Youngplan, es ist die kapitalistische Wirtschaftsordnung überhaupt.**
Was aber soll an ihre Stelle treten?

Der Sozialismus?!

der vielleicht den Staat und die Wirtschaft retten könnte, der aber einen Staatskapitalismus bilden würde, der bei der Sozialisierung aller Produktionsmittel, wie SPD. und KPD. sie wollen, **alle Schaffenden und selbständig Ringenden zu Angestellten und Arbeitern einer Beamtenbürokratie macht.**
Nein, das ist nicht das Wollen und der Sinn des Freiheitswillens der schaffenden Deutschen.
Und Ihr alle gebt zu bei ehrlichem Nachdenken, daß

Bauerntum, Mittelstand und eine vorwärtsstrebende freie Arbeiterschaft

lebenswichtig für unser Volk sind und darum geschützt und erhalten werden müssen!
Darum schufen wir den

Possedismus

der den raffenden Kapitalismus austilgen will, der den schaffenden deutschen Menschen gegenüber allen Ausbeutern wieder die **Möglichkeit wirtschaftlicher Unabhängigkeit bietet und selbständiges Vorwärtskommen des tüchtigen Arbeiters ermöglicht.**
Alle bürgerlichen Parteien, einschließlich des Stahlhelm sind Anhänger des **Kapitalismus.** Selbst die Nationalsozialisten, von denen wir Vorschläge für **eine** deutsche sozialistische neue Ordnung erhofft haben, haben sich in letzter **Zeit, wie** das Buch von Reupke und die Erklärungen Adolf Hitlers bezeugen, **wieder zur** kapitalistischen Ordnung bekannt.

Dieser Kapitalismus ist aber Enteignungswirtschaft schlimmster Art geworden.

Enteignung deutschen Bauerntums, deutschen Mittelstandes, deutscher selbständiger Betriebe zu Gunsten der Banken und der Groß-Konzerne.
Deutsche macht Euch frei von allen Schlagwörtern!
Denkt selbst nach über die tieferen Ursachen der Not!
Laßt Euch nicht aufhetzen gegeneinander, Ausgebeutete gegen Ausgebeutete, während die Sklavenhalter über den Bruderkampf der Armen gegeneinander sich freuen.

Urteilt selbst in eigener Ueberlegung, was der Possedismus will!

Nichts für uns, nicht um Euch unzufrieden zu machen, sondern um Euch **eine Hoffnung** zu geben, daß wir die Not doch noch wenden und enden können, wenn wir alle ehrlich wollen.

Das ist der Possedismus!

Alles für unsere Freiheit!

Der Wehrwolf.

Das grundlegende Manifest ist erschienen im Wehrwolf-Verlag, Halle-S., Geiststraße 66:
Fritz Kloppe, „Der Possedismus" die deutsche Wirtschaftsordnung, Preis 75 Pf. In jeder Buchhandlung zu haben.
Dieses Flugblatt ebendort zu beziehen, Preis: 100 Stück **0,60** Mk., 500 Stück **2,50** Mk.

Verlag: Wehrwolf-Verlag. Druck: Ewald Schellenbeck, Halle (S.)

und verpflichtet, in diesem Kampf ohne Einschränkung auch gegen Frauen und Kinder jedes Mittel anzuwenden, wenn es nur zum Erfolg führt.
Rücksichten, gleich welcher Art, sind ein Verbrechen gegen das deutsche Volk.«
Himmler bestimmte zwei Jahre nach Beginn des blutigen Ringens im Osten den SS-Ogrufü und General der Waffen-SS, Erich von dem Bach-Zelewski, zum Chef der Bandenkampfverbände. Nun entstanden regelrechte Spezialschulen zur Partisanenbekämpfung sowie im Jahre 1944 eine gemeinsam mit General von Schenkendorff verfaßte, von der Wehrmacht herausgegebene »Bandenkampfvorschrift«.
Auf Härte und Grausamkeit russischer Partisanen reagierte die deutsche Führung zunehmend drakonisch. Verbitterung erfaßte allerdings Soldaten des Heeres genauso wie Soldaten der Waffen-SS oder Polizisten, wenn sie ihre verstümmelten Kameraden wiederfanden. Beide Seiten kämpften schließlich rücksichtslos, ohne Gnade; Gefangene gab es kaum.
Für besondere Leistungen bei der Partisanenbekämpfung wurde sogar ein spezieller Orden gestiftet: das Banden-Kampfabzeichen, in dessen ovalem Eichenkranz aus Bronze vier Schlangen ein über einer Totenfratze aufragendes germanisches Schwert umzüngelten.
Meistgehaßte Gegner russischer Partisanen waren bald die verwegenen, abenteuerlichen Angehörigen der sogenannten »Wilderer-Brigade«, einer zwielichtigen SS- und Polizeieinheit unter SS-Oberführer Dr. Oskar Dirlewanger. Ihre Verluste waren außerordentlich hoch, sie mußte alle Vierteljahre fast komplett aufgefrischt werden; Verwundete gab es kaum, auch keine Gefangenen. Diese »Brigade« durfte 1945 nach einem ausdrücklichen Hinweis Hitlers nur geschlossen, keinesfalls also aufgeteilt oder unter dem Kommando anderer Verbände eingesetzt werden.
Empfindliche Schläge versetzten russischen Partisanen aber auch die »Fremdvölkischen Einheiten«, insbesondere jene ursprünglich in Briansk stationierte »Brigade Kaminski« unter dem Befehl von SS-Brigadeführer Mieczyslaw Kaminski, einem fünfunddreißigjährigen Polen, nicht zu verwechseln mit dem gleichnamigen GPU-Chef von Cherson, der zu Beginn der russischen Revolution zaristische Offiziere scharenweise liquidierte. Als Russen paßten

sich die Leute des SS-Brigadeführers naturgemäß besser den Bedingungen eines brutal geführten Partisanenkampfes an, zumal im eigenen Lande.

Vor den Taten russischer Partisanen erscheinen ähnliche Aktivitäten in anderen osteuropäischen Ländern kaum nennenswert, abgesehen von Titos Partisanenarmee.

Die bulgarische »Vaterländische Front« hatte sich im Juli 1942 illegal gebildet und umfaßte die von der damaligen Regierung verbotenen Parteien: Sozialdemokraten, Bauernpartei, Zweno-Bund, Armeeliga sowie die KP Bulgariens, die damals etwa 8000 Mitglieder umfaßte.

In der Tschechoslowakei verbarg sich nach der deutschen Besetzung eine Partisanengruppe unter der Tarnkappe eines Turnvereins »Sokol« (Falke), von dessen Zentralstelle Aktionen im In- und Ausland gesteuert wurden. Nach den Worten von Neuraths verkörperte der Sokol die »gefährlichste staatsfeindliche Bewegung im Protektorat«. Auch in Ungarn ereigneten sich, zunächst vereinzelt, dann, mit Deutschlands zunehmender Schwäche verstärkt, Partisanenüberfälle auf deutsche Truppen und Pfeilkreuzler-Dienststellen.

Die UPA (ukrainische Aufständigenarmee) kämpfte unter Führung von Stefan Bandera wiederum gnadenlos gegen die Rote Armee, als die deutschen Truppen wieder zurückgedrängt worden waren. Gruppen abgeschnittener deutscher Soldaten schlossen sich den ukrainischen Separatisten an und kämpften mit ihnen weiter. Hauptmann Kern, ein russisch sprechender Heeresoffizier, der von der »Division Brandenburg« zu den SS-Jagdverbänden gestoßen war, stellte gegen Ende des Jahres 1944 ein Sonderkommando aus zwölf deutschen Soldaten und zwanzig bewährten russischen Antistalinisten vom SS-Jagdverband Ost zusammen, um in der Verkleidung russischer Soldaten Kontakt mit der UPA aufzunehmen. Man faßte damals noch eine dauerhafte Kooperation ins Auge.

Doch es gelang nicht, gegen den Beschluß des Obersten Rates der ukrainischen Unabhängigkeitsbewegung (Ukrainska Holovna Vyzvolna Rada) anzukommen; die deutschen Kameraden mußten weiter als Ausbilder und Truppenführer der UPA gegen die Russen kämpfen.

Mitte März 1945 hatte Kern sich mit seinen Leuten wieder zu den

deutschen Linien durchgeschlagen. Die Versorgung der ukrainischen, prodeutschen Partisanen, in deren Reihen die Deutschen weiterkämpften, blieb so lange wie möglich bestehen.
Russischer Kleinkrieg oder Partisanenkampf hatte sich für die UdSSR als außerordentlich wirksam erwiesen. Aus anfänglichen Schwächen und Improvisationen heraus war eine starke, furchtgebietende Abwehr-Bewegung entstanden, deren Anteil am Triumph der Roten Armee über die deutsche Wehrmacht außer Stalin niemand bestritt.
In Deutschland hatte man die Erstarkung feindlicher Kleinkrieg-Kräfte mit wachsender Besorgnis zur Kenntnis nehmen müssen. Ein schmerzlicher Lernprozeß hatte eingesetzt, dessen Ergebnisse an Bedeutung gewannen, als sich das Blatt wendete und die deutsche Position zunehmend unhaltbarer wurde.
Organisation eines Bandenkrieges, wie in Rußland, Organisation von »Feldjägerdiensten« ausgangs der Zwanziger Jahre, Freikorps im Nach-Krieg nach 1919 – im Grunde genommen trugen alle diese Erscheinungen gemeinsame Züge. Ganz besonders eindrucksvoll war der russische Kleinkrieg.
Als Prützmann mit dem Aufbau eigener Kleinkrieg-Verbände, genannt »Werwolf«, begann, versuchte er natürlich von den reichhaltigen Erfahrungen zu profitieren, zumal er ja selbst in seiner Funktion als HSSPF in Rußland jahrelang Folgen eines forcierten Bandenkrieges aus nächster Nähe miterlebte.
Aber nicht nur die SS, sondern auch radikal eingestellte Führer der NSDAP stellten Überlegungen in dieser Richtung an, sie lagen ja auf der Hand. Dabei stachen Goebbels und anderen jedoch weniger militärische Erfolge in die Augen, als vielmehr rücksichtslose politische Indoktrinierung, fanatischer Einsatzwille, jener zutage getretene Kampf auf Leben und Tod, Kampf bis aufs Messer, ohne Pardon – revolutionärer Weltanschauungskampf.
Doch wo befanden sich denn auch im zusammengeschrumpften Deutschen Reich jene riesigen, weitverstreuten, unangreifbaren Versorgungsbasen, jene unermeßlichen Räume, jene unvorstellbar große Menschenmasse, und wo schließlich jener Hoffnungsschimmer auf einen Endsieg, der auch nur im geringsten dazu berechtigt hätte, im sechsten Kriegsjahr von ausgemergelten Deutschen etwas ähnliches zu fordern?

6. *Wie konnten im Jahre 1945 »Werwolf«-Aufrufe überhaupt noch Gehör finden?*

Man muß, um Verständnis zu gewinnen, notgedrungen versuchen, die Situation dieses Schicksalsjahres 1945 heraufzubeschwören. Damals herrschte in Deutschland gedrückte Stimmung. Mehr als fünf Jahre Krieg hatten die Menschen nervös und unglücklich gemacht; man ahnte allmählich, was kommen könnte und fürchtete sich. Maßstäbe verloren an Gültigkeit; der Selbsterhaltungstrieb bestimmte mehr und mehr persönliches Handeln.

Abgesehen von ständigen, fast pausenlosen Bombardierungen und Heimsuchungen durch Jagdbomber, veränderte sich der deutsche Alltag rapide zum Schlechten. Der Briefverkehr wurde drastisch eingeschränkt. Die Reichsbahn fuhr nicht mehr nach Plan. Trotz verzweifelter Bemühungen glitten die Verhältnisse auf Schiene und Straße infolge unablässiger Zerstörungen aus der Luft ins Chaotische ab, niemand konnte mehr von geordneter Verteilung oder Zulieferung von lebenswichtigen Gütern, Material, Ausrüstung, Roh- und Betriebsstoffen sprechen, ein Wunder, daß überhaupt noch jemand arbeitete!

Das Ende stand bevor.

Jahrelanger Aderlaß an den Fronten und in der Heimat ohne Dach machte sich gravierend bemerkbar. Arbeitskräfte wurden knapp, seitdem Fremdarbeiter in Scharen davonliefen, um sich streunenden Banden anzuschließen, oder, wenn sie blieben, mit zusammengebissenen Zähnen nur noch gezwungenermaßen das Nötigste zu tun. Deutsche Arbeiter, stille Helden, ließen durch Doppelbelastung in Betrieb und Volkssturm merklich nach.

Nur noch vier bis acht Wochen, so schätzte der Reichsminister für Rüstung und Kriegsproduktion in einer für Hitler bestimmten »Geheimen Reichssache« vom 15. März 1945, trennten die deutsche Wirtschaft vom totalen Zusammenbruch. Am 5. April 1945 teilte Professor Dr. Dr. Schenck von Berlin aus den Leitern der Gauämter der NSDAP für Volksgesundheit mit, die verfügbaren Nahrungsmittelrationen seien nun unter das Existenzminimum abgesunken; infolgedessen müsse in absehbarer Zeit mit Hungersnot gerechnet werden.

Gewiß, die nationale Hochspannung in der Endphase des Zweiten Weltkrieges in Deutschland kann kaum derart treffend geschildert werden, daß jeder in der Lage wäre, sich ohne entsprechende persönliche Erfahrung hineinzuversetzen. Trotzdem haben nach dem Kriege deutsche Richter zwangsläufig damalige Zustände und Verhältnisse beschreiben, in Worte fassen müssen. Bei diesen unter dem Gebot absoluter Objektivität geleisteten Bemühungen wurden die letzten Wochen des Krieges in Deutschland – Entstehungszeitraum des politisch-motivierten »Werwolf« – als gesetzlos, turbulent, bezeichnet, ohne »jeglichen Sinn für die ordnungsgemäße Erledigung selbst gewichtigster Angelegenheiten«; allgemein habe sich der Menschen »eine Katastrophenstimmung bemächtigt«, einerseits seien sie im »Zustand höchster Spannung und Ungewißheit« in den allgemeinen »Strudel des Fanatismus« hineingeraten, andererseits jedoch von einer Art Fatalismus erfaßt worden, unter dessen Einfluß sie das kommende Verhängnis wie ein unausweichliches Naturereignis auf sich hätten wirken lassen.

Durchhalteparolen, Befehle und Anordnungen oberster Partei- und Wehrmachtdienststellen standen in dieser Zeit im krassen Gegensatz zur offensichtlich aussichtslosen Lage; ein Befehl jagte den anderen, niemand wußte, was der nächste Tag bringen würde. Gefühle für Recht und Unrecht, vor allem aber die Ehrfurcht vor menschlichem Leben schwanden dahin, zumal bei Jugendlichen. Massentötungen infolge von Kriegshandlungen waren inzwischen tagtäglich an den Fronten, in der Heimat, am Boden, auf See, aus der Luft vorgekommen, so daß sie wie selbstverständlich, ja, unvermeidlich erschienen, wie Teil des Lebens.

Das Erfordernis der Kriegslage, rasche Entschlüsse ohne viel Federlesens, ohne großes Nachdenken und Überlegen fassen zu müssen, schien durch schärfste Maßnahmen der Staatsautorität, mit denen jede Form innerer und äußerer Opposition unterdrückt werden sollte, erleichtert worden zu sein: Standgerichte urteilten kurz und bündig; das Befehlsnotrecht wirkte bei jedem Angehörigen der Wehrmacht gegen den anderen, rigorose Sippenhaftung schreckte ab. Hitler schickte Sendboten aus, um mit harten, brutalen Maßnahmen die Moral von Truppe und Bevölkerung wiederherstellen und aufrecht erhalten zu lassen.

Aber nicht nur das rasche Vordringen alliierter Heere im Westen und im Osten des Dritten Reiches löste in Berlin panikartige Reaktionen aus. Im Lande selbst drohte Anarchie, nachdem immer mehr schlechtbewachte Gefangene sowie Ost- und Fremdarbeiter der Kontrolle entglitten und im Untergrund verschwanden.

Elf Mitglieder einer derartigen »Terrorgruppe« waren zum Beispiel öffentlich in Köln erhängt worden, und zwar für Morde an zwei Polizisten, zwei Hoheitsträgern der Partei, einem SA-Mann, einem alten Mitglied der NSBO sowie einem Hitler-Jungen; sie alle waren Ende 1944 in rascher Folge mitten in der Stadt durch Pistolenschüsse niedergestreckt worden, einige abgefeuert aus vorbeifahrenden Kraftfahrzeugen.

Wie die Ermittlungen ergaben, bestand diese »Kölner Terrorbande« aus flüchtigen Ostarbeitern, einigen wenigen Deserteuren sowie Funktionären und Mitgliedern der illegalen KPD. Als »Inspiratoren« vermutete man »feindliche Agenten«, deren Ziel es sei, möglichst viele Ostarbeiter und Kriegsgefangene in den Untergrund zu ziehen, zu bewaffnen und zur permanenten Unruhestiftung im deutschen Hinterland aufzustacheln. Bereits »weit über 100« von ihnen saßen hinter Schloß und Riegel, es bestand kaum Zweifel, welches Schicksal sie erwartete.

Obwohl die damalige oberste Führung ganz genau wußte, wie wenig wehrfähige Männer, wie wenig Munition, Waffen und sonstige Verteidigungsmittel, wie wenig Lebensmittel, Kraftstoffe, Bekleidung, Ausrüstung und sonstiges unentbehrliches Material noch zur Verfügung standen, steigerte sie ihre Appelle an Mannestum und Ehre, beschwor Traditionsverpflichtungen, spielte das in zwölf Jahren nationalsozialistischer Herrschaft aufgestaute Nationalgefühl voll aus.

Goebbels entnahm Denkschriften von Gneisenau und Scharnhorst die Ansicht, es sei damals bei Vorbereitungen des Volksbefreiungskrieges im Jahre 1808 »genauso gewesen wie« 1945, und er fühlte sich in dem Glauben bestärkt, das Volk könne auch jetzt mit denselben Mitteln gegen den Feind aufgestachelt werden.

Gewaltanwendung blieb ultima ratio der deutschen Führung – da war nichts mehr, was sonst noch hätte ziehen können.
Gutgläubig verblendet (»Der Führer hat immer Recht«) nahmen vereinzelt deutsche Männer und Frauen Appelle an die Gewalt wörtlich und rafften sich in einem Wust von Verzweiflung, privatem Schmerz und allgemeiner Wut zu letztem Widerstand für Volk und Führer auf. Als Speer und Professor Schenck ihre Hiobsbotschaften verfaßten und sich deutsche Staats- und Wehrmachtführer längst über das unausweichliche Ende klar sein mußten, rüsteten sich an einigen Orten in Deutschland tatsächlich noch Männer und Frauen zum »Werwolf«-Kleinkrieg, nicht selten irregeleitet durch allzu optimistische Gerüchte.
Denn lanciertes Gerede über sogenannte »Wunderwaffen« wurde, seitdem das Greifen nach Strohhalmen angefangen hatte, begierig, ja, fast dankbar aufgenommen.
Im Reichsministerium für Volksaufklärung und Propaganda sorgten Fachleute unter Abteilungsleiter Schwarz van Berk dafür, daß dem Regime nützliche Gedanken aufgegriffen oder erfunden und sodann in Umlauf gesetzt wurden.
Viele Menschen in Deutschland, nach außen fast hermetisch abgeschlossen, klammerten sich daran, die kursierenden Gerüchte würden sich schließlich doch als wahr herausstellen, so wie vor einem halben Jahr, als ja auch nach monatelangem Gewisper über »Vergeltungs-Wunderwaffen« deutsche Spezialeinheiten tatsächlich damit begonnen hatten, die Vergeltungswaffe Nr. 1, V-1, gegen Ziele in England abzufeuern.
Ein systematisch bestärkter Wunderglaube erhielt neue Nahrung, als am 2. September 1944 erstmals eine ganze Tonne Sprengstoff urplötzlich inmitten einer kleinen Ortschaft bei London explodierte: Die erste Stratosphärenbombe, V-2, war aus neunzig Kilometer Höhe herabgestürzt und hatte ein Fanal gesetzt – ein »Fanal des Sieges«, wie die deutsche Propaganda triumphierte.
Man hörte von Boden-Luft-Raketen, die den Bombern den Garaus machen würden, und die mit über 1000 Kilometer Stundengeschwindigkeit 500 Kilogramm Sprengstoff in Höhen bis 25000 Meter tragen konnten; in bestimmten Gegenden Deutschlands, besonders um Raffinerien und Flugplätze herum, sahen und hörten die Menschen mit eigenen Augen und Ohren Raketen- und Düsenjäger im Fluge oder sogar schon im Einsatz; aus deutschen

Werften sickerten abenteuerliche Gerüchte über ganz neue, unbesiegbare Kriegsschiffe durch. Wahrscheinlich meinte man XXI-Walter-U-Boote, welche unter Wasser tatsächlich eine Geschwindigkeit von 17,5 Knoten erreichten, bis zu einer Tiefe von 30 Metern hinuntertauchten, und die, ohne aufzutauchen oder zu tanken, bis an die argentinische Küste gelangen konnten.
Obwohl keine der wirklich in Erscheinung getretenen neuen Waffen dem Krieg eine für Deutschland günstige Wende hätte geben können, schlossen viele Menschen damals aus dem, was sie selbst hörten und sahen und dem, was sie aus glaubwürdigem Munde begierig aufnahmen, daß »die Wunderwaffen« imstande seien, alles zu ändern.
Mitten im Chaos glaubten Menschen allen Ernstes, eine Wende zum deutschen Sieg stehe unmittelbar bevor. Hinzu kam dann allerdings noch jenes verwirrende Gerede über Friedensgespräche und eine angebliche Allianz mit den Westmächten.
Anläßlich eines längeren Gespräches zwischen SS-Ogrufü Berger und dem Großmufti von Jerusalem, Amin El Husseini, dem islamischen Aushängeschild der Reichsregierung, am 28. September 1944 in Berlin, lancierte dieser ein ungewöhnliches Angebot des früheren Gesandten in Afghanistan, Gulam Seddi Khan, den er bei Feiern zum Beiram-Fest in Deutschland getroffen hatte. Gulam Seddi Khan habe seine guten Beziehungen zu Stalin hervorgehoben und unter Hinweis auf seine große Liebe zu Deutschland erklärt, er sei »bereit, ... Fühler nach dort auszustrecken«.
Der angebliche Freund Deutschlands meinte damit offenbar Friedensfühler, was Berger zu diesem Zeitpunkt noch sehr verwunderte und ihn vermuten ließ, »dieser Fühler« käme doch wohl eher »von der anderen Seite«.
Tatsächlich, mit Gedanken an einen Separatfrieden im Osten hatten ganz sicher sowohl Goebbels als auch Hitler gespielt.
Am 11. März 1945 kam Hitlers bevorzugter Gedanke, Stalin an den Verhandlungstisch zu bringen, noch einmal zum Ausdruck; am liebsten wäre er mit aller Kraft gegen »den Westgegner«, den verhaßten Erzfeind und Städtevernichter, vorgegangen, aber dazu benötigte er freien Rücken, und deshalb stachelte er Goebbels auf, mit ganzem Haß gegen den Westen vom Leder zu ziehen.
Als Churchill am 6. Januar 1945 nach der überraschenden deutschen Ardennenoffensive telegrafisch wegen einer dringend

erwünschten russischen Entlastungsoffensive bei Stalin anfragte, mag auch hier die Sorge mit im Spiel gewesen sein, es könne, ebenso wie im August 1939 in Polen, doch noch zu einer Separatverständigung zwischen den beiden Diktatoren kommen.

In der Verwirrung der Endphase des Zweiten Weltkrieges trat nun auf deutscher Seite abermals so etwas wie Respekt unter Revolutionären zutage. Immerhin nährten sich Nationalsozialismus und Kommunismus/Bolschewismus aus vielen gleichen oder ähnlichen Wurzeln; eine stattliche Anzahl von Ausdrucksformen glichen sich, obzwar die eine rot, die andere braun erschien. Der alte »Wehrwolf« von 1923 hatte im Laufe seiner Entwicklung immer mehr nach Osten geschaut. Auch unverhohlene Berufssympathien zwischen Reichswehrgeneralen und Generalen der Roten Armee waren unvergessen. Hitler bewunderte seinen Rivalen Stalin, und selbst Göring hatte sich nicht gescheut, deutsche Jagdfliegerführer, denen er Versagen vorwarf, mit seiner Hochachtung vor fanatischem Einsatzwillen bolschewistisch indoktrinierter Russen aufs äußerste zu reizen.

Nicht nur Hitler, Goebbels und Göring nahmen sich die sowjetische Kriegsführung zum Vorbild. Eigentlich bewunderten alle nationalsozialistischen Führer die Russen, wobei sie deren »gewaltige Überlegenheit« nicht zuletzt darauf zurückführten, daß Sowjetbefehlshaber offenbar nicht nur fanatisch von ihrer Staatsidee überzeugt zu sein schienen, sondern ebenso fanatisch und bedingungslos für den Sieg dieser Weltanschauung kämpften.

»Sehen Sie sich doch so einen gefangenen Bolschewistengeneral an«, meinte Goebbels einmal in kleinem Kreis, »zweiunddreißig Jahre alt, Divisionskommandeur, Sohn eines Metallarbeiters aus Kiew. Seine Division war achtmal eingeschlossen. Jedesmal hat er sich wieder durchgeschlagen. Beim neunten Mal wird er gefangengenommen. Was sagt er bei der Vernehmung aus?

Kein Wort!

Nur auf eine Frage antwortet er, auf die nach dem Ausgang des Krieges: Sein Glaube an den Sieg der Sowjetunion ist unerschütterlich. Und das ist keine Ausnahme, sondern ein ganz einheitlicher Typ, wie ihn der Bolschewismus auf allen Gebieten hervorbringt.« Im krassen Gegensatz dazu stehe die deutsche Generalität, steif, konventionell, »völlig fremd... dem nationalsozialistischen Gedanken- und Haltungsgut gegenüber«.

Ein primitives, sowjetrussisches Kleinflugzeug, die »Nähmaschine«, auch »I. v. D.« (Iwan vom Dienst) genannt. Es konnte auch bei Partisanen landen, als Kurier-, Transport-, Sanitäts- und Kampfmaschine.

Russische Partisanen sterben für ihr Vaterland.

Partisanen geraten in Gefangenschaft. Entlarvt man sie, ist ihnen der Strick sicher.

Tote Partisanen in Rußland.

Und Goebbels schloß damals seinen Vergleich mit der sarkastischen Bemerkung ab:
»Wir haben nur einen solchen General: Sepp Dietrich, den Kommandeur der SS-Leibstandarte, ehemaliger Packer aus dem Eher-Verlag, der kein richtiges Deutsch spricht, aber in jeder Krise seinen Mann steht.«
Von »Krise«, nicht jedoch vom Ende redete Goebbels im April 1945 immer noch, als er, wiederum mit neidischem Blick auf russische Partisanen-Brigaden, den deutschen »Werwolf« als Inkarnation des Triumphs des Willens, als Verkörperung der Prinzipien von Primitivität und Improvisation mit aller Inbrunst beschwor, um so mit aller Gewalt aus bitterernster Not eine Tugend zu machen.
War bis dahin immer nur von einem Arrangement mit dem Osten die Rede gewesen, geschah plötzlich eine abrupte Kehrtwendung: Wohl angesichts der Stimmung im deutschen Volk, das panische Angst vor den enthemmten Russen zeigte, und dessen Hinneigung zum westlichen Kulturkreis, wandte sich die Frontstellung nun ausschließlich gegen Osten, gegen die Sowjetunion.
Der Stabsoffizier für Propaganda bei der Heeresgruppe Weichsel hielt am 23. April 1945 in einer Aktennotiz schriftlich fest, was der Sender »Werwolf« über den Einsatz von Elitedivisionen aus dem Westen in Berlin gemeldet hatte: Der Führer habe »einen Befehl von historischer Tragweite gegeben«, indem er »beste Divisionen, die für Sonderzwecke an der Westfront bereitstanden«, in die entscheidende Schlacht um Berlin geworfen habe, um die Hauptstadt »um jeden Preis zu verteidigen«.
Der gleichzeitige Hinweis auf die Entschlossenheit des Reiches, eine Überflutung durch den »asiatischen Sturm« zu verhindern, läßt vermuten, daß hier der »Werwolf«-Sender absichtlich oder unabsichtlich den Gedanken nährte, alle noch vorhandenen deutschen Abwehrkräfte machten Front gen Osten, um sich hier, nach Entblößung der Westfront, geballt dem bolschewistischen Feind entgegenzustemmen.
Auch alle rechtsgerichteten Regierungen im Donauraum hofften natürlich mit dem slowakischen Tiso-Regime auf einen Sonderfrieden Hitlers mit den West-Alliierten, um die Rote Armee »Fünf Minuten vor Zwölf« in ihrem Eroberungs- und Raubzug weiter im Osten abzustoppen.

Merkwürdige Ereignisse schienen eine derartige Wende tatsächlich anzudeuten.
Als zum Beispiel in einem großen deutschen Verpflegungslager bei Lambach inzwischen herangekommene Amerikaner kolonnenweise Mehl übernahmen, duldeten sie erstaunlicherweise die Fortsetzung der Verpflegungsausgabe an deutsche Kolonnen. Ja, während der Rückfahrt vermengten sich sogar amerikanische und deutsche Truppenfahrzeuge auf der Reichsstraße nach Linz. Niemand verlegte den beladenen deutschen LKW's den Weg, unbehelligt kehrten sie zu ihren Einheiten zurück.
Andererseits stellte man plötzlich fest, daß die Russen an einem zwanzig Kilometer tiefen Verteidigungssystem bauten, welches keinesfalls gegen die deutsche Heeresgruppe Süd gerichtet sein konnte. Ebenso merkwürdig erschien den Deutschen der Nachdruck, mit welchem im soeben erst russisch besetzten Gebiet Truppen und Zivilbevölkerung zum Bau von Luftschutzbunkern und Splittergräben angetrieben wurden. Gänzlich unverständlich mutete die Deutschen schließlich jene plötzlich einsetzende russische Lautsprecherpropaganda an: Da war unter anderem von einem »größten Verrat der Weltgeschichte« die Rede!
Generaloberst Rendulic, OB der Heeresgruppe Süd, mußte den Eindruck gewinnen, daß der Ostgegner sich offensichtlich zu einem neuen Waffengang rüste – mit den westlichen Alliierten!
Wie man inzwischen weiß, hegte Stalin damals wirklich den Verdacht, Hitler werde noch in allerletzter Minute mit den Westmächten einen Separatfrieden schließen, ja, mit ihnen sogar ein Militärbündnis gegen die Sowjetunion eingehen. Einer mißtraute dem anderen. Hätten die westlichen Demokratien ideologisch reinen Tisch machen wollen, nachdem der Nationalsozialismus so gut wie zerschmettert war, hätte dieser Zeitpunkt wohl am besten gepaßt. In umgekehrter Situation hätte ein Revolutionär vom Schlage des russischen Diktators gewiß nicht gezögert.
Hier, in diesem aus vielen Quellen immer noch gespeisten, heute aberwitzig erscheinenden Wunderglauben einer ausgepumpten, wundgeschlagenen Bevölkerung lag eine jener Ursachen begründet für das unglaubliche Engagement der meisten Menschen in Deutschland, die trotz Entbehrungen, in Bombenhagel und Tieffliegerbeschuß, angesichts hereindrängender feindlicher Heere, im Anblick schrecklichen Flüchtlingselends, trotz Not und Tod

selbst noch im Frühjahr 1945 verbissen ihre Pflicht erfüllten und dabei noch an eine Wende zum Guten glaubten.
Dasselbe galt für Soldaten, mehr noch für wirklich echte Nationalsozialisten, die ohnehin meinten, alles zu verlieren, sowie für gläubige Regimeanhänger, ganz besonders jedoch für potentielle »Werwölfe«. Hin- und hergerissen zwischen Hoffnung und Verzweiflung, neigten insbesondere letztere dazu, niemandem, außer den eigenen Führern, zu trauen.
Schließlich hatten in Deutschland lange genug haarsträubende Berichte über Ausrottungspläne die Widerstandsstimmung angeheizt.
»Restitution« im Sinne des berüchtigten »Morgenthau-Planes« bedeutete Verschleppung deutscher Arbeitskräfte in die Siegerstaaten. Massen deutscher Arbeitssklaven sollten, von ihren Familien getrennt, in Nord- und Zentralafrika gigantische hydroelektrische Anlagen errichten. Es lag auf der Hand, daß eine Ausführung des Morgenthau-Planes den Todesstoß vor allem für die noch arbeitsfähige deutsche Industriebevölkerung bedeutet hätte.
Deutsche Propaganda brauchte den tatsächlichen Inhalt dieses Planes nicht aufzubauschen; Bestürzung, ja, Entsetzen breiteten sich von selbst aus. Daß inzwischen starke Kräfte in den USA den maßlos gewordenen Finanzminister schließlich doch behindern und Präsident Roosevelt zum Einlenken bewegen konnten, sikkerte nur allmählich nach Deutschland durch.
Vom russischen Gegner, das wußte inzwischen jeder, war um so weniger Pardon zu erwarten. Lenin hatte die Moral als Faktor gesellschaftlichen Lebens abgeschafft und den Krieg zum hemmungslosen, tierischen Kampf herabgewürdigt. Er vertrat die These, daß moralisch bestimmte Feinde amoralischen Gegnern unterliegen.
Er sollte Recht behalten.
Das schaurige Drama eines unerbittlichen Krieges aus der Luft hatte sich tief in das Gedächtnis deutscher Menschen eingegraben. Was man aus Amerika und aus dem Osten hörte, hatte anfangs nur physische Angst erzeugt. Perfekte Propaganda drehte den Spieß um und begann, das Volk in einen Totentanz hineinzutreiben. Menschenfeindliche, unversöhnliche Äußerungen und Taten der Alliierten wurden Antriebe eines erbitterten Widerstandswillens. Es trat das ein, was der amerikanische Außenminister, Cordell

Hull, befürchtet hatte, als er zum ersten Male von den maßlosen Grundforderungen der amerikanischen Morgenthau-Politik hörte: Viele Deutsche sahen im Frieden keine Chance mehr. Schon einmal, 1918, war die Humanität mißachtet worden; Präsident Wilsons 14 Punkte wurden beim Abschluß des Versailler Vertrages ignoriert. Westmächte schienen kein Vertrauen zu verdienen. Und so faßten viele Deutsche den Entschluß, sich mit allen Mitteln zur Wehr zu setzen – bis in den Tod.
Allgemeine und persönliche Informationen reichten aus, um den meisten eine düstere Zukunft vor Augen zu führen. Zu ihrer Verzweiflung über die Ausweglosigkeit gesellte sich der Haß. Viele gerieten dadurch in eine Atmosphäre der Unversöhnlichkeit, die in einem unheimlichen, teuflischen Prozeß stets neu aufgeladen wurde zu immer höherer Spannung.
Staatssekretär Dr. Naumann vom RMVP nahm in seinem Fernschreiben vom 4. April 1945 an alle Reichspropaganda-Amtsleiter ausdrücklich Bezug auf die, wie er sich ausdrückte, »Haßpläne (der) Vansittard, Morgenthau und Ilja Ehrenburg«. Nach einer deutschen Niederlage auf eine »ähnliche Chance wie nach 1918 für einen deutschen Wiederaufstieg« zu hoffen, sei Dummheit. Einzige Möglichkeit, »aus diesem Krieg mit ungebrochener völkischer Substanz herauszukommen«, bestehe ausschließlich in einem fanatischen Widerstand, im »Werwolf«-Kampf, »ganz gleich, wo dieser dem Feind« entgegentrete.
Bei der Frage nach Motiven für die Wahl eines entbehrungsreichen, unsteten, unbürgerlichen und gefährlichen Lebens als »Werwolf« darf ein damals stark verbreiteter Patriotismus, der durch Bombardierungen und Greuel im Osten nur noch gewachsen war, nicht außer Acht gelassen werden, insbesondere nicht im Hinblick auf junge Deutsche. Deutschland, das zugrunde zu gehen drohte, war nun einmal ihre Heimat, an der sie ebenso hingen wie Angehörige anderer Nationen an deren Heimat auch, ein Vaterland, für das sie kämpfen, welches sie verteidigen wollten. In jener dramatischen Lage, in der sich Deutschland befand, galt es für viele als selbstverständlich, mit allen Mitteln, die von der Führung angeboten und sanktioniert wurden, das Deutschtum zu retten – im Grunde genommen eigene Familien, ihren Kulturkreis, ihr Hab und Gut, ihr Dorf, ihre Stadt, ihre Arbeitsstätte, ihren Lebensinhalt.

7. *Die ideologische Verfassung potentieller »Werwölfe«.*

Gamm ist beizupflichten, wenn er darauf hinweist, daß erst jetzt allmählich begriffen wird, welche Gefahren »guter Glaube, reiner Wille, Tatbereitschaft und viele andere Werte« in sich bergen können, je nachdem, wer solche Eigenschaften besitzt, wer sie beherrscht und in wessen Sinne sie verwendet werden.
1945, als zum »Werwolf«-Kampf aufgerufen wurde, waren diejenigen, an die der Ruf erging, jahrelang ununterbrochen ideologisch beeinflußt worden. Hitler hatte schon in »Mein Kampf« die Frage einer Wiedergewinnung deutscher Macht nicht etwa mit der Frage nach ausreichender Rüstungskapazität gekoppelt, sondern vielmehr und an erster Stelle mit der Frage nach dem Geist, der ein Volk befähigt, Waffen zu tragen – und zu benutzen. Sobald nur dieser Geist herrsche, fände »der Wille tausend Wege, von denen jeder bei der Waffe endet«.
Nach der nationalsozialistischen Ideologie hatte ein deutscher Mann heroischer Kämpfer zu sein. Es gab für ihn zwei Möglichkeiten: Sieg oder ehrenhafter Untergang. Jedem Nationalsozialisten wurde eingehämmert, der Führer habe immer recht; so wörtlich im Parteibuch der NSDAP auf Seite 1 »Die Gebote des Nationalsozialisten«. Parteiprogramm sei Dogma, es fordere »äußerste Hingabe an die Bewegung«, und: »Recht ist, was der Bewegung und damit Deutschland nützt!«
Statt persönlicher Urteilsfähigkeit wurde gegen Ende des Krieges nur noch politischer Fanatismus verlangt. Bis zur Selbstverleugnung und blind gegenüber der Wirklichkeit sollte fanatisch an die unfehlbare Führung geglaubt werden, und wenn »alles in Scherben ging«.
Tief überzeugt vom unbeliebten, aber offenbar notwendigen Zu-

sammenhang zwischen nationalsozialistischer Idee und Gewaltanwendung in Bezug auf Andersdenkende, fanden sich immer noch genügend Volks- und Parteigenossen bereit, diese Idee mit Klauen und Zähnen, mit »bracchialen Mitteln« (»Mein Kampf«) zu sichern. In heute grotesk erscheinender ideologischer Verzerrung veränderten Niedertracht, Lüge, brutale Körperverletzung und Tötung anderer, ja auch Selbsttötung (»Selbstvernichtung«) ihre Inhalte. Entscheidend war nun nicht mehr die Tat an sich, sondern die Gesinnung zur Tat. War sie nationalsozialistisch, heroisch oder wenigstens männlich-deutsch, dann entzogen sich die Resultate strafrechtlichen Betrachtungsmöglichkeiten – wenigstens solange das Regime noch existierte. Wozu ideologisch durchdrungene oder ideologisch beherrschte Armeen imstande waren, demonstrierten die Sowjetrussen im blutenden deutschen Osten. Massenhaft fanatisierte deutsche Soldaten, denen außer ihrer Zielerreichung alles egal war, hatte es dagegen nie gegeben. Auch nach Einführung der NSFO änderte sich daran grundsätzlich nichts, obwohl die Ideologisierung der Wehrmacht ein Hauptanliegen Hitlers bis zum Ende blieb.

»Die Gegenüberstellung lautet... nicht«, hieß es in einer im Januar 1945 vom OB West herausgegebenen Broschüre, »auf der gegnerischen Seite der Politruk und bei uns der NSFO, sondern: dort der Politruk und hier der deutsche Offizier schlechthin«. Aus einer Rede des Ritter von Hengl, General der Gebirgstruppen und Chef des NS-Führungsstabes des Heeres, stammten die Sätze:

»Der Soldat unserer Tage schlägt noch in der aussichtslosesten Lage aus seiner fanatischen nationalsozialistischen Überzeugung dem Feind Wunden und steht... (Erforderlich sei) fanatischer Wille, die letzte Schlacht zu gewinnen, wie Rom in der Schlacht von Cannae.«

Mit den Worten: »Die zunehmende Härte und das Ausmaß des Krieges zwingen zum Einsatz aller Kräfte für den Sieg«, begann jener Führerbefehl vom 13. März 1945 zur ideologischen Arbeit innerhalb der Wehrmacht, der dem Rundschreiben 148/45 vom 14. März 1945 der Partei-Kanzlei beigefügt war. »In diesem Ringen müssen die nationalsozialistische Weltanschauung und die politische Haltung als stärkste Kampfmittel eingesetzt werden.« Vordringlichste Aufgabe jedes Truppenführers sei »die politische Aktivierung und Fanatisierung seiner Truppe.«

»Werwolf«-Kleinkrieger konnten in ihrer »Kampfanweisung« nachschlagen. Kapitel V. »Kampf gegen Feindagitation« beschrieb Ideologie und geistig-politische Auseinandersetzung, allerdings nur auf knapp zweieinhalb Seiten.

Insbesondere der Kleinkrieg sei eng mit der Politik verflochten, ideologischer Kampf habe hier den gleichen Stellenwert wie militärisch-taktischer Kampf. »Mit allen Mitteln« müßten »feindliche Einflüsse« abgewehrt sowie »klarer politischer Wille« geweckt und erhalten werden. Dabei umfasse geistig-politische Aufklärung ebenso die eigene Truppe, wie auch Bevölkerung und Feind. Ideologische Standfestigkeit sei für einzelne »Werwölfe« angesichts einer »aufreibenden Kampftätigkeit«, der »außerordentlichen Entbehrungen und Mühen«, der ununterbrochen lauernden »äußersten Gefahr« sowie »zermürbender Einflüsse« in feindlich verseuchten Gebieten lebenswichtig. Mitreißende, beispielgebende Führerpersönlichkeiten sowie »geistige Schulung« sollten einer Feindagitation entgegenwirken und zugleich das ideologische Rüstzeug liefern.

Zweckoptimistisch klang die Behauptung, zwangsläufig müsse »allen Gutgesinnten« Haltung, Zuversicht und unbeugsamer Kampfwille von »Werwolf«-Angehörigen »ein Ansporn« sein.

Die Bevölkerung jedenfalls werde günstig beeinflußt, wenn man stets »tapfer und mit unbeugsamer Härte, *aber ohne überflüssige Grausamkeit*« kämpfe. Die eigene Propaganda könne gar nicht stark genug sein; es schade nichts, wenn man dem »Werwolf« »Taten und Fähigkeiten zutraue, die in Wirklichkeit über (sein)... Vermögen hinausgehen«. Ausdrücklich wurde gefordert, *»jede ungebührliche Belästigung, jede vermeidbare Gefährdung der Bevölkerung«* zu unterlassen.

Allerdings: Keine Rücksicht, keine Gnade den Verrätern.

Viele, und hier ganz besonders wieder die Jungen, waren unbefangen genug, daran zu glauben, daß dem untergehenden Dritten Reich wirklich noch durch »Werwolf«-Kampf geholfen werden könne. Manfred A., damals achtzehn Jahre alt, bekannte nach dem deutschen Zusammenbruch:

»Ich glaubte den Schlagworten, die sagten, Deutschland... müsse sich, zum Krieg gezwungen, seiner Haut wehren. Als ein Glied dieses Vokes versuchte ich, zum Sieg dort beizutragen, wohin ich gestellt war... Ich wurde angespornt durch die Taten, die unsere

Soldaten im Felde verbrachten, durch ihre Leiden, Nöte und Entbehrungen, die sie für uns in der Heimat Gebliebenen auf sich nahmen. Ich sehnte nichts heißer herbei, als den Tag, an dem ich ausziehen würde, um mein Vaterland zu schützen.«

Propaganda hatte die Polarisierung so weit getrieben, daß Unrecht, zügellose Gewalt, Brutalität, Ungeist, Unmenschlichkeit und Gewissenlosigkeit wie selbstverständlich nur bei den anderen, den inneren und äußeren Feinden, denkbar waren. Es gab nur noch zwei scharf voneinander abgegrenzte Parteien: Freund und Feind, weiß und schwarz – nicht nur in Deutschland.

Die schrecklich vereinfachte Parole hieß: Wer nicht für uns ist, ist gegen uns. Auf diese Weise konnten Feindsymbole ebenso erschreckend simpel hergestellt, verfeinert, aufrechterhalten und übertragen werden, wobei sich zugleich das eigene gute Gewissen immer wieder selbst bestätigte.

Vereinfachung als Vorbedingung der Gewaltanwendung bestimmte eine unheilvolle Reihenfolge: Wir »Werwölfe« sind gut, also im Recht, also von vornherein unschuldig; dagegen sind die Feinde böse, also im Unrecht, also nicht legitimiert. Logische Schlußfolgerung: Gewaltanwendung ist auf unserer Seite nicht nur berechtigt, sondern unbedingt erforderlich.

Bei aufgeputschten Gruppen in die Enge getriebener, einseitig beeinflußter Menschen, wie zum Beispiel bei Angehörigen des politisch-fanatischen »Werwolf«, war die eigene Aggressionsverharmlosung und -rechtfertigung Ursache und Folge eines maßlos verzerrten Feindbildes, das einem andauernd vor Augen stand, mit all' seinen brutalen, meistens übertrieben dargestellten Zügen und grellen Farben. So erscheint faßbar, wenn feindliche Un-Personen und deren Eigentum plötzlich nicht mehr innerhalb gewohnter und geltender Rechtskreise zu stehen schienen, und wenn Befehle ergingen, die sonst streng verbotene Handlungen erzwangen.

Immer, zu allen Zeiten und wohl auch in Zukunft, wirkte und wirkt sich rücksichtslose Etikettierung von Feinden immer so aus, daß selbst bei Erschießungen, Erhängungen und schlimmeren Tötungsarten die handelnden »Werwölfe«, Soldaten, Parteifunktionäre oder wer immer die Vollstrecker seien, legitimierende Befehle nicht zu prüfen, sondern nur auszuführen haben.

Allerdings: Vielfach festgestellte unmenschliche Behandlung

Deutscher durch Rotarmisten verbitterte im Osten derart, daß insbesondere hier wie selbstverständlich Gleiches mit Gleichem vergolten wurde, und war es auch noch so grausam. Im Westen, vielleicht abgesehen vom französischen Gegner, wurde das Prinzip »Auge um Auge« weniger von selbst in Gang gesetzt; hier genügte das erbarmungslose Zerschmettern deutscher Städte, mit allem was darin war, durch feindliche Bomberflotten und Menschenjagden durch alliierte Jagdbomber und Tiefflieger, um bei nicht wenigen eine schmerzliche Entschlossenheit zur Tat, manchmal auch zur Untat, zu bewirken. »Die Zerstörung unserer blühenden Städte... erfüllte mich mit bitterem Zorn«, erinnerte sich Wolfgang P., der zum Schluß des Krieges sechzehn Jahre alt gewesen war. »Ich konnte nicht glauben, daß alle unsere Opfer an der Front und in der Heimat umsonst gewesen sein sollten... Bis heute kann ich nicht darüber hinwegkommen, daß plötzlich unser Freiheitskampf ein Verbrechen gewesen sein soll.«

Junge Deutsche hatten auch noch zu Beginn des Jahres 1945 Männertugenden als Ideale vor Augen, wozu damals auch aktive und passive Härte gehörten, etwa im Sinne trotzigen Sichbehauptens oder erbitterten Sichwehrens. Absolute Härte, hatte man ihnen gesagt, würde selbst Feindmassen überwinden.

Pflichterfüllung, Selbstzucht, Disziplin, Patriotismus und Gehorsam führten nicht selten zu guter Kameradschaft, Volksgemeinschaft, Kampfgemeinschaft, Schicksalsgemeinschaft.

Als Hitler dann in den letzten Wochen immer mehr sein Vorbild in Friedrich dem Großen sah und publizieren ließ, so, wie sich standhafte Nationalsozialisten »auf die Heroen in der Geschichte« beriefen, müßten sie nun selbst ein Beispiel geben, damit spätere Generationen sich in ähnlichen Situationen an ihrem Beispiel ebenso aufrichten könnten, wie sie es heute an Friedrich dem Großen täten, da nahmen manche diese Führerworte bitterernst. Einige schlossen mit dem Leben wirklich ab. Im festen Glauben an eine Unsterblichkeit des deutschen Volkes mobilisierten sie letzte, fanatische Kräfte für Kampf und Untergang. Wenn sie nun schon sterben mußten, dann wollten sie wenigstens noch markante Zeichen setzen, Zeichen unerbittlichen Widerstandes.

Am 5. Mai 1945, drei Tage vor der bedingungslosen Kapitulation Deutschlands, kam während einer Fahrt von der Klagenfurter Gendarmeriekaserne zurück nach Ratzendorf-Flugplatz plötzlich

unter den Soldaten die Sprache auf Gerüchte, denen zufolge nach einer Niederlage alle Männer zeugungsunfähig gemacht werden sollten, um die Deutschen auszurotten.
Obwohl eine Realisation dieses tatsächlich erwogenen, ungeheuerlichen Planes letztlich nicht in Frage kam, regten sich die jungen deutschen Männer doch darüber auf und überlegten, wie sie sich verhalten sollten.
Die Stimmung war sowieso spannungsgeladen.
Soeben hatte man miterleben müssen, wie sich Feldgendarmerie, kräftige, gestandene Männer, offenbar von selbst, ohne Befehl, auflöste; manch einer lief bereits in Zivil herum, andere trugen keine Rangabzeichen und Kokarden mehr.
Nur mit Mühe hatten sich die jungen, hitzigen Flieger, die noch längst nicht alles für verloren hielten, von spontanen Reaktionen auf dieses in ihren Augen untragbare, verräterische Verhalten deutscher Männer abbringen lassen.
Angesichts der bis an die Zähne bewaffneten Flieger hatten die beschämten Feldgendarmen in aller Eile den LKW mit dem beladen, was der Kommandeur haben wollte: Uniformen; denn er dachte, seine Leute würden in solchen Uniformen, quasi als Polizei, beim Umbruch weniger kompromittiert werden (!).
Ohne daß so richtig deutlich geworden wäre, wer den Gedanken zuerst aufbrachte, drehte sich die Unterhaltung der Männer während der Rückfahrt plötzlich um Untertauchen und Untergrundkampf, der Name »Werwolf« fiel.
Niemand hatte bislang Konkretes über diesen »Werwolf« gehört; keiner ahnte, daß sie aus unmittelbarer Lage heraus genau das zu tun im Begriff waren, was politische und zum Teil auch militärische Führung des »Werwolf« beabsichtigte – Kampf nach einer Niederlage, Widerstand bis in den Tod.
Jedenfalls überwog hier, im Kreise junger Flieger, die Meinung, eine noch so vage und befristete Existenz innerhalb einer »Bande«, aber doch als Mann, sei einer gewaltsamen Sterilisierung vorzuziehen.
Hitler hatte zwar in seinem Buch »Mein Kampf« in Bezug auf die Katastrophe des Ersten Weltkrieges betont, die Aufgabe einer Kriegspolitik bestehe nicht darin, das Volk in einen heroischen Untergang zu führen, aber Machtrausch veränderte auch hier rasch die Perspektiven.

Nationalsozialistische Metaphysik ließ einen Tod für »Volk und Führer« als höchstes Ziel erscheinen, und sie leistete, damit die Männer Deutschlands besser mit heroischer Gebärde im Kampf abtreten könnten, ideologische Sterbehilfe.
Den Tod im Dienste des Vaterlandes bezeichnete man als Mittel zu ewigem Weiterleben im Volk und das Aufgehen des einzelnen menschlichen Wesens im großen Ganzen durch Selbstaufopferung als höchstes Glück.
Gamm erkennt a.a.O. in der Häufigkeit von Selbstmorden innerhalb des SS-Führerkorps ein Symbol für das Wesen des Dritten Reiches: »Man verzehrte sich im Rausch, baute an einer traumhaften Größe und warf, wenn es ein furchtbares Erwachen gab, das Leben fort...« In diesem Zusammenhang schildert er ein »düsteres Ritual«, das sich in der Nacht vom 8. Mai 1945, der Nacht der deutschen Kapitulation, vollzog, kurz bevor sich die Armee des Generalfeldmarschalls Schörner in der Tschechoslowakei ergab. Nachdem SS-Führer vor einem lodernden Feuer mit zum deutschen Gruß erhobenem Arm das Treuelied der SS »Wenn alle untreu werden, so bleiben wir doch treu...« von Max von Schenkendorf gesungen hatten, erschossen sie sich mit eigener Hand, einer nach dem anderen.
Wer sich aufstacheln ließ, wer verzweifelt und enttäuscht war in Bezug auf vermeintlich berechtigte Erwartungen, den packten vielfach Wut und Haß, die dann auch sofort befriedigt werden wollten. Solche Menschen warfen oft genug ihr Leben von sich, allerdings nicht, ohne nicht vorher der Gewalt noch freien Lauf gelassen zu haben, zu der sie ja von fanatischen Führern immer wieder aufgerufen worden waren.
Generaloberst Tschuikow erwähnte in seinem Bericht über die Eroberung Berlins durch die Rote Armee russische Sondereinheiten, die gezielt und ausschließlich »Werwolf«-Kommandos niederzukämpfen hatten.
Diese Maßnahme mußte getroffen werden, nachdem es solchen »Werwolf«-Gruppen wiederholt gelungen war, in Kellern und Ruinen versteckt die erste und manchmal auch die zweite Angriffswelle über sich hinwegrollen zu lassen. Danach eröffneten sie dann im Rücken der russischen Truppen überraschend das Feuer, obwohl sie wußten, daß sie keine Überlebenschancen haben würden.

Doch solche Handlungsweisen, die sich um diese Zeit überall in Deutschland und nicht nur beim »Werwolf«, bei der Waffen-SS und bei anderen Menschen mit hoher Kampfmoral wiederholten, sollten nicht den Eindruck erwecken, als sei das ganze deutsche Volk damals bereit gewesen, dem Führer Adolf Hitler in den Tod zu folgen. Dazu fehlte einfach der logische oder mythologische Beweggrund.

Natürliche Abscheu, ja, Haß gegen Feinde resultierte im Westen Deutschlands fast nur aus gnadenlos empfundenen Bombardierungen und Tieffliegerangriffen, die keinen Unterschied mehr machten zwischen Soldaten und Zivilisten, Mann oder Frau, alt oder jung. Derartige Emotionen blieben jedoch örtlich, zeitlich und persönlich begrenzt. *Allgemeine,* leidenschaftliche, aktive und andauernde Gewaltausbrüche gegenüber Amerikanern, Engländern, Franzosen sowie deren Verbündete kamen nicht vor – allgemeiner, hemmungsloser Haß schon gar nicht.

Keine der natürlichen, durch qualvollen Krieg verursachten Gefühlsregungen reichte aus, das deutsche Volk, oder doch wenigstens Massen von Volksgenossen, in einen allgemeinen, spontanen Wutausbruch hineinzutreiben. Infolgedessen konnte von einer »Werwolf«-Bewegung überhaupt keine Rede sein; dazu fehlte von Anfang an eine entsprechend zielgerichtete, zündende Motivation zur Selbstentäußerung.

Richter versuchten nach dem Kriege die ideologische Verfassung von angeklagten »Werwölfen« und anderen Tätern der Endphase des Zweiten Weltkrieges darzustellen. Hier einige Formulierungen:

»... Nicht übersehen werden darf, daß der in der Schulung der HJ herangewachsene X... als junger Offizier in die straffe Zucht eines Offizierskorps eingefügt war und keine Veranlassung hatte, an der Einsatzbereitschaft und der bis zum Letzten gehenden Pflichterfüllung seiner Vorgesetzten und Kameraden zu zweifeln.« –

»War N. (nach Verwundung) ... der intensiveren nationalsozialistischen Propaganda im sogenannten Heimatkriegsgebiet ausgesetzt, so wurde seine Kommandierung zu der Jugendführungsakademie in den Rahmen eines ... ausgesprochen aktiv-nationalsozialistischen Schulungsbetriebes gestellt, so daß N. zur Tatzeit ... ein überzeugter Anhänger der nationalsozialistischen Ideologie gewesen ist, (ein) durchaus überzeugter und den Weisungen der ...

Führung willfähiger Anhänger des Nationalsozialismus...« – »...Eine Einstellung, (die als) politische Verblendung zu kennzeichnen wäre...« – »...Sie waren, ohne praktische Erfahrung gesammelt und damit Vergleichsmöglichkeiten erworben zu haben, dem Einfluß der nationalsozialistischen Erziehung in der HJ und auf nationalsozialistisch ausgerichteten Bildungsstätten ausgesetzt. Sie haben somit im urteilsfähigen Alter nichts anderes als nationalsozialistische Zustände kennengelernt. Daß aber kaum ein stärkerer Einfluß auf junge Menschen denkbar ist, die gerade in dem bildsamsten, für die Entwicklung sittlicher und politischer Ansichten wichtigsten Alter stehen, ist selbstverständlich... wie die daraus gezogene Folgerung, daß solchen jungen Menschen die Fähigkeit fehlte, das Gefährliche und Bedenkliche der nationalsozialistischen Gedankengänge zu erkennen.« – »...Hinzu kommt, daß (alle)... als ...Soldaten darauf gedrillt waren, Befehle auszuführen, und daß zur Tatzeit durch den Vormarsch des Feindes auf deutsches Gebiet eine... völlig ungewohnte, neue Situation geschaffen war, in die durch die nationalsozialistische Propaganda vom Widerstand bis zum letzten Blutstropfen und vom rücksichtslosen Ausmerzen aller Defaitisten und Verräter weitere Verwirrung getragen wurde. Eine derartige Propaganda, die sich letztlich an die soldatischen Tugenden wandte, und so ihre unduldsame, auf Vernichtung aller inneren Gegner hinauslaufende Zielsetzung tarnte, konnte auch auf... alte Frontsoldaten nicht ohne Wirkung bleiben...« – »...(Zu berücksichtigen ist), daß die Tat unter dem Eindruck der wirren Verhältnisse geschah, ...die sich zur Tatzeit in der fast schon vollendeten Auflösung aller staatlichen Ordnung als Vorzeichen des unmittelbar bevorstehenden Zusammenbruchs äußerten. Gerade in diesen Tagen des Überganges waren aber die überkommenen Begriffe und Anschauungen weitgehend ins Wanken geraten und eine ruhige, vernunftbestimmte Überlegung, insbesondere bei jungen, im Sinne des Nationalsozialismus erzogenen Menschen, fast völlig ausgeschaltet...« – »...(Die) Tat ist nicht mit normalen Maßstäben zu messen...« – »Bei den Angeklagten bildet das Bild ihrer Lebensführung kriminologisch nichts Auffälliges. Natürliche Anlagen oder Züge des erworbenen Charakters, die sie zum Verbrechen treiben, hat die

Beweisaufnahme nicht ergeben. Die Tat ist jedem dieser Angeklagten persönlichkeitsfremd und nur erklärbar aus massenpsychologischen Gesichtspunkten. Jeder einzelne als Teil der Masse hat weniger überlegt, als vielmehr nur gehandelt. Sie haben eine Tat begangen, die der einzelne allein niemals begangen haben würde. Massenpsychose, Fanatisierung und die damit verbundene Einsichtseinengung haben zur Überwindung innerer Hemmungen beigetragen. Sie haben deshalb willig einem Befehl von oben Gehorsam geleistet, den sie nach ihrer Ansicht im Interesse der Allgemeinheit für erforderlich hielten...« –
Wenn es nur möglich wäre, jeder Generation, nicht nur in Deutschland, solche inhaltschweren Sätze immer wieder einzuprägen!

8. Angehörige des »Werwolf«: Wunsch und Wirklichkeit.

Ursprünglich genügten Fanatismus oder nationalsozialistische Gesinnung keineswegs, jedenfalls nicht den Verfassern und Herausgebern der Broschüre »Werwolf. Winke für Jagdeinheiten«. Was sie auf den Seiten 8 und 11 bis 13 unter der Überschrift »Männer« für eine von ihnen beabsichtigte Kleinkriegführung verlangten, waren erstklassige Soldaten, nur ausnahmsweise, etwa als Funkerinnen, auch Frauen.

Als »vorzüglicher Soldat... zugleich Jäger und Pionier« sollte ein »Werwolf«-Kämpfer mit enger Naturverbundenheit, Bedürfnislosigkeit und Findigkeit ausgestattet sein; man wollte ihn vertrauenerweckend, sprach- und mundartbegabt, von rücksichtsloser, verwegener Kühnheit, unermüdlicher, nie zu brechender Angriffslust und Aktivität, Härte, Kampftüchtigkeit, begabt mit technischen und praktischen Fähigkeiten, dazu noch mit politischem Blick und propagandistischer Fähigkeit – wahrhaftig, das Bilderbuchideal eines auch politischen Soldaten.

Ursprünglich, beim Prützmann-»Werwolf«, wählten absolut zuverlässige Männer aus der Schar der Freiwilligen diejenigen aus, die ihnen für »Werwolf«-Aufgaben in ganz bestimmten Gebieten am geeignetsten erschienen, vorzugsweise Förster, Gendarmen, private Jäger, Landwirte, Sportler, vertrauenswürdige Handwerker und Arbeiter, aber auch andere Einsatzwillige mit besonderen Begabungen, die der Aufgabe entsprachen. Das Besondere bestand ja gerade darin, die Freiwilligentrupps in ihrer angestammten engeren Heimat gegen feindliche Besatzungstruppen zum Einsatz zu bringen. Infolgedessen kannte sich, jedenfalls bei den bis März 1945 rekrutierten »Werwölfen«, jeder im Kampfgebiet genau aus und konnte deshalb alle gegebenen Vorteile optimal nutzen.

»Werwolf«-Trupps kämpften auf sich allein gestellt; einmal vom Feind überrollt, fand eine »Führung von oben« nicht mehr statt. – An diesem hohen, fast zu hohen Standard gemessen, kam 1945 nur ein verschwindend kleiner Teil noch Einsatzfähiger für die »Werwolf«-Organisation Prützmanns in Frage.

Anfangs wurde auch nicht etwa ganz Deutschland, sondern nur Ostpreußen, die Eifel und der Schwarzwald als Einsatzgebiet ins Auge gefaßt. An alle Gauleiter von Gebieten, die an diese für einen »Werwolf«-Einsatz am günstigsten erscheinenden Regionen angrenzten, richtete sich die Aufforderung, sofort geeignete Freiwillige zu erfassen und zu melden.

Unter dem Druck des Höheren SS- und Polizeiführers West, Gutenberger, schickten zum Beispiel die Gauleiter von Düsseldorf, Köln-Aachen und Essen schon bald Freiwillige nach Hülchrath, dem Sammel- und Ausbildungsort, in der Mehrzahl hauptamtliche Führer und Führerinnen oder Sachbearbeiter in der HJ-Organisation, aber auch Bergleute, Männer aus den Krupp-Werken. Man gab ihnen Uniformen der Waffen-SS und bezeichnete sie zur Tarnung als Angehörige der »Wachkompanie der Waffen-SS«.

Auch im Wehrkreis XII wurden Angehörige des »Werwolf«, alles Freiwillige, wie Rekruten der Waffen-SS einberufen, mit Soldbüchern und Erkennungsmarken mit der eingestanzten Kennung »SS-WKr XII« ausgestattet und SS-Stabskompanien zugeteilt. Kein Wort von »Werwolf«. Und kein Wunder, daß die Waffen-SS in dem Bemühen um Objektivität enorme Schwierigkeiten hat, zu beweisen, daß sie mit Prützmanns »Werwolf« nur am Rande zu tun hatte, etwa in der Ausbildung.

Getreu der »Werwolf«-Maxime, sich vor Schematisierung zu hüten, verwendete man im Bereich Rhein-Westmark für »Werwolf«-Aktivitäten das Codewort »Angelegenheit W«. Die ersten Freiwilligen beim HSSPF West nannte man anfänglich ebenfalls zur Tarnung »P-Männer« oder auch »Prützmänner«. Bei der Gestapo Köln behalf man sich in der Verlegenheit, wie man das Kind nennen solle, mit der Umschreibung »Aufträge des Oberstleutnants Neinhaus«.

So wurde der »Werwolf« überall getarnt, und überall zog man die Waffen-SS, ob sie wollte oder nicht, nach außen hin in die Sache hinein.

Bevor das Jahr 1944 zu Ende ging, registrierte man in Berlin beim

Das Eiserne Kreuz – begehrte Auszeichnung insbesondere bei der kämpfenden Jugend. Wer dachte schon an Tod oder zerschossene Glieder?

Jugendliche aus der Nationalpolitischen Erziehungsanstalt. Inspekteur der Napolas: SS-Obergruppenführer Heißmeyer.

Stabe Prützmanns an die 5000 Freiwilligenmeldungen, für Prützmann genug, für eine Massenbewegung, wie sie etwas später besonders von Goebbels aus dem Boden gestampft werden sollte, so gut wie nichts. Deshalb warf die allgemeine »Werwolf«-Proklamation vom 1. April 1945 dann schließlich auch alles gründlich über den Haufen, was Prützmann und seine von militärischen Überlegungen geleiteten Unterführer nach dem ursprünglichen »sauberen« Konzept begonnen hatten. Jetzt sollte es das Volk schaffen. Nun konnte sich jeder hinter der Maske eines »Werwolfes« verbergen, der hemmungslos genug war, die Nacht der langen Messer mitzumachen. –

Immer wieder stößt man in den spärlichen Unterlagen auf Hinweise, die vermuten lassen, es habe einen »Frauen-Werwolf« gegeben. Immerhin nahm an der gegen Oppenhoff gerichteten Aktion eine Frau teil; Frauen wurden von amerikanischen Truppen als Heckenschützen festgenommen; Frauen kämpften in Berlin Seite an Seite mit Soldaten, die Panzerfaust in der Hand.

Gab es tatsächlich einen »Frauen-Werwolf«?

Hitler hatte mit seinem Erlaß vom 24. Juli 1944 über den totalen Kriegseinsatz Goebbels als den zuständigen Reichsbevollmächtigten beauftragt, »durch einen restlosen rationellen Einsatz von Menschen und Mitteln das Höchstmaß von Kräften für Wehrmacht und Rüstung freizumachen«.

Obwohl deutsche Frauen und Mädchen bereits überall und im Verlaufe des Krieges verstärkt mehr oder weniger freiwillig zu allen möglichen Dienstleistungen herangezogen worden waren, sah man hier eine Möglichkeit, noch mehr Männer als bisher durch weibliche Kräfte zu ersetzen. In dieser Absicht riefen am 29. November 1944 der Reichsbevollmächtigte für den totalen Kriegseinsatz, Goebbels, der Leiter der Partei-Kanzlei, Bormann, und der Chef des Oberkommandos der Wehrmacht, Keitel, im Einvernehmen mit dem Reichsminister und Chef der Reichskanzlei sowie dem Generalbevollmächtigten für die Reichsverwaltung im Rahmen der Zweiten Anordnung für die Durchführung des totalen Kriegseinsatzes das »Wehrmachthelferinnenkorps« ins Leben. Abgesehen von Freiwilligenmeldungen konnten nun Frauen und Mädchen ab 18 Jahren zum »langfristigen Notdienst ohne Begründung eines einem Arbeitsvertrag entsprechenden Beschäftigungsverhältnisses« auf Grund der Notdienstverordnung vom 15.

Oktober 1938 (RGBl. I, Seite 1441) zur Wehrmacht eingezogen werden. Sauckel erfaßte in seiner Eigenschaft als Generalbevollmächtigter für den Arbeitseinsatz mit Hilfe von Parteidienststellen alle in Frage kommenden Personen.
Wehrmachthelferinnen leisteten wie Soldaten einen Eid auf Hitler, trugen Uniform und Rangabzeichen, lebten kaserniert und unterlagen den Standortdienstvorschriften. Sie kamen als Stabs-, Nachrichten- und Wirtschaftshelferinnen zum Einsatz.
Dienst mit der Waffe war nicht vorgesehen; dies wurde beim konventionellen Heer sogar selbst bei Freiwilligenmeldungen mutiger Frauen strikt abgelehnt. Überhaupt zögerte das OKH die Einführung eines Korps von Wehrmachthelferinnen/Heer (WH/H) bis kurz vor Kriegsschluß hinaus: Erst am 16. April 1945 erging von der Organisationsabteilung im Generalstab des Heeres der entsprechende OKH-Befehl Nr. II/71863/45 geh. an Oberkommandos der Heeresgruppen, OB-West, Wehrmachtbefehlshaber, bevollmächtigte Generale und andere Dienststellen.
Anfang Dezember 1944 war es der Leiter der Partei-Kanzlei, Bormann, gewesen, der den Gedanken einer weiblichen Miliz aufgegriffen hatte und in einem Brief vom OKW verlangte, ihm »in Urschrift... alle freiwilligen Meldungen von Frauen und Mädchen«, die zum Kampf mit der Waffe in der Hand bereit waren, zuzuleiten.
Kreisleiter Dotzler dachte dann ebenfalls daran, dieses große Potential auszuschöpfen; am 23. Januar 1945 wies er in seinen »Vorschlägen zum Aufbau einer Widerstandsbewegung in den von Bolschewisten besetzten deutschen Ostgebieten« tapferen Frauen folgerichtig eine wichtige Rolle im Untergrundkampf zu.
Hitler ließ sich aber erst am 4. März 1945 von Goebbels dazu bewegen, endlich auch der Aufstellung von Frauen-Kampfbataillonen zuzustimmen. Angeblich strömten »unzählige Frauen«, denen die Schilderungen von russischen Greueltaten in die Glieder gefahren waren, freiwillig zu Aufnahmestellen der NSDAP überall im Reich und verlangten, eingesetzt zu werden.
Während Goebbels meinte, daß diese Frauen und Mädchen »fanatisch kämpfen« würden, wollte Hitler sie lieber in einer zweiten Linie, einer Art moralischer Barriere, hinter der eigentlichen Front einsetzen, um so die Männer zu zwingen, vorne unter allen Umständen Stand zu halten.

In Süddeutschland erhielten Gerüchte über einen Bandenkrieg neue Nahrung, als plötzlich Handzettel kursierten, welche Reichsorganisationsleiter Ley verteilen ließ und in denen er zur Bildung eines »Frauen-Werwolf« aufrief; sollten wirklich alle Stricke reißen, dann würde der »Werwolf« Russen und Amerikaner noch auf Jahre hinaus im Böhmerwald und auch sonstwo in Deutschland schwer zu schaffen machen, hieß es.
Zu Goebbels Tagebuchnotiz, Hitler habe Frauen-Bataillone erlaubt, und zu dem Hinweis im »Werwolf«-Gutachten des IfZ, es solle auch einen »weiblichen Werwolf« gegeben haben, scheint Bormanns Rundschreiben 119/45 vom 5. März 1945 an alle Gauleiter des Reiches über die »Ausbildung von Frauen und Mädchen im Gebrauch von Handfeuerwaffen« zu passen. Allerdings liest sich der Text so, als sei tatsächlich mehr an leiblichen Selbstschutz weiblicher Personen gedacht gewesen, die nach den bösen Berichten aus dem Osten in der Waffe das letzte Mittel sehen konnten, sich dem Zugriff einer enthemmten Soldateska wenigstens für den Augenblick zu entziehen. Auf weibliche Miliz läßt Bormanns Rundschreiben jedenfalls nicht ohne weiteres schließen. Vielmehr läßt sein Wortlaut vermuten, daß die Idee von entsetzten und bedrohten Frauen selbst ausging; denn nicht etwa befohlen, sondern freiwillig, auf eigenen Wunsch, sollte »einer größeren Anzahl... insbesondere in ländlichen Ortsgruppen« eine Waffenausbildung durch Einheiten des Deutschen Volkssturms, die ja der Befehlsgewalt von Parteidienststellen unterstanden, zuteil werden. Ob vielleicht auch Einheiten des Ersatzheeres, der Waffen-SS und der Polizei, also Verbände aus Himmlers Machtbereich, mit herangezogen werden könnten, überließ Bormann den »zuständigen Kommandostellen« selbst. Er regelte nur Meldeverfahren und Organisation: Danach hatten die Ortsfrauenschaftsleiterinnen Namen und Adressen interessierter Frauen und Mädchen den jeweiligen Ortsgruppenleitern bekanntzugeben. Diese sollten dann Verbindung mit »zuständigen Einheitsführern« aufnehmen, die eine »praktische Schießausbildung in die Wege leiten« und die ganze Sache wohl auch im Griff behalten würden.
Im Gau Pommern der NSDAP scheint die Aufforderung Bormanns zu Vorbereitungen der Schießausbildungs-Lehrgänge für weibliche Volksgenossen als Vorstufe eines militärischen Frauen-Einsatzes doch noch bis zur unteren Ebene der Landratsämter

durchgedrungen zu sein, allerdings auch nicht weiter.
Über den »Einsatz von Frauen und Mädchen *in der Wehrmacht*« gab Keitel als ChefOKW mit Befehl Nr. 1350/45 geh. WFSt/Org (II) (1)-AWA vom 23. März 1945 die Entscheidung des Führers bekannt, wonach es für Soldaten trotz veränderter Kriegslage oberster Grundsatz bleibe, »den Schutz der deutschen Frau... sicherzustellen«.
Einsatz von Frauen innerhalb des Territorialbefehlsbereichs von Heeresgruppen, OB-West und Wehrmachtbefehlshabern in Gebieten »vorwärts der Korpsgefechtsstände, im Osten und Südosten vorwärts der (Gefechtsstände) der AOK« war ebenso verboten wie der Einsatz von Frauen und Mädchen mit der Feuerwaffe im Kampf.
Ausgenommen von diesem grundsätzlichen Verbot Hitlers blieben allerdings Angehörige von Flakbatterien sowie solche Frauen und Mädchen, die sich ausdrücklich und freiwillig für den Kampf mit der Waffe in der Hand entschlossen hatten.
Am Kampf teilnehmende weibliche Hilfskräfte – Melderinnen, Nachrichtenhelferinnen, Flakhelferinnen, weibliche Kämpfer – galten als Kombattanten. Sie hatten uniformiert zu sein oder wenigstens eine gelbe Armbinde mit der Aufschrift »Deutsche Wehrmacht« zu tragen; dazu gehörte ein Kombattantenausweis.
Anlage 5 zum Befehl OKH/GenStdH/Org. Abt. Nr. II/71863/45 vom 16. April 1945 stellte noch deutlicher fest, wie skeptisch im Heer über eine Verwendung »weiblicher Soldaten« gedacht wurde.
Frauen, hieß es unmißverständlich, dürften grundsätzlich nicht mit der Schußwaffe am Kampfe teilnehmen, nicht einmal bei drohender Gefangennahme. Dies vertrüge sich nicht »mit unserer nationalsozialistischen Auffassung vom Frauentum«. Vielmehr müsse die »Sorge für die Gesundheit der deutschen Frauen und Mädchen und damit der künftigen Mütter unseres Volkes vornehmster Gesichtspunkt sein«. Mit »aller Schärfe und Dringlichkeit« verlangte das Heer deshalb rechtzeitige Rückführung von weiblichem Hilfspersonal bei Gefahr im Verzug. »Es darf nicht vorkommen, daß deutsche Frauen in Feindeshand fallen«.
Zur völkerrechtlichen Stellung des weiblichen Wehrmachtgefolges wurde auf die Schutzbestimmungen des Artikels 3 der Anlage zum Haager Abkommen betreffend die Gesetze und Gebräuche

des Landkrieges sowie auf Artikel 1 des Genfer Abkommens über die Behandlung Kriegsgefangener verwiesen und entsprechende Belehrung des weiblichen Personals verlangt.

Im Gegensatz zur Haltung des OKH zog man beim Luftflottenkommando 6 Selbstschutz von Frauen in Betracht; hier befahl der Chef des Generalstabes, Oberst i.G. Klees, am 7. April 1945, »aufgrund veränderter Kriegslage sofortige Ausbildung aller Helferinnen der LW mit Handwaffen« durchzuführen, »soweit zur Selbstverteidigung notwendig«. Auch eine Ausbildung »an Handgranate und Panzerfaust, soweit im Einzelfall erforderlich«, sei möglich, hieß es weiter.

Abgesehen von Einzelerscheinungen aus dem Augenblick heraus griffen Frauen und Mädchen nicht zur Waffe, um sie gegen andere zu richten, selbst nicht in allerhöchster Not. Das weibliche Mitglied jener »Werwolf«-Gruppe, die den Oberbürgermeister von Aachen tötete, trug keine Waffen. Anders als in der Sowjetunion hatte die NSDAP weiblichen Volksgenossen artgemäßere Aufgaben – Mutterschaft, Volksfürsorge, Samariterdienste – zugewiesen. Kampf war Männersache. Weibliche Miliz gab es in Deutschland nicht – und wenn sie in der Endphase wirklich ernsthaft von maßgeblichen Leuten in Erwägung gezogen wurde, dann fand dies kaum Widerhall, obwohl Frau A. M., die Witwe eines gefallenen Diplomaten, im Auftrage Prützmanns Lehrgänge für solche Frauen durchführte, die als Ausbilderinnen weiblicher »Werwölfe« wirken sollten.

Angehörige des Frauen-»Werwolf« durften jedoch nicht mit der Waffe in der Hand am unmittelbaren Kleinkrieg teilnehmen, sondern vielmehr – wie man damals dachte – weiblicher Natur entsprechend lediglich als mittelbare Helfer. Frauen-Hilfsdienste für »Werwolf«-Trupps in feindbesetzten Gebieten bestanden hauptsächlich im Ausspähen, in der Nachrichtenübermittlung über »tote Briefkästen«, im Chiffrieren und Dechiffrieren von Funkmeldungen, im Abschirmen von »Werwölfen« vor eigenen, nicht sympathisierenden Volksgenossen, in der Sorge um das leibliche Wohl der Kämpfer durch Lebensmittelbeschaffung, soweit nötig, durch Verwundeten- und Krankenpflege, durch Verbergen von Kampfunfähigen. Die psychologische Wirkung eines weiblichen Hilfskorps auf die Kampfmoral eingesetzter Männer sollte nicht unterschätzt werden.

»Werwolf«-Frauen sollten keine Waffen tragen. Äußerlich hatten sie sich in nichts von den anderen Einheimischen zu unterscheiden. Niemand durfte sie entlarven können.
Zur im allgemeinen unpolitischen Haltung junger weiblicher Volksgenossen hier als Beispiel die Ansicht von Liselotte G., 1945 achtzehn Jahre alt:
»Ich besuchte eifrig den Dienst (beim BDM) und nahm gern am Lagerleben teil«, bekannte sie. »Doch interessierten mich die Heim- und Sportabende im Kreise von gleichaltrigen Kameradinnen mehr als die Politik, die dahinterstand. Ich habe damals nie versucht, mich mit den politischen Verhältnissen auseinanderzusetzen und habe daher auch nicht die Tatsachen richtig erkannt.«
Organisierter und gezielt eingesetzter »Frauen-Werwolf« wäre ganz anders in Erscheinung getreten als jene Verzweiflungstaten im Endkampf um Berlin gegen Ende April 1945, wo man tatsächlich vereinzelt Frauen antraf, meistens Schlesierinnen, von wildem Rachedurst erfüllt, mit Waffen und Panzerfäusten in der Hand...
Bei der männlichen Jugend lagen die Verhältnisse ganz anders. Goebbels zeigte sich einmal begeistert über zwanzig Hitler-Jungen, die nach schweren Kämpfen im Osten davongekommen und nun mit dem Eisernen Kreuz ausgezeichnet worden waren. Als er sie am 21. März 1945 persönlich empfing, meinte er, ein Volk, daß in bedrängter Zeit über eine solche Jugend verfüge, könne » nach geschichtlichen Gesetzen« nicht untergehen.
Tatsächlich stand ein Großteil der deutschen Jugend, besonders die männliche Jugend, auch in den letzten Jahren immer noch im Banne nationalsozialistischer Ideen. Von der sogenannten Kampfzeit abgesehen, waren vorher mindestens neun Jahrgänge systematisch für den Krieg und für die Verwirklichung des Nationalsozialismus erzogen worden. Die Jugend marschierte ohne eigenes Ziel, einfach berauscht vom Gemeinschaftsgeist, vom Gleichschritt; sie zeichnete sich durch »großen Bewährungswillen« aus und stand auch gegen Ende des Krieges in unverminderter »idealer Einsatzfreude« für jede Aufgabe bereit.
Stolz trugen die Jungen ab März 1945 das von der Reichsjugendführung für Kriegsfreiwillige der HJ verliehene besondere Abzeichen: eine rote Kordel, die quer über beide Schulterklappen der HJ-Uniform getragen wurde. Nach einer besonderen Anweisung des Chef OKW, Keitel, durfte diese Kordel als Ehrenzeichen auch

in Wehrmachtuniform weiter getragen werden.
Schon in den wilden Zeiten nach dem Ersten Weltkrieg, die unter anderem auch den alten »Wehrwolf«-Kampfbund hervorgebracht hatten, dienten nationalgesinnte radikale Jugendliche als Speerspitzen zur Vernichtung unliebsamer Gegner. Sie organisierten sich in Geheimbünden, »verübten Fememorde, stürmten den Annaberg..., sprengten... Eisenbahnbrücken, ermordeten mißliebige Politiker, marschierten in München zur Feldherrnhalle und wollten im Baltikum siedeln«.
»Das Blut der Novemberlumpen muß fließen«, ereiferte man sich damals unter Hitler-Leuten. »Blut, Blut und nochmals Blut. Es ist eine Schande für uns und ein steter Vorwurf, daß ein solcher Schweinehund wie Auer noch lebt. Er muß sterben, die ganze Brut!« Edgar Weis, ein siebzehnjähriger Münchener Oberrealschüler vom Stammtisch Treudeutsch hörte dies; er faßte den Entschluß, den genannten sozialdemokratischen Abgeordneten umzubringen – was die Polizei dann aber doch noch verhindern konnte.
Blutig endete dagegen das Attentat auf Walther Rathenau am 24. Juni 1922. Daran beteiligt waren der sechzehnjährige Gymnasiast Hans Gerd Techow, der zwanzigjährige Ernst von Salomon sowie der zweiundzwanzigjährige Waldemar Niedrig. Als Urheber entpuppte sich Heinz Stubenrauch, ein siebzehnjähriger Primaner aus Steglitz. Techow hatte sich schon als Fünfzehnjähriger zum Vorsitzenden des deutschnationalen Jugendbundes Groß-Berlin qualifiziert, und beim Kapp-Putsch war er ebenfalls dabeigewesen; er besaß die Mitgliedschaft in vier vaterländischen Bünden und Vereinen, zeitweilig gehörte er sogar der ultra-radikalen Organisation Consul an.
Jung – das hieß zu allen Zeiten in allen Völkern begeisterungsfähig, frisch, gärend, kraftvergeudend, unverbraucht, wandelbar, beeinflußbar, risikofreudig – aber auch blind.
In jugendlichem Eifer hatten sich die Jungen im Dritten Reich voll und ganz dem Nationalsozialismus und dem Krieg verschrieben. Unfertig, ohne Lebenserfahrung und ohne Selbststeuerung, fehlte ihnen besonders in der Katastrophenstimmung der letzten Wochen vor Kriegsende die Einsichtsfähigkeit zur richtigen Beurteilung der verwirrten und verwirrenden Lage, in welche Deutschland offenbar hineingeraten war. Sie schlossen sich umso enger an

junge Führer an und folgten ihnen, oft bis in den Tod. In ihrer Jugend und Überreiztheit warfen sie sich leidenschaftlicher, bedingungsloser und unter völliger Mißachtung ihrer eigenen Person in den blutigen Endkampf. Daß sie damals nach deutschem Strafrecht noch nicht voll strafmündig waren, spielte erst nachher eine Rolle, als jugendliche »Täter« sich unter anderem auch für »Werwolf«-Einsätze verantworten sollten.
Die Mehrzahl der militanten HJ-Angehörigen, durchweg Jungen im Alter von 15 bis 17 Jahren, stellten gegen Ende des Krieges das dritte Aufgebot des Deutschen Volkssturms dar. Sie kamen vorwiegend aus Wehrertüchtigungslagern, trugen Wehrmachtuniformen und waren mit Gewehren, Panzerfäusten und Handgranaten bewaffnet. Im allgemeinen achtete man darauf, Verbände der Hitler-Jugend geschlossen zu halten. Es sollte nicht sein, »daß durch Mischung mit alten Landsern und Volkssturmmännern die Erziehung und der Geist der Hitlerjungen durch Landsergeist und Landserschliche gewandelt wird«, wie Himmler sich in einem Schreiben vom 6. März 1945 General Busse gegenüber ausdrückte. Dieser beruhigte Himmler, indem er sofort am nächsten Tag auf eine bereits mit Reichsjugendführer Axmann getroffene Absprache verwies, nach welcher »die Hitlerjungen in geschlossenen Gruppen unter ihren HJ-Führern... zum Einsatz kommen«.
Viele Stimmen sprachen aber auch mehr oder weniger unverhohlen von Aufopferung der Jugend und »Aderlaß«.
Generaloberst Hans Friessner berichtete, wie er Hitler gegenüber einmal den rücksichtslosen Einsatz von Ausbildungstruppen und Kadetten militärischer Schulen durch die russische Führung als Verbrechen bezeichnete. Hitlers ungerührte Antwort:
»Dann müßte ich schon lange ein Verbrecher sein!«
Tatsächlich nahm er auf die deutsche Jugend keine Rücksicht. Als die Spitzen des sowjetischen 9. Garde-Panzerkorps von Lippehne her die pommersche Kreisstadt Pyritz im Weizacker – etwa 11 500 Einwohner – unmittelbar bedrohten, mußte die vom stellvertretenden General-Kommando II. A.K. befohlene Sicherung und Verteidigung in Ermangelung regulärer Truppen von Volkssturm-Einheiten und Hitler-Jugend übernommen werden – ein Beispiel für viele.
Am 29. Januar 1945 kam zusätzliche Hilfe durch einen Panzervernichtungstrupp, den Leutnant Koch führte, und dem außer ei-

nigen Soldaten und Volkssturmleuten im wesentlichen wiederum Hitlerjungen angehörten, pommersche HJ sowie versprengte Adolf-Hitler-Schüler aus Ost- und Westpreußen. Sie krallten sich hier bis zum 1. März 1945 in pommerscher Erde fest, und erst als der Kampfkommandant das Vordringen russischer Truppen bis zum inneren Verteidigungsring feststellen mußte, setzten sich die Hitlerjungen mit den anderen nördlich der alten Zuckerfabrik in die befohlene Aufnahmestellung ab.
Im März 1945 standen alleine im zertrümmerten Berlin 5000 siebzehnjährige HJ-Jungen ganz offiziell unter Waffen, von der Masse noch jüngerer, zugelaufener und stillschweigend geduldeter, miteingesetzter Jungen ganz zu schweigen.
Im Endkampf um die Reichshauptstadt befehligte zum Beispiel der damals sechsundzwanzigjährige Dieter Kersten, ehemaliger Napola-Schüler, Träger des Goldenen Verwundetenabzeichens und des Deutschen Kreuzes in Gold, im Range eines Hauptmanns ein Bataillon von dreihundert HJ-Jungen. Davon waren nach schweren Häuserkämpfen bald nur noch fünfzig übrig. Dieser Rest schlug sich verbissen nach Halensee durch, verstärkte dortige »Werwolf«-Nester und streckte auch nach der Kapitulation Berlins am 2. Mai 1945 nicht die Waffen; diese Jungen zogen den Tod einer russischen Gefangenschaft vor.
Vor allem die deutsche Jugend, rühmte Goebbels, halte sich »in diesem außerordentlichen militärischen Dilemma immer noch am besten«.
Natürlich!
Vielfach glaubte nationalsozialistisch erzogene Hitlerjugend, bestärkt durch leidenschaftliche, geschickte Aufrufe und Parteiparolen, nur sie sei noch imstande, das Vaterland zu retten. Ahnungslos und infolgedessen völlig ohne Furcht warf sie sich, oft nur dürftig bewaffnet, haushoch überlegenen Feinden entgegen, ohne jedoch mehr als ein paar, wenn auch beachtliche Einzelerfolge zu erzielen – gegen einen unverantwortlich hohen Blutzoll. Von einer Ideologie erfüllt, ohne Vergleichsmöglichkeiten, sprangen fanatisierte Jungen und Mädchen bedenkenlos in die Bresche – und ins Verderben – wenn erwachsene Soldaten aufgaben und sich zurückzogen. In tödlicher Verblendung und Unwissenheit schreckten sie selbst vor grausamen Rotarmisten nicht zurück.
Im April 1945 kämpfte im Raum nördlich von Stettin das HJ-Ba-

taillon »Murswiek« mit etwa fünfhundert Jungen und deren Führern auf verlorenem Posten. Im selben Monat brachte in Württemberg ein Trupp von fünfundzwanzig Hitlerjungen in knapp zehn Tagen zahlreiche Panzer und gepanzerte Fahrzeuge zur Strecke.

Aber die Hitler-Jugend mußte auch Schlimmeres mit ansehen – oder tun.

Mitte März 1945 erhielt zum Beispiel ein siebzehnjähriger Junge, der einem Volkssturmtrupp von dreißig Mann der NSDAP-Ortsgruppe Köln-Deutz angehörte, den Befehl, einen ukrainischen Plünderer zu erschießen.

Gemeinsam mit einem älteren Volkssturmmann holte der Hitlerjunge den Russen aus dem Toilettenraum des Helenenwall-Bunkers. Als der Gefangene beim Verlassen des Gebäudes versuchte, zu fliehen, war der Junge mit der Pistole schneller; er erschoß den Fliehenden aus etwa sechs bis acht Metern Entfernung.

Im April 1945 befahl das stellvertretende General-Kommando des XI. A.K. in Hannover, aus Hitler-Jugend des Wehrertüchtigungslagers Alfeld eine Panzerjagdeinheit im Rahmen der Wehrmacht zu bilden, der auch Wallonen mit Schnellfeuergewehren zugeteilt wurden. Die Leitung lag in den Händen des 1916 geborenen P., der 1943 den linken Arm eingebüßt hatte und infolgedessen den Leutnantsrock gegen die Uniform eines kommissarischen HJ-Bannführers hatte eintauschen müssen.

Nun durfte er seine Wehrmachtuniform wieder anziehen.

Nach vollzogener Umstellung, erster Feindberührung am 7. April 1945 und zwei bösen Überraschungen kam es in Everode zu einem folgenschweren Zwischenfall.

Als Leutnant P. nämlich den Ort erreichte, traf er am Eingang auf ein Dutzend aufgeregter Jungen seiner Kampfeinheit: Sie waren kurz vorher vom Bürgermeister aus dem Ort gedrängt worden, wohl in der nicht unbegründeten Furcht, fanatischer Widerstand werde unweigerlich Zerstörungen in letzter Stunde zur Folge haben. Als P. diese Berichte hörte, geriet er außer sich; sofort scharte er die Jungen um sich und marschierte mit ihnen vor das Kriegerdenkmal mitten im Ort, wo er in einer kurzen Ansprache erklärte, er werde den Bürgermeister zur Rechenschaft ziehen.

Tatsächlich nahm er dann auch seine Pistole P 8 aus dem Futteral, lud durch, entsicherte, und schritt mit drei Hitlerjungen, welche

Karabiner schußbereit im Arm hielten, auf Bürgermeister St. zu. Dieser, sechsundfünfzig Jahre alt und größer als der Leutnant, antwortete auf die heftigen Vorhaltungen nur verächtlich mit zwei Worten:
»Du Schnuttjunge.«
Gleichzeitig hob er die Hand wie zum Schlag.
Dies sollten seine letzten Worte gewesen sein; denn im Nu riß P. seine Waffe hoch und feuerte. Der Bürgermeister sackte in sich zusammen, schien zu stürzen, raffte sich aber doch wieder auf und taumelte auf sein Haus zu.
Da streckte ihn ein zweiter Schuß nieder, dem dann noch weitere folgten, auch aus Karabinern.
Bürgermeister St. blieb tot in seinem Vorgarten liegen. –
Für das Gericht, welches nach dem Kriege diese Tat zu beurteilen hatte, war von entscheidender Bedeutung, daß P. nicht als kommissarischer Bannführer der HJ, »also als Beauftragter einer Gliederung der NSDAP gehandelt (hatte), um damit nazistische Ideen oder die nazistische Gewaltherrschaft durchzusetzen, sondern als Offizier, der sich in seiner und seiner Untergebenen Soldatenehre gekränkt fühlte«. –
Neigung zum Abenteuer, dazu das stolze Bewußtsein, wie Erwachsene, ja, sogar noch besser als die ältere Generation »dem Führer helfen zu dürfen«, ließ in jungen Köpfen, als »Werwolf«-Parolen die Runde machten, Gedanken an geheimnisvolle und, wie sie meinten, abenteuerliche, aufregende Einsätze kreisen.
Die Wirklichkeit sah anders aus.
Zwei Tage, bevor amerikanische Truppen Quedlinburg besetzten, am 17. April 1945, erschoß der dreißigjährige Führer des dortigen HJ-Bannes den Unterarzt Dr. Dr. Schäder. Der Bannführer war mit seinen Hitlerjungen im Harz als »Werwolf«-Einheit eingesetzt worden. Täglich meldete er sich bei der Kreisleitung der NSDAP in der Stadt.
Hier wirkte er dann auch an der unglückseligen, improvisierten Vernehmung des Arztes mit, dem Fahnenflucht vorgeworfen wurde. Den allgemeinen Entschluß, Dr. Schäder »als Deserteur entsprechend zu behandeln« faßte H., der Bannführer, als Tötungsbefehl auf.
Gegen Abend nahm H. den Arzt, der nichts ahnte, im PKW auf der Rückfahrt in den Harz mit. Wenige Kilometer von der hoch im

Harz gelegenen Waldgaststätte »Sternhaus« entfernt unterhielt die »Werwolf«-Einheit ein Blockhaus als Stützpunkt. Hier stiegen H., der Arzt sowie ein mit einer Maschinenpistole bewaffneter Unteroffizier aus dem Wagen aus und gingen tiefer in den Wald hinein. Nachdem sie eine Wegstrecke von etwa 400 Metern zurückgelegt hatten, schoß der »Werwolf«-Führer unvermittelt mehrmals auf Dr. Schäder, der sofort tot zusammenbrach.
Den blutigen Uniformrock des Getöteten nahm H. mit zurück zum Blockhaus, wo er ihn den Hitlerjungen mit den Worten zeigte: »So stirbt ein Verräter.«
Aber in jener turbulenten, wirren Zeit geschah es auch, daß sich Gleich und Gleich beschossen.
Ein derartiger Vorfall ereignete sich in der Nacht vom 19. auf den 20. April 1945 (»Führers Geburtstag«) in Landsberg.
Dort hatte der HJ-Bannführer ohne Wissen des Ortsgruppenleiters N., der schon im fünfundfünfzigsten Lebensjahr stand und den anonyme Drohbriefe nervös gemacht hatten, eine Plakat-Klebeaktion durchführen lassen. Überall wurden von Hitlerjungen Durchhalteappelle angebracht, so auch zufälligerweise an den Roll-Läden des Geschäftslokals in der Schulgasse, welches dem Ortsgruppenleiter gehörte.
Aufgestachelt von seiner verschreckten Gattin, der Drohbriefe sowie die exponierte Stellung ihres Mannes schwer zugesetzt hatten, ergriff N. schließlich seine »Walther«-Dienstpistole, riß das Fenster auf und schoß ohne jeden Warnruf blindlings in die Nacht, in Richtung der Gestalten, die sich da unten auf der Straße bewegten.
Doch es waren nur drei Hitlerjungen in Begleitung eines zur HJ abkommandierten Nachrichtensoldaten gewesen, die sich nach getaner Klebearbeit auf dem Nachhauseweg befanden.
Eine Kugel traf den Hitlerjungen Adolf Sch. in die Schulter, zerriß den rechten Lungenflügel und blieb schließlich zwischen Wirbelsäule und Herzhinterwand stecken, den Jungen zeitlebens zum Krüppel machend.
Erst jetzt schrie N. hinunter:
»Kommt heraus, ihr Feiglinge, ich schieße euch alle über den Haufen!«
Einer der Jungen erkannte nun die Stimme des eigenen Ortsgruppenleiters und rief:

»Ortsgruppenleiter! Wir sind es, die HJ!« –
Unter Führung eines schwerbeschädigten, zum Volkssturm von Rothenburg ob der Tauber abkommandierten Unteroffiziers der Wehrmacht rückte in der Nacht zum 7. April 1945 ein Trupp von etwa fünfundzwanzig Hitlerjungen aus, um im Auftrag des schwergefährdeten 13. SS-Armee-Korps Bewegungen durchgebrochener Feindpanzer und Truppen der 10. Amerikanischen Panzerdivision auf der Strecke Blaufelden-Crailsheim zu beobachten. Gegen drei Uhr morgens erreichten die Jungen die Gastwirtschaft Krauß in Hausen am Bach, nördlich von Brettheim. Vier HJ-Jungen, mit Gewehren, Panzerfäusten und Handgranaten bewaffnet, erhielten Befehl, als Panzerknacker in Richtung Rot am See vorzugehen und dort die Lage zu erkunden.
Mit wachsender Besorgnis hatte die Bevölkerung der Orte diese Maßnahmen verfolgt; sie fürchtete wegen möglicher Kampfhandlungen um Leben, Hab und Gut. Telefonisch vom Bürgermeister von Hausen alarmiert, fingen ein paar beherzte Männer von Brettheim den HJ-Stoßtrupp am Ortsausgang in Richtung Hilgartshausen ab und entwaffneten die einsatzfreudigen Jungen unter Geschimpfe und Handgreiflichkeiten. Die Waffen flogen in den Ortsteich.
Diesen Schritt mußten drei der Beteiligten mit dem Tode büßen. Am 10. April 1945 wurden sie nach einem Standgerichtsverfahren an zwei Bäumen vor dem Eingang zum Friedhof von Brettheim an einem Drahtseil mit drei Schlingen vor den Augen der betroffenen Hitlerjungen erhängt. Der Vierte konnte sich durch rechtzeitige Flucht der ihm zugedachten Todesstrafe entziehen.
Zur Harz-Verteidigung führte die Mansfelder Gebietsleitung der Hitler-Jugend im März 1945 etwa 600 Hitler-Jungen einer neuaufgestellten Kampftruppe »Ostharz« zu. Das Kommando übernahm der ehemalige HJ-Gebietsführer von Krotochin/Warthegau, ein SS-Hauptsturmführer, der sich bei Charkow aus einem in Brand geschossenen Panzer mit starken Verbrennungen im Gesicht hatte retten können. Etwa dreißig schwerverwundete, zum Teil noch nicht wieder genesene Unterführer der Waffen-SS aus dem Lazarett Wernigerode befehligten die aus 50 Napola-Schülern, Angehörigen der Flieger-HJ, 15 RAD-Männern sowie Angehörigen von WE-Lagern zusammengewürfelte Kampfgruppe. In Klostermansfeld faßten die Jungen Panzerfäuste, Handgrana-

ten, Karabiner 98 k und Sprengstoff. Die Ausbildung fiel knapp aus, die Zeit drängte; man brachte den Jungen nur das Nötigste bei, unter anderem aber auch die Fertigung von Holzminen.
Oberhalb der Burg Mansfeld verschworen sich die jungen Soldaten der Kampfgruppe »Ostharz« dem »Werwolf«, der an diesem Tage, es war Ostersonntag der 1. April 1945, über alle Sender offiziell proklamiert wurde. Man sollte nun »die Festung Harz« bis zum letzten Blutstropfen verteidigen, überall in Deutschland flamme gleicher Widerstand auf. Deutschland werde wieder befreit; so lange müsse die deutsche Jugend dem Feinde trotzen.
Tatsächlich bewährte sich die nun verfolgte Einsatztaktik des »Werwolf«-Führers. Aus Wäldern heraus operierte der Kampfverband erfolgreich gegen amerikanische Panzerverbände. Aber die jungen »Werwölfe« erlitten schwere Verluste. Dezimiert, auch infolge von Desertionen, fristeten die »Werwölfe« der Kampfgruppe »Ostharz« ein karges Dasein im Walde bei Pansfelde. Ohne Nahrungsmittel und Medikamente mußten sie zusehen, wie sich der bestens ausgerüstete amerikanische Heerwurm über die Landstraßen unaufhaltsam nach Osten wälzte.
Am 20. April 1945 (»Führers Geburtstag«) bestand die Gruppe nur noch aus 250 Mann, bis auf 70 Soldaten alles Hitler-Jungen. Ein schwerer Schlag traf den »Werwolf«-Verband, als die Jungen ein im Meisdorfer Forst vor der Höhe 315 notgelandetes Kampfflugzeug vom Typ He 111 ausplünderten, nachdem die Besatzung und etwa zwanzig höhere Luftwaffen-Offiziere, von Italien kommend, sich schleunigst vor den Amerikanern in die Büsche geschlagen hatten. Plötzlich tauchten von allen Seiten feindliche Truppen auf, schossen das Flugzeug zusammen und versprengten den »Werwolf«-Trupp. Dessen Gros zog sich in die Ram-Berge in Richtung Oberharz zurück.
Wochenlang ohne geregelte Verpflegung bleibend, nahmen sie mit, was sich an Eßbarem auftreiben ließ. Erst in Alterode halfen der Ortsgruppenleiter und einige andere den Halbverhungerten – was sie später als »Unterstützung der Werwolf-Partisanen« teuer zu stehen kam.
Ende April 1945 bestand der »Werwolf«-Trupp nur noch aus fünfzig Mann. Vom Hunger getrieben, überfielen sie eines Tages in der Abenddämmerung einen amerikanischen Verpflegungskonvoi, mehrere LKW's und Jeeps, den sie auf der Reichsstraße

244 zwischen Elbingerode und Wernigerode mit Hilfe eines quer über die Straße gelegten Tannenbaumes zum Halt gezwungen hatten.
Aber die Amerikaner schlugen kräftig zurück; es gab auf beiden Seiten Verluste. Die »Werwölfe« mußten sich ohne Beute in die Wälder zurückziehen.
Dieser Überfall löste eine Großfahndung aus. Durch Plakatanschläge forderte die Besatzungsmacht die Denunziation der »Werwölfe«. Ortskundige polnische Fremdarbeiter durchkämmten, unterstützt von amerikanischen Soldaten, die Wälder um die Hone-Klippen, wo sich die »Werwölfe« tatsächlich verschanzt hatten.
Das Ende kam aus der Luft: Vom Boden geleitet, brachten Schwärme amerikanischer Jagdbomber Tod und Verderben über die Reste des »Werwolf«-Verbandes. Nur von fünf Angehörigen dieser Einheit ist bekannt, daß sie auch der folgenden Hatz, in deren Verlauf Polen Handgranaten in jedes Loch und in jede Spalte des Gebirges warfen, entgehen konnten. –
Als dann endlich die Feindseligkeiten beendet waren, machten die Jungen in Deutschland zunächst die bittere Erfahrung, daß Sieger jugendliche Unwissenheit ebensowenig respektierten wie das soeben untergegangene Regime. Allerdings werteten britische Militärbehörden den freiwilligen Einsatz von Hitlerjungen unter Führung von Bannführer Kirsch im Siebengebirge als militärische Aktion; sie wurden ohne weiteres als Soldaten anerkannt und nicht über Gebühr behelligt.
Aber zwei andere Hitlerjungen, der sechzehnjährige Heinz Petry und der siebzehnjährige Josef Schörner, starben noch am 5. Juni 1945 im Feuer eines alliierten Erschießungskommandos, obwohl bereits seit vier Wochen die Waffen schwiegen. Ohne Rücksicht auf ihr jugendliches Alter hatte ein Kriegsgericht sie am 29. März 1945 zum Tode verurteilt, weil sie für schuldig befunden worden waren, »im Raume von Aachen Spionage gegen die amerikanischen Truppen betrieben« zu haben.
Russische Truppen gingen noch weiter, sie brachten im Kampfgebiet angetroffene Hitlerjugend in der Regel kurzerhand um. –
Hitlers Absicht, noch im allerletzten Augenblick seiner Macht zehn Divisionen aus jungen Deutschen als Alarmtruppen aus dem Boden zu stampfen und dem Feind entgegenzuwerfen, kommt in

der Vortragsnotiz über die Staatssekretärbesprechung vom 5. März 1945 zum Ausdruck. Hitler habe genehmigt, im Raume Berlin den Jahrgang 1928, sechstausend Sechzehn- und Siebzehnjährige, zum Einsatz als Panzerjäger mit der Panzerfaust aufzustellen. Aus feindbesetzten Gebieten führe man aber auch die Jahrgänge 1929 und 1930 ohne Rücksicht auf die Angehörigen zurück; einen Teil sammle man in Ausbildungslagern »für die Aufstellung der 10 Divisionen«.

Im Zusammenhang mit der deutlichen Zurückweisung einer vom Reichsjugendführer über den »Bevollmächtigten für den Osteinsatz der HJ«, Stubafü Schimmelpfennig, für das Panzer-Armeeoberkommando 3 angebotenen, nur dürftig ausgerüsteten Panzerjäger-Brigade aus Hitlerjungen war auch davon die Rede, daß die HJ beabsichtige, eine »Organisation ähnlich (dem) ›Werwolf‹« aufzuziehen, nachdem Hitlers ursprünglicher Plan, zehn HJ-Divisionen aufzustellen, an der »Entwicklungslage im Westen« gescheitert war.

Was mit dieser »Werwolf«-ähnlichen Organisation gemeint gewesen sein könnte, ließ sich nicht ermitteln. Ein enger Mitarbeiter Prützmanns beim Aufbau des »Werwolf« meinte, eine Zusammenarbeit mit der Hitler-Jugend im »Werwolf« habe erheblich unter der Tatsache gelitten, daß infolge von Kriegsverlusten gerade der Jugend nicht mehr genug geeignete ältere Jungen zur Verfügung gestanden hätten.

Dagegen soll Stroop, HSSPF Rhein-Westmark, in seinen Erinnerungen an »Werwolf«-Aktivitäten innerhalb seines Bereiches den HJ-Gebietsführer aus Usingen ausdrücklich erwähnt haben, der angeblich schon im November 1944 von Axmann den Befehl erhalten haben soll, »die gesamte HJ für die Ziele des Werwolf auszubilden«. In der Nähe Bonns soll sogar, laut Stroop, eine »HJ-Sonderschule Werwolf« eingerichtet worden sein.

Wahrscheinlich meinte er das Wehrertüchtigungslager der Hitler-Jugend in Königswinter, dessen Leiter, HJ-Bannführer Kirsch, erwiesenermaßen mit Hitler-Jungen im »Werwolf«-Einsatz stand. – Insgesamt gilt für Angehörige des »Werwolf«, ob Mann, Frau oder Jugendlicher, ob nun im militärisch-orientierten Prützmann-»Werwolf« eingesetzt oder innerhalb der politisch-motivierten »Werwolf«-Bewegung des Propagandaministers, daß sie in demselben Maße, wie sie sich als einzelne in ideologisch-kämp-

Hitler-Jungen im Kriegseinsatz. Alltägliches Bild im Jahre 1945.

Halbwüchsige unter Waffen – letztes Aufgebot eines geschlagenen Volkes.

Himmler und Axmann besichtigen am 2. Juni 1943 auf dem Truppenübungsplatz Beverloo Hitler-Jungen, die sich freiwillig zum Einsatz in der SS-Division »Hitlerjugend« verpflichtet haben.

Einsam mit der Panzerfaust – so wie dieser deutsche Junge stellten sich Tausende seiner Generation dem Feind entgegen.

ferische Gruppen einfügen ließen, die Freiheit ihres Tuns aufgaben, allerdings nicht selten im Austausch gegen ein überindividuelles, erhebendes, ja, manchmal sogar berauschendes Gemeinschafts- oder Kameradschaftserlebnis. Wie junge Menschen Gruppierungen in Kriegsnot empfanden, beschrieb zum Beispiel ein damals siebzehnjähriges Mädchen mit den Worten:
»Jenes stumme Zunicken, jenes stille, wortlose Verstehen zwischen Menschen, die oft nichts voneinander wußten. Da dachte keiner an Rang und Titel, da fiel alles Äußere wie eine Maske ab, das waren Menschen in ihrer ganzen Menschlichkeit.«
Da gab es aber auch jenen starren, ganz nach innen gerichteten Blick, der einen Überblick nach außen verhinderte; Pflichterfüllung verlangte ja nur Übersicht im engbegrenzten Bereich unmittelbar zugewiesener Aufgaben; höheren Überblick hatte die Führung, sie sah und erteilte Befehle, sie verlangte und erhielt blinden Gehorsam.
»Die Ausschließlichkeit des fanatischen Engagements«, wie bei »Werwolf«-Trupps, »machte den Dienst und die Pflicht zu Mitteln erbarmungslos lebensfeindlicher Brutalität bis zu eigener Selbstauslöschung«. So entstanden damals, entstehen heute und werden morgen wahrscheinlich wieder entstehen jene fanatisierten Gruppen: Vigilanten, Franktireurs, Freikorps, Landsturm, Schutzbünde, Feme, Fünfte Kolonnen, »Werwölfe«...
Wie bei anderen – keinesfalls nur deutschen – ideologisch bestimmten, fanatisierten und in die Enge getriebenen Einheiten bestand auch beim »Werwolf« eine doppelbödige Freund-Feind-Moral: Hier gut, dort Böse; herkömmliche Moral galt nicht mehr. Innerhalb der Einheit erschienen Aktionen wie Reaktionen, und Übergriffe, für die man sich sonst zumindest geschämt hätte, als verständliche Notwehr. Nicht, daß man Gewalt gerne ausgeübt hätte – obwohl aggressive Gruppen als soziale Institution selbst verbotene Triebbefriedigungen sanktionieren – nein, geliebt wurde der Sieg, selbst der kleinste, das Niederwerfen einzelner Gegner, einer gegnerischen Gruppe, der Triumph eines wenn auch nur momentanen Überlegenseins, ganz besonders in der paradoxen Situation des Zusammenbruchs.
In der Endphase des Zweiten Weltkrieges stand bei bestimmten Kampfgruppen Erfolg für Recht.
Hitler und seine fanatischen Parteiführer setzten als Bankerot-

teure auf die epidemische Wirkung von Gewalt. War Gewalt ansteckend, dann würde der »Werwolf« als Institution die beabsichtigte Kettenreaktion auslösen. Fanatisierte, instinktiv angestachelte Menschen würden sich dann zu Taten hinreißen lassen, die sie bei Bewußtsein niemals gewagt hätten, ja, die nach Erziehung und Kultur nicht einmal als möglich in Betracht gezogen worden wären. Kollektiv institutionalisierte Aggression – diese etwas schwerfällige Formulierung umfaßt das, was die fanatischen nationalsozialistischen Parteiführer gegen Ende des verlorenen Krieges wollten, jene Enthemmung und Brutalisierung, wie sie etwa zur gleichen Zeit bei Russen in den deutschen Ostgebieten beobachtet werden konnten. In jedem Menschen, auch im deutschen, steckten latente Aggressionen – das Tier mußte nur heraus! Politisch-motivierte »Werwolf«-Gesinnung bedeutete wildes Sich-selbst-behaupten, trotzigen, eben deutschen Widerstand sowie Furchterweckung durch freigesetzte kollektive Kraft, notgedrungen mit der Konsequenz tiefer Verstrickung der Akteure. Diese mußten nun aber auch wirklich letzte Hoffnungen aufgeben, jemals resozialisiert zu werden – außer in einem nationalsozialistischen Staat, der alles sanktionieren und noch besonders belohnen würde, vorausgesetzt, man siegte doch noch.

Man siegte nicht.

Infolgedessen wurden Verbrecher wie Verbrecher bestraft, und darüber hinaus auch diejenigen, die nichts weiter getan hatten, als einem »Werwolf«-Trupp anzugehören:

»Unbestritten ist«, hieß es nach dem Kriege in einer Urteilsbegründung, »daß die Beteiligten sich sämtlich... als Mitwirkende am Rottendelikt schuldig machten, in dem die Rotte das eigentliche Subjekt der strafbaren Handlung war und der Einzelne, der sich ihr beigeschlossen hatte, für das, was von der Rotte oder unter deren Schutz verübt worden ist, mitverantwortlich wurde. Jeder Einzelne hatte in diesem Falle auch mit die Schuld des anderen zu tragen, da er sich sagen mußte, daß durch das Zusammentreten der Rotte auch die innere Festigkeit und Zuversicht des Einzelnen wuchs. Nach der Judikatur des Reichsgerichts genügt zum dolus (Vorsatz) das Bewußtsein, daß man sich in einer Zusammenrottung befinde, welche Gewalttaten begeht oder zu Begehen im Begriffe steht.

Unter dieser Voraussetzung trifft die Strafe jeden Teilnehmer«. –

Deutsche Jugend im Nationalsozialismus erfuhr eher Uniformität als Gemeinsamkeit, eher »blinden Glauben und bedingungslosen Gehorsam« als Eigenverantwortung und persönliche Bestimmung – sie hatte ihre »innere Freiheit einem starren Fanatismus« geopfert.
Für diese schicksalsbedingte Verirrung mußte diese Generation dann allerdings auch mit dem allerhöchsten, jemals dagewesenen Blutzoll büßen.

9. *Ausbildung von Angehörigen der Kleinkrieg-Organisation »Werwolf«.*

Wesentlich für Erfolg oder Mißerfolg war nach Meinung maßgeblicher Männer in Prützmanns Stab weniger die ideologische Verfassung der Angehörigen dieser Spezialtruppe, als vielmehr Stehvermögen und – Qualität der Ausbildung.
Vom Reichskommissariat für die Niederlande kam als Leiter der Ausbildung ein siebenundvierzig Jahre alter Kleinkrieg-Experte, der in jungen Jahren zunächst Angehöriger der Brigade Ehrhardt und dann später Landesschutzoffizier gewesen war, bevor er daranging, den »Jung-Stahlhelm« in Brandenburg aufzubauen. Dieser erfahrene Mann kannte das Konzept des »Feldjägerdienstes« bis in Einzelheiten. Auch im scharfen Einsatz hatte er seinen Mann gestanden; die dritte schwere Verwundung traf ihn in Rußland als Kommandeur eines Panzergrenadier-Bataillons. »Nicht mehr kriegsverwendungsfähig«, wie es damals im Amtsdeutsch hieß, leistete er für die Dauer eines Jahres als Leiter der Mob-Abteilung der Partei-Kanzlei Vorarbeit für den Volkssturm; konkrete Aufgabe: Förderung der Kriegführung aus personellen und materiellen Möglichkeiten der Partei.
Über Jahrzehnte war er jedoch eines geblieben – Fachmann für schlagkräftigen Grenzschutz durch Einsatz von Freiwilligen-Verbänden, der als Richtschnur unbeirrt eine soldatische Linie betonte und dem der Deckname »Werwolf« für Kleinkrieg-Verbände schon im Herbst 1944, als er zu Prützmann kam, überhaupt nicht gefiel.
Konnte er den Namen auch nicht ändern, führte sein Einfluß doch dazu, daß man, besonders in Ostdeutschland, auf ehemalige »Feldjäger« zurückgriff und diese als Ausbilder von »Werwolf«-Trupps einsetzte. Lehrgänge für Truppführer fanden in der Nähe

eines Rüstungsbetriebes statt, der unter anderem auch Kriegsgefangene in der Panzerproduktion beschäftigte, und zwar im sogenannten »Versuchshof« der Division Brandenburg Quenzsee bei Brandenburg. Wegen der Schwierigkeiten, an genügend viele ehemalige Angehörige des »Feldjägerdienstes« heranzukommen, war Prützmanns »Werwolf« in erster Linie auf die Ausbildungskapazitäten des SS-Jagdverbände angewiesen. Aufgrund von Initiativen der HSSPF in den einzelnen Gauen standen in erstaunlich kurzer Zeit Ausbildungseinrichtungen überall in Deutschland zur Verfügung.
Auerbach schreibt in seinem »Werwolf«-Gutachten vom 20. April 1956 den »Fachleuten der SS-Jagdverbände (Skorzeny)«, aber auch Wehrmacht-Offizieren die Ausbildung freiwilliger »Werwölfe« zu, hauptsächlich in Sabotage- und Agententätigkeiten »verschiedener Art«.
Als Ausbildungsstätten wurden Neustrelitz und Lübbecke bekannt, letztere vom Leiter der Ausbildung von seinem damaligen Wohnsitz, Minden, aus eingerichtet. Im Lager Neustrelitz erhielten unter anderem auch Norweger eine Spezialausbildung. Die Heeresschule II, Truppenübungsplatz Klein-Karpaten, bildete als Führer von »Werwolf«-Trupps freiwillige Soldaten aus, die feindbesetzten Ost- und Westgebieten entstammten. Weitere Ausbildungslager bestanden in Eltville bei Wiesbaden, auf Schloß Hülchrath bei Grevenbroich sowie in Martinsthal im Rheingau. Auf dieser letztgenannten Schule wurden Teilnehmer nicht nur speziell für den Untergrundkampf gedrillt, sondern zugleich auch systematisch mit Haß gegen den Feind erfüllt, insbesondere durch grauenvolle Detailschilderungen der Folgen alliierter Bombardierungen in Deutschland.
Für den Bereich Westmark stellte Prützmann den SS-Stubafü Dr. B. zur Verfügung, dessen Funktion Stroop als verantwortlicher HSSPF erweiterte, indem er ihn als Hauptkoordinator für alle »Werwolf«-Angelegenheiten sowie auch für die »Werwolf«-Schulung einsetzte.
Schloß Hülchrath, Ausgangspunkt des Oppenhoff-Kommandos, ein kleines mittelalterliches Schloß, in dem bereits ein Teil des Stabspersonals des HSSPF West untergebracht worden war, lag versteckt und verkehrsgünstig in der Nähe von Neuß am Rhein; Fernstraßen erlaubten schnelle Bewegungen in alle Hauptrich-

tungen. Ein Oberstleutnant des Ersatzheeres, der schon im Ersten Weltkrieg gedient hatte, sowie ein SS-Stubafü aus dem Stabe des HSSPF West, Gutenberger, leiteten hier die Ausbildung. Schon beim Bau im zwölften Jahrhundert maßgeblich gewesene Sicherheitsüberlegungen kamen nun auch der neuen Belegschaft zugute. In einem ummauerten, von hohen Bäumen umstandenen Innenhof, zugänglich nur durch zwei getrennte, enge und leicht kontrollierbare Durchlässe, fand das eigentliche Training statt, vorzugsweise bei Nacht. »Werwölfe« sollten beizeiten lernen, den Hauptverbündeten, die Dunkelheit, richtig auszunutzen. Theoretische Schulung wurde am Tage in gutbewachten Untergeschoßräumen durchgeführt.

So wie in Hülchrath übten an mehreren Orten in Deutschland »Werwölfe«, rasch und geräuschlos nachts, ohne sich und eigene Leute zu gefährden, äußerst gewagte Aufgaben unter den Augen des Feindes zu erfüllen.

Taktikunterricht bezog sich auf praktische Winke über zweckmäßiges Verhalten zum Erreichen des Einsatzraumes, Auswahl von Zerstör- und Kampfzielen, Aufklärung und Erkundung, Marsch, insbesondere Nachtmarsch, Planung, Zerstörunternehmen, Hinterhalt; im einzelnen: Anschleichen nach Indianerart; Tarnen je nach Witterung, Beleuchtung, Jahreszeit; »Verdrücken« in vorbereitete oder vorher erkundete Verstecke – Erdlöcher, Höhlen, Dickichte, Bunker, geschützte Baumkronen oder Verstecke anderer Art; Spurenkunde, also Spurenlesen, das Anlegen täuschender Spuren, die Art, eigene Spuren zu vermeiden. Schließlich erörterte man verschiedene Möglichkeiten bei Überfällen und anderen Kampfsituationen, bis hin zu Absetzbewegungen, Sichern der Ruhe, Schutz vor Gegenschlägen.

Zunächst noch ohne Konzept und generelle Weisungen von oben, gestaltete sich die improvisierte »Werwolf«-Ausbildung unterschiedlich. Später stellte sich dann allerdings heraus, daß man die Aufgabe überall ungefähr gleich aufgefaßt hatte; in Zielrichtung und Methodik herrschte jedenfalls auch ohne große Absprachen weitgehende Übereinstimmung.

Da irregulärer Kampf von »Werwölfen« aus dem Untergrund und Hinterhalt offenen Kampf von vornherein ausschloß, sollte zivile Erscheinung, zur Schau getragene Harmlosigkeit sowie der Eindruck offensichtlicher Ungefährlichkeit mögliche Opfer in Sicher-

heit wiegen. Dementsprechend sollten sich »Werwölfe« tagsüber völlig normal und unbefangen im Gelände, in Ortschaften oder Städten bewegen.
Allerdings warfen »Werwolf«-Einsätze im Westen Deutschlands Probleme auf. Abgesehen vielleicht vom Schwarzwald und Gebieten der Eifel, ließen Besiedelungsdichte, gut ausgebaute und weitverzweigte Verkehrsnetze relativ geringe Chancen, geheime Stützpunkte und Versorgungsbasen zu unterhalten. Es schien hier fast unmöglich, sich auf die Dauer unbemerkt im Gelände zu bewegen – in der Tat weniger günstige Voraussetzungen für einen langfristig geplanten Untergrundkampf als in Ostdeutschland, wo in den Weiten Pommerns, in Teilen der Mark Brandenburg sowie in den ausgedehnten Waldregionen Ostpreußens Voraussetzungen eher vorhanden waren.
Wichtig war die Mitarbeit der Volksgenossen.
Zuträger aus der Bevölkerung, vorzugsweise Frauen und Mädchen sowie verständige Kinder, würden dem »Werwolf« Informationen liefern: Anzahl, Truppenstärken und Bewaffnung des Feindes, seine Gewohnheiten, Postenzahl und Postenstärke, Schwachstellen, günstige Angriffspunkte und so weiter.
Feindliche Posten verschwanden dann plötzlich an geländegünstigsten und schwächsten Stellen in der Dunkelheit auf »kaltem Wege« – erwürgt, erstochen, erschlagen, möglichst ohne Gebrauch von Schußwaffen oder Handgranaten. Mit Sprengladungen jagten dann Vernichtungstrupps an vorher genau bestimmten Stellen Objekte in die Luft: Munitionsdepots, Magazine, Vorratslager, Unterkünfte, Kasinos und dergleichen. In der entstehenden Verwirrung hatten sodann andere, auf der Lauer liegende »Werwölfe« auf alles zu schießen, was sich im Feindbereich blicken ließ. Bald darauf würde dann eine dritte »Werwolf«-Gruppe weiter weg durch plötzliches Ablenkungsfeuer die Aufmerksamkeit von Abwehrkräften des Feindes auf sich ziehen. Dadurch würde sich der Haupttrupp gefahrloser absetzen können, um sofort seinen Standort über wenigstens zehn Kilometer Entfernung in ein vorbereitetes neues Lager zu wechseln.
Lohnende Ziele boten, ganz im Stile sattsam bekannter Untergrundaktivitäten, meist sorglose Einheiten, wie Versorgungskompanien, Nachschub-, Munitions- und Nachrichtenkolonnen, Lazarette, Hauptverbandsplätze, Kraftstofflager, Generatoren, Ener-

giezentralen, Tankstellen, Fahrzeug- und Gerätedepots, Störungssuchtrupps. Einzelfahrzeuge überfiel man am besten an Gipfelpunkten von Steigungen oder in natürlichen Engpässen.
Kleinere Kolonnen mußten bis auf den letzten Mann niedergemacht werden, damit der rasche Rückzug nicht gefährdet wurde.
Erbeutete Kampfmittel und Versorgungsgüter ergänzten eigene Bedarfslücken, wobei jedoch jeder nur soviel mitnehmen durfte, wie er ohne Gefährdung des schnellen Rückzuges tragen konnte.
Rückzüge mußten bedacht und auch in die Tiefe des Fluchtraumes hinein gesichert sein; möglichst ausgedehnte Waldungen waren besonders willkommen, hier konnte man gut untertauchen.
Im Stadtkampf lief nach einem Überfall alles in sämtliche Richtungen auseinander; später konnte man sich dann um so sicherer am vereinbarten Treffpunkt sammeln.
Durch genaue Ortskenntnisse waren »Werwölfe« anderen um Längen voraus.
Gelegentliche Schlupfwinkel im Gelände mußten gesichert werden, am besten durch Minengürtel, aber auch durch Selbstschußanlagen und Stolperdrähte, letztere verbunden mit dem Abzug von Handgranaten. Auch auf absolut sauberes, feindfreies Vor- und Umfeld war zu achten. Wachsame Posten schützten Lager im Gelände rund um die Uhr, wobei selbst ruhende »Werwölfe« in ihrer Bereitschaft nicht nachlassen durften; Waffen mußten, wo auch immer, jederzeit griffbereit sein.
Niemals durften Initiativen aus der Hand gegeben werden. Beste Verbündete waren Nachlässigkeit, Bequemlichkeit und Unvorsicht der Gegner; die günstigste Aktionszeit lag zwischen Mitternacht und drei Uhr morgens.
Bevorzugte Ziele größeren Stils waren feindliche Verwaltungs- und Versorgungsanlagen. »Werwölfe« sollten in Gemeindeämtern Verwaltungsarbeiten unmöglich machen, Steuerlisten und Strafunterlagen vernichten und Formulare, Stempel, Dienstsiegel, Büromaschinen sowie Schreibgerät beiseite schaffen. Auf dem Lande sollten Zentralgenossenschaften, Molkereien, Brennereien, Sägewerke, Reparaturwerkstätten, Maschinenparks sowie andere Produktions- und Versorgungsbetriebe Ziele von »Werwolf«-Überfällen sein, wobei immer auch an die eigene Versorgung zu denken war.
Man dachte an ein im Laufe der Zeit weitverzweigtes Netz von

»Werwolf«-Stützpunkten, welches möglichst ganz Deutschland überziehen sollte. Örtlichen Rudeln sollte es genügen, spezifische Aufgaben zu kennen und zu erfüllen; der Zusammenhang mit anderen Trupps blieb eher lose – Verrat, an sich undenkbar, sollte erschwert werden. Aus den örtlichen, sich bestens auskennenden Organisationen hatten dann jeweils erforderliche Einsatzkommandos gebildet zu werden, Versammlungen zur militärischen und ideologischen Schulung förderten den Zusammenhalt.

In der Waffenausbildung dominierten Übungen mit Gewehr, Pistole, Dolch und Messer. Maschinenpistolen galten als geeignetste Waffen für plötzliche Vorstöße und schnelle Überfälle.

Da anfangs bei der Auswahl Angehörige bestimmter naturverbundener Berufe wie Förster, Bauern, Gendarmen, oder Männer mit besonderen Neigungen und Fertigkeiten – Jäger, Sportler, Sprengmeister – bevorzugt worden waren, konnte die Zeit der Ausbildung in den Kampfschulen im Hinblick auf Vorkenntnisse im Schießen, Pirschgang und so weiter ziemlich kurz bemessen werden.

Als Maxime galt jedoch: Kein Schema; Ausbildung je nach Einsatzraum und Auftrag.

Ein Schwerpunkt militärischer »Werwolf«-Ausbildung lag auf dem Erlernen von Spreng- und Zerstörtechniken. Eine trotz knapper Zeit möglichst gründliche Einweisung im Gebrauch von Zerstörmitteln galt als eine der Hauptvoraussetzungen für ein Gelingen des jeweiligen Kampfauftrages, wobei als Richtschnur die übliche Pionierausbildung diente. Die Waffen-SS verwendete als Lehrmittel einen »Atlas der Sabotagemittel«. Jeder Teilnehmer an der Ausbildung sollte möglichst gut wichtige Handgriffe beherrschen lernen, um eine Montage von Sprengmitteln, deren Einbau am Objekt, das Zünden ohne Gefährdung der eigenen Person und der Kameraden bei Dunkelheit unter größter Nervenanspannung in höchster Gefahr fehlerfrei vornehmen zu können.

Im einzelnen lehrte man:

Kenntnis, Beurteilung und praktische Anwendung von gebräuchlichen eigenen und erbeuteten Spreng- und Zündmitteln, auch gewerblicher Art, sowie Spreng- und Zündgerät; Anwendung chemischer Mittel, zum Beispiel Säuren; improvisierte Zerstörungen mit Hilfe aller möglichen Gegenstände und Mittel am Ort (Axt, Spaten, Knüttel und so weiter).

Vor jedem Einsatz mußte erkundet werden, wo am besten Sprengkammern für zu zerstörende Objekte einzubauen, beziehungsweise wo Sprengladungen anzubringen waren. Erst danach konnten der Bedarf an Sprengmunition, Minen, Kabel sowie die erforderliche Zeit berechnet werden.
Gewöhnungssprengungen nahmen den Teilnehmern die Scheu.
Da mit Nachschub im Einsatzraum grundsätzlich nicht gerechnet werden durfte, sollten zur Gewährleistung einer bodenständigen Kampfesweise nicht mitzuführende Teile der Ausrüstung in der Nähe voraussichtlicher Verwendungsstellen und in sonstigen versteckten Lagern untergebracht werden.
Bei der Ausstattung mit Spreng- und Zündmitteln unterschied man zwischen Kampfbedarf, also dem mutmaßlichen Bedarf für unvorhergesehene Kampfaufgaben aller Art, und Objektbedarf, der Art und Menge zur Erfüllung bestimmter Zerstöraufgaben.
Abgesehen vom Einsatzraum, der ja in der Regel hinter den feindlichen Linien tief im besetzten Gebiet, der Heimat der »Werwölfe«, lag, unterschieden sich »Werwolf«-Einheiten auch insofern von regulären Fronttruppen, als sie keine echten, sondern gefälschte, irreführende »Ausweise, Briefe, Fotos« mitführten, wozu noch eine überzeugend klingende »Legende« gehörte: Erfindungen über Vorleben, Familie, eigene Einheit, Kampfauftrag – zur »Täuschung des feindlichen Nachrichtendienstes«.
Bei aller Betonung von Improvisation und Phantasie war »rücksichtslose Kühnheit bei der Durchführung eines Unternehmens« nach Ansicht der »Werwolf«-Ausbilder nur im Rahmen einer möglichst klaren, auf die jeweilige Aufgabe bezogenen Planung unter Einschluß »sorgfältiger Prüfung der Erfolgsmöglichkeiten« angebracht, wobei man jedoch niemals in ein Schema fallen dürfe.
Diese Selbstverständlichkeit wurde als wichtiger Führungsgrundsatz im Kleinkrieg hervorgehoben; Rückschläge seien hier jedenfalls viel riskanter als im »großen Krieg«.
Theoretisch sollte sich ein Kleinkrieg im Sinne der »Werwolf«-Kampfanweisung aus kleinsten Anfängen heraus in drei Stufen entwickeln: Vom passiven Widerstand, Einzelkämpferhandlungen und Einsätzen kleinster »Werwolf«-Gruppen über Einsätze von Jagdgruppen und Jagdzügen bis zum Einsatz »kampfkräftiger Streifkorps«, der »letzten Stufe«, bevor das Stadium eines allgemeinen Volksaufstandes als Erscheinungsform des »großen Krie-

ges« erreicht werde. Von den beispielsweise angeführten Aufgaben entsprach allerdings nur eine einzige der in Deutschland tatsächlich gegebenen Situation: Auf Anforderung der politischen und der großen Kriegsführung käme ebenfalls in Betracht ein Kampf um Zeitgewinn unter Einsatz aller Mittel in Perioden eigener Schwäche und nach schweren Rückschlägen der großen Kriegsführung. An dieser Stelle in der Kampfanweisung war schließlich auch von »rücksichtsloser Selbstaufopferung« die Rede, ja, sogar von Zusammenbruch des Regimes.

Selbstaufopferung der »Werwölfe«, Zusammenbruch – ja; aber als Hoffnungsschimmer bezeichnete man auch hier wieder jene im Jahre des deutschen Zusammenbruchs oft beschworene »scheinbar aussichtslose Lage«, weil es einfach darum ging, Kampf um Zeitgewinn mit allen Mitteln »in den Räumen, wo der Gegner am empfindlichsten ist, ...zur höchsten Wirksamkeit« zu steigern.

Noch so heroischen, letztlich aber doch sinnlosen Untergang des ganzen deutschen Volkes schienen die soldatisch denkenden Instrukteure des Prützmann-»Werwolf«, ganz anders als etwas später fanatische Führer der NSDAP, jedenfalls nicht ins Auge gefaßt zu haben. Vielmehr verschwiegen sie nicht mögliche Grenzen des Kleinkrieges, die etwa in mangelnder Unterstützung durch die Bevölkerung, fehlendem Rückhalt in »eigenen starken Verbänden« sowie schließlich in nicht mehr möglicher Verbindung auf dem Luftwege bestehen könnten.

Für die Zeit vom 3. bis 5. Dezember 1944 beorderte Prützmann alle »Werwolf«-Führer zu einer Zusammenkunft nach Potsdam. Unter den Teilnehmern befanden sich auch viele HJ-Führer, die zu aktiver Betätigung im »Werwolf« aufgerufen werden sollten. Außer üblichen politischen Appellen und Verbreitung von Siegeszuversicht standen hauptsächlich Fragen über Gewinnung, Organisation und Einsatz von »Werwölfen« zur Erörterung an.

Eine Arbeitstagung von Kleinkriegspezialisten, die kurz danach in Birkenwerder stattfand, ergab als »dringend erwünscht«, »notwendig« und »vordringlich«, engste Zusammenarbeit sämtlicher Kleinkrieg-Verbände, »einheitliche Steuerung sowie Zusammenfassung« aller Erkenntnisse »zwecks laufender Auswertung«.

In der ersten Februarwoche 1945 kam Befehl aus Berlin, die etwa fünfzig jungen Männer und Frauen im westlichen Trainingslager Schloß Hülchrath, deren Ausbildung beendet war, in Gruppen

von je sechs Personen aufzuteilen. Jede dieser Gruppen sollte aus vier Männern, einer Frau und einem Jugendlichen bestehen; denn, wie Prützmann erklärte, »Jungens und Frauen erregen als Späher in besetzten Gebieten kaum Verdacht«.
Die Männer sollten sich innerhalb der Gruppen in zwei Rotten gliedern, wobei jeder einzelne in der Lage sein mußte, Aufgaben des anderen zu erfüllen, falls dieser getötet, gefangengenommen oder aus anderen Gründen nicht mehr in der Lage sein würde, Befehle auszuführen.
Als Leutnant Wenzel den ihm übertragenen Tötungsauftrag infolge plötzlicher Hemmungen nicht an dem arglosen Oberbürgermeister von Aachen vollziehen konnte, nahm Leitgeb, sein Stellvertreter, die Pistole an sich und schoß.
Das Prützmann'sche System galt jedoch nicht allgemein.
Im Bereich Rhein-Westmark bevorzugte man zum Beispiel ein Vierer-System für sogenannte »Grundeinheiten«: ein Führer und drei Mann, wobei zumindest jeder »Werwolf«-Führer die Spezial-Kampfschule absolviert haben mußte. Obwohl Flexibilität oberstes Gebot sein sollte, stellte man Regeln auf: Jeder Grundeinheit hatten mindestens drei Verstecke und geheime Lager zur Verfügung zu stehen; zehn Grundeinheiten oder Gruppen besetzten jeweils im Abstand von zehn Kilometern einen »Sektor«; sechs bis acht Sektoren bedeckten einen »Werwolf-Abschnitt«.
Anfang 1945 standen im Wehrkreis XII etwa 1100 »Werwolf«-Kämpfer nach diesem System unter Waffen.
Junge Wehrmacht- und SS-Offiziere, regimetreue Mannschaften, Hitler-Jugend, Reichsarbeitsdienst sowie unbeirrbare Nationalsozialisten glaubten an den Erfolg des »Werwolf«, nachdem sie entsprechend ausgebildet worden waren. Von nationalsozialistischem Geist erfüllt, unterwarfen sie sich überall einem fortgesetzten Training, das immer neue Fertigkeiten vermittelte, darunter gelegentlich auf Giftanwendung.
Giftmittel gehörten offenbar international zur Ausstattung konspirativer Gruppen.
Als am 18. Oktober 1942 die Sabotageorganisation N.V.M. (Nederlandsche Volksmiliz) in Den Haag aufflog, fielen der Gestapo 118 Personen in die Hände; einer der Anführer entzog sich der Festnahme, indem er sich erschoß. Sichergestellt wurden Lageskizzen wehrwichtiger Anlagen, elektrische Sprengladungen,

Zeitzünder, Säuren, chemische Formeln und anderes Sabotagematerial englischen Ursprungs, darunter auch Gifte und Giftampullen.

Als man am 3. Dezember 1942 in Warschau eine Vierzimmerwohnung voller Sabotagemittel entdeckte, befanden sich unter Hunderten von Termitbrandsätzen, die als ½-kg-Päckchen Silberbronze getarnt waren, unter Säurezündern, Parafin und massenweisem Cheddit-Sprengstoff in harmlosen Umhüllungen von »Vorratsschutzmitteln gegen Kartoffel- und Rübenfäule« auch Mengen an Giften und Behälter mit Typhusbazillen, anderen Bakterienstämmen sowie Füllfederhalter mit Gebrauchsanweisungen zur Bakterienverbreitung. Anhand von Schriftstücken ergab sich, daß bereits weit mehr Sabotagematerial als das aufgefundene in die Hände von Anwendern gelangt war, darunter auch neun Kilogramm Arsenik.

Beim »Werwolf« änderten sich Weisungen und Belehrungen über Aufgaben und Einsatz rasch noch mehr.

War zu Beginn fast nur von Sabotage- und Störaktionen in besetzten deutschen Gebieten gegen eingedrungene feindliche Truppen die Rede gewesen, kam schon wenige Monate später, nachdem Goebbels seinen unheilvollen Einfluß gefestigt hatte und in die »Werwolf«-Führung massiv eingriff, die sogenannte »Betreuung« innerer Feinde hinzu.

Plötzlich war der »Werwolf« nicht mehr geheim. Eine offenbar zu allem entschlossene Gemeinschaft fanatisierter Volksgenossen, ganz gleich, ob militärisch ausgebildet oder nicht, schien nun überhaupt keine Gesetze, Statuten oder exakte Kampfanweisungen mehr zu benötigen. Vielmehr genügten knappe Entscheidungen von Personen »mit Initiative« aus der jeweiligen Situation heraus, ein Kopfnicken, ein paar knappe Befehle, Zettel mit Namen und flüchtige Ortsangaben.

»Rächer deutscher Ehre« bedurften kaum noch militärischer Ausbildung; es genügte der Entschluß, zu töten.

10. Theorie der »Werwolf«-Taktik. Ursprüngliche Ziele.

Nachdem die »Werwolf«-Ausbildung vielerorts bereits auf vollen Touren lief, erhielten sachkundige Offiziere von Bandenkampfverbänden und Jagdeinheiten den Auftrag, Erfahrungen aus erbittertem Kleinkrieg mit gegnerischen Banden, Partisanen und Widerstandsgruppen auf Anwendbarkeit in eigenen sowie mit der deutschen Sache verbundenen nationalen Widerständen zu prüfen und positive Ergebnisse in einer Kampfanweisung für den »Werwolf« kurz zusammenzufassen.

Am 4. Januar meldete SS-Stubafü Ehrhardt in einem geheimen, mit der Hand geschriebenen Brief an SS-Ostubafü Bühnemann »oder Vertreter im Amt« bei der Dienststelle RFSS Chef BKV, Abt. Ia, inzwischen seien drei Vorschriftenentwürfe bearbeitet worden, und zwar eine Sabotageanweisung, eine Anweisung zu konspirativer Arbeit sowie eine Vorschrift über Kleinkriegführung. »Redaktioneller Abschluß unter Angleichung an Merkblatt 69/3 in Krakau«; von dort aus würden Probeabzüge versendet werden.

Als Ergebnis lag noch im Januar 1945 eine Kleinkrieganweisung im handlichen Format 13x10 cm vor, in welcher unter dem Titel »Werwolf« in sechs Kapiteln und drei Anhängen auf achtzig Seiten »Winke für Jagdeinheiten« (Untertitel) gegeben wurden.

Die einzelnen Kapitel lauteten im Originaltext:

I. Der Kleinkrieg (Seiten 5–11)
II. Aufstellung von Jagdeinheiten (Seiten 12–16)
III. Ausbildung (Seiten 17–35)
IV. Taktik (Seiten 36–58)
V. Kampf gegen Feindagitation (Seite 60)
VI. Unterkunft und Verpflegung (Seiten 63–71).

Anhang I gab Anhaltspunkte zur passendsten Ausrüstung eines »Jägers«; Anhang II erklärte zweckdienliche Benutzung des Marschkompasses; Anhang III schließlich vermittelte auf viereinhalb Seiten Tips für wirksamen Lufteinsatz – Fallschirmabsprünge, Versorgung aus der Luft, Landungen mit Motorflugzeugen oder Lastenseglern.

Achtundzwanzig Zeichnungen veranschaulichten einige der vielen praktischen Winke zur Kleinkriegführung.

Ganz offensichtlich hatten hier erfahrene Soldaten für Soldaten geschrieben. Wenige ideologisch gefärbte Passagen verblaßten unter der Fülle militärischer Details, deren leicht verständliche Darstellung auch ungeübten Kleinkriegkämpfern nützlich sein konnte. Außer im Titel kam der Begriff »Werwolf« nirgendwo sonst vor. Vielmehr besprach man »Kleinkrieg«, welchen »Kleinkriegkämpfer« oder »Jäger« in »Jagdeinheiten« oder »Streifkorps« unter allen Regeln der Kriegskunst erfolgreich führen sollten. Tatsächlich war das kleine Handbuch zunächst in allen mitteleuropäischen Sprachen für verbündete nationale Widerstandsgruppen erschienen. Erst danach befahl man eine Sonderauflage der deutschsprachigen Ausgabe für den »Werwolf«, die dann auch vereinzelt in die Hände der Männer hinter der Front gelangte.

In der »Werwolf«-Ausgabe dieses Handbuches hieß es, Wesen des Kleinkrieges sei es, Unterlegenheit in bezug auf Truppenstärke und Material durch besondere Kampfweisen und Kampfmittel, bessere Landeskenntnisse, Kühnheit des Entschlusses, List, Täuschung und äußerste Entschlossenheit wettzumachen. Diese These wurde auf Seite 12 im Kapitel II., Ziffer 1. »Allgemeine Anforderungen« noch einmal mit aller Eindringlichkeit wiederholt. »Nicht die Stärke der eingesetzten Einheiten und die Masse ihrer Waffen«, gäben letztlich den Ausschlag, »sondern der innere Wert der Kämpfer, ihre Kühnheit, Schlauheit, ... Gewandtheit, ... Begeisterung, ... Einsatzfreude, Härte, Zähigkeit«. Vor allem Härte und Kampftüchtigkeit bestimmten nach Ansicht der Autoren des Handbuches und ihrer Auftraggeber die Erfolgsaussichten.

Dabei sei dem Kleinkrieg als wesentlichem Bestandteil neuzeitlicher Kriegsführung nicht nur vorübergehende Bedeutung zuzumessen. In langen Kriegen »und in Zeiten politischer Umwälzungen« könnten seine Ergebnisse sogar ausschlaggebend, kriegsent-

scheidend sein. Ein »hart, entschlossen und mit klarer politischer Zielsetzung geführter Kleinkrieg« werde insbesondere im Rücken und im Lande des Feindes geführt, sowie in feindbesetzten Gebieten und in Ländern, die mit dem Feind kooperierten oder die für seine Kriegsführung, Wirtschaft und Politik von besonderer Bedeutung seien.
Als »Ziele der Kleinkriegführung« galten nun ganz offiziell Störung und Vernichtung von Feindkräften, Nachschub, Verkehrs- und Nachrichtenverbindungen, Industrie- und Versorgungsanlagen, Bindung feindlicher Truppen und Kräfte, Aufklärung und Ausspähung, aber auch »Ausrottung der Helfershelfer des Feindes und Durchkreuzung aller feindlichen Maßnahmen durch rücksichtslosen Kampf. Gewalt gegen Terror!«
Nur in einem einzigen, knappen Satz nahm die sonst zeitlos angelegte Perspektive auf die deutsche Situation des Jahres 1945 Bezug: »In verzweifelten Lagen« sei der Kleinkrieg »das letzte Mittel, Freiheit und Leben des Volkes bis zum Äußersten zu verteidigen«.
Als »Rückgrat der Kleinkriegführung« galten Jagdeinsätze spezieller Jagdeinheiten hinter den feindlichen Linien sowie in feindbesetztem Hinterland. Damit konnten sowohl »Werwolf«- als auch andere Jagdeinheiten, zum Beispiel SS-Jagdverbände, gemeint sein. Solchen Trupps oblag, den Kampf bodenständiger »Werwölfe« und ziviler, politisch-motivierter Widerstandsgruppen zu unterstützen. Kleinkrieg »aus der Bevölkerung heraus« als Widerstandsbewegung wurde als dritte und letzte Organisationsstufe nach Front-Stoßtrupps und Jagdeinheiten erwähnt. Ohne Unterstützung aus dem Volk sei Widerstand auf die Dauer nicht möglich; feindselige Haltung mache eigenen Einsatz unmöglich, denn schließlich bestimmten Versorgungsmöglichkeiten aus dem Lande Einsatz und Einsatzdauer. »Mit allen Mitteln« sei deshalb die Unterstützung durch die Bevölkerung zu erreichen und zu sichern.
Immer wieder wurden in der »Werwolf«-Kampfanweisung als unabdingbare Voraussetzungen erfolgversprechender Kleinkriegführung »Unterstützung der Bevölkerung«, »Mithilfe aus der Bevölkerung«, »Hilfe durch die Bevölkerung«, »Haltung der Bevölkerung« beschworen. In Ziffer 4. »Erfolgsaussichten und Grenzen«, Kapitel I., sprach man offen von der Notwendigkeit eines

Ostjugend im Deutschen Volkssturm. Ausbildung an der Panzerfaust.

Links: HJ folgt überall begeistert dem Appell, feindliche Panzer zu jagen. Hier posiert ein Junge aus einem Wehrertüchtigungslager mit der Panzerfaust – der wirksamsten Waffe jugendlicher »Panzerknacker«, wie sie sich voll Stolz nannten.

Rechts: Schießausbildung der Hitler-Jugend. Die Waffe: Karabiner 98 k, die Standardwaffe deutscher Infanterie.

zuverlässigen Rückhaltes durch geheime Unterstützung seitens der Bevölkerung. Eines schien infolgedessen klar zu sein: Ohne Mithilfe, ohne andauernde Sympathien aus dem Volke selbst mußte jeder »Werwolf«-Krieg scheitern.

Im übrigen bedeutete Kleinkrieg im Sinne eines »Werwolf«-Kampfes einheitlich gesteuerte Aktionen einer Vielzahl kleiner und kleinster, selbständig eingesetzter Verbände, deren Angehörige sich nur gegenseitig kannten, so daß keine weiteren Namen aus ihnen heraugepreßt werden konnten. In Kapitel II., Ziffer 4. »Gliederung« wurde die Jagdgruppe – ein Führer mit vier Jägern – als in der Regel kleinste selbständig operierende Einheit beschrieben.

Ein Jagdzug aus mehreren Jagdgruppen einschließlich Führungstrupp konnte zehn bis vierzig Mann stark sein. »Bei fortgeschrittener Auswirkung« war als letzte Stufe eines Kleinkrieges an eine Zusammenfassung mehrerer Jagdzüge zu einem Streifkorps gedacht.

Aufgaben innerhalb der »Werwolf«-Trupps sollten sich wie folgt verteilen:

Führer
Führer des Aufklärungsdienstes und des Führungstrupps
Politischer Führer
Führer des Funktrupps
Waffen- und Gerätewart
Arzt/Sanitäter
Koch
Verpflegungswart/Rechnungsführer.

Bei kleineren Trupps fielen dem einzelnen Soldaten zwangsläufig mehrere Funktionen zu.

Allerdings sah die Praxis später ganz anders aus.

Ein ehemaliges Mitglied im Stabe Prützmanns beurteilte den ersten Teil der »Winke für Jagdeinheiten« bis Seite 11 skeptisch. »Klare und zielbewußte Planung« sei zwar sehr erwünscht, in der Realität jedoch kaum durchführbar gewesen. Als oberster Grundsatz habe ganz im Gegenteil gegolten: »Kein Schema!«. Nur flexibles Verhalten bot »Werwölfen« in andauernd wechselnden Situationen einigermaßen Überlebenschancen.

Die Schrift sei im Grundsätzlichen und in Fragen der Taktik unausgereift, »teilweise sogar abwegig«. Optimistische Passagen und

»etwas wirklichkeitsfremde Gedankengänge« deuteten auf einen Theoretiker ohne Kleinkrieg-Erfahrung als Verfasser der ersten Seiten hin.

Alles andere aber stimmte.

Abgesehen von vereinzelten Sätzen oder Satzteilen, wie zum Beispiel auf Seite 58: »Erkannte Spitzel sind zu vernichten«, auf Seite 61: »Jede Gelegenheit... feige Unterwürfigkeit (gegenüber dem Feind) auszurotten«, auf Seite 62: »Um so erbarmungsloser sind die Verräter auszurotten«, liest sich die Broschüre »Werwolf. Winke für Jagdeinheiten« streckenweise wie ein Pfadfinder-Taschenbuch.

Die angebliche »Werwolf«-Bestie zeigte sich hier nirgendwo. Heutige Ranger-Anweisungen für Kleinkrieg- oder Guerilla-Spezialeinheiten erscheinen im Vergleich dazu um ein Vielfaches brutaler, grimmiger, erbarmungsloser.

Die Menschheit hat hinzugelernt. –

Im Hinblick auf die Ziele von Kleinkampf-Einheiten, genannt »Werwolf«, richteten sich Erwartungen der obersten deutschen Führung darauf, daß es gelingen könnte, den eisernen Griff der Gegner im Osten, im Westen und in der Luft zu lockern.

Im offenen Feld- und Luftkampf war das nicht mehr möglich. Massiert eingesetzte Kleinkrieg-Trupps, die sich überall heimlich in ihre von Feinden besetzten Heimatgebiete zurückstahlen, um dort möglichst lange an strategisch und taktisch wichtige Zerstörziele heranzugehen und dann Schlag auf Schlag ihr Bestes taten, schienen hingegen durchaus imstande, dem Feind wenigstens für eine Weile die Luft abzudrücken, seiner unheimlichen Kriegsmaschine eine langsamere Gangart aufzuzwingen.

Zeit – das war es, was nationalsozialistische Führer in der Endphase am meisten benötigten!

Hitler brauchte Zeit, »um in dem jetzigen Kriegsstadium einzig und allein... die Zeit zu überbrücken, bis... die neuen Jäger und andere neuartige Waffen... eingesetzt werden können«, wie er am 10. März 1945 im Bunker der Reichskanzlei seinen Mitarbeitern einhämmerte. Immer beschwörendere Befehle, hinhaltend zu kämpfen und Fronten zum Stillstand zu bringen, sollten Zeit zur Aufstellung neuer Armeen verschaffen. Hitler schien zu diesem Zeitpunkt immer noch felsenfest an Abwehrerfolge im Osten zu glauben.

Jodl brauchte Zeit, um 3,5 Millionen Soldaten und unübersehbare Flüchtlingsmassen vor der anstürmenden Roten Armee nach Westen in Sicherheit zu bringen; ihn erschreckte der Gedanke, so viele Menschen mitten im Winter in russische Hände fallen zu lassen. Speer verlangte Zeit, um zerbombte Produktionsstätten und Verkehrseinrichtungen wenigstens notdürftig wieder herstellen zu können, damit wenigstens eine Marginalversorgung der Bevölkerung aufrecht erhalten blieb.

Und Himmler brauchte Zeit, um erste, zaghafte Friedensfühler auszustrecken.

»Wir haben jetzt«, bemerkte selbst Reichsminister Goebbels zu dieser Zeit noch gegenüber seinem persönlichen Referenten, »alles zu tun, und nichts zu unterlassen, was dem Feind schaden und ihn aufhalten kann und was die Frist verlängert, in der sich das Schicksal zu unseren Gunsten wenden kann.« Aber schon früher, im Herbst 1944, schienen dem Minister politische Schritte erst dann wieder aussichtsreich zu sein, wenn dem Verhandlungspartner die Angst im Nacken saß.

Er zielte mit dem »Werwolf« weiter als Himmler und Prützmann: Er wollte den Volksaufstand.

Eine von Hitlers vielen Thesen lautete, der alliierte Soldat ließe in seinem Kampfwert umso mehr nach, je tiefer er in fremdes, »befreites« Land eindringe. Der einfache alliierte Soldat wolle ja schließlich das Kriegsende erleben, und deshalb drücke er sich um wirklich harten Einsatz herum. Ganz im Gegensatz dazu werde der rassisch hochstehende deutsche Mensch seine Heimaterde mit Zähnen und Krallen bis zur Selbstaufgabe gegen Eindringlinge verteidigen.

Hitler nahm das nationalsozialistische Ideal als Wirklichkeit. Als dann jedoch tatsächlich eingetretene Verhältnisse seine These wenigstens zum Teil widerlegten und deutsche Truppen sowie Kleinkrieg-Kommandos trotz aller Tapferkeit dem übermächtigen Druck weder im Osten noch im Westen zu widerstehen vermochten, setzten Hitler und seine Vertrauten nun ganz darauf, den psychologischen Schwellenwert im ganzen deutschen Volk so hoch zu treiben, daß eine Polarisierung auf die Feinde nicht mehr zurückgenommen werden konnte, sondern vielmehr automatisch und unaufhaltsam in einem gewalttätigen Finale gipfeln mußte – so oder so.

Die nationalsozialistische Führungsspitze kannte die Explosivkraft enthemmter Volksmassen. Ihr Ziel richtete sich nun darauf, diese Volkswut zu entfesseln und gegen die Feinde zu richten. Den Gegnern sollte eine Welle erstickenden Hasses entgegenbranden, sie zerschmettern. Man rechnete fest mit psychologischer Anstekkung einer Unzahl labiler Elemente, die nur im Schoße der Masse, mitten in einem mitreißenden Strom, Hemmungen verloren und dann plötzlich doch auf Menschen schießen, diese schlagen und niederknüppeln konnten.
Aggressive Massenhysterie, das war es, was nationalsozialistische Führer wollten!
In ihren Augen mußte sich ein derartiges Elementarereignis als summierte Triebhandlung umso vernichtender auswirken, als urwüchsiger Heroismus mit fanatischem Heldenmut und ekstatischer, verzweifelter Selbstzerstörungswut zusammentrafen.
Infolgedessen zielte Goebbels' in Worte gefaßter »ideologischer Nihilismus« darauf ab, in möglichst vielen, am besten allen Volksgenossen revolutionäre, fanatische Stimmung zu erwecken.
Leitgedanke war die Vision vom Volksaufstand.
Eine Masse wildentschlossener, den eigenen Tod verachtender Männer und Frauen aller Altersklassen würde, wenn sie nur auf einmal spontan losstürmte, feindliche Heere überrennen, Okkupanten mit ihren Leibern ersticken, in ihrem Blute ertränken.
Diese leidenschaftliche, fixe Idee von Männern, die eine allerletzte Karte aus dem Ärmel ziehen und ausreizen wollten, stand nun jedoch in gar keinem Zusammenhang mehr mit jenen ursprünglichen, praktischen Absichten militärischer Kleinkriegführer.
Um aber im Gegensatz zu ehemaligen Absichten das ganze deutsche Volk in Schwung und patriotische Raserei bringen zu können, benötigte man einen politisch-weltanschaulich gefestigten, echt nationalsozialistischen Kampfverband als Initialzünder und Anführer. Höchste Bedrängnis und höchster Mut hatten schon immer verlorene Haufen hervorgebracht. Waren solche Haufen erst einmal organisatorisch zusammengefaßt und zu einem strategischen Reaktionsinstrument entwickelt worden, würden, wie man glaubte, überall in Deutschland energische Männer und Frauen gleich an Ort und Stelle ohne viel Federlesens »zu Taten schreiten«.
Deshalb verwarf Goebbels die Zielsetzungen Prützmanns und rief

im Gegenteil nach einem möglichst radikal wirkenden »Werwolf«. Nur noch Terror und Schrecken verbreitende »Werwölfe« schienen ihm, Bormann, Ley und Hitler das einzige wohlfeile Mittel dafür zu sein, die bestehende Gewalt und Willkürherrschaft selbst noch im Augenblick des Zusammenbrechens zu stützen.
»Werwölfe« als Träger einer völkischen Idee würden als »Rächer deutscher Ehre« für alles auftreten, was dem deutschen Volk in diesem Krieg an Leid zugefügt worden war. In revolutionärem Reizklima würde sicherlich jede politische und wirtschaftliche Befriedung des Landes von vornherein sabotiert.
So lagen denn auch tatsächliche Bedeutung und Gefährlichkeit des politisch-fanatischen »Werwolf« weniger in seiner militärischen Stärke, als vielmehr in seiner immanenten Provokation: Er forderte die riesige Macht der Alliierten heraus und erzwang Unterdrückung des besiegten deutschen Volkes. Ein unterdrücktes Volk aber würde sich mit umso größerer Wahrscheinlichkeit zum Widerstand aufraffen, dachten die nationalsozialistischen Führer. Und sie dachten noch weiter!
»Es wurden große Pläne geschmiedet«, vermerkt das IfZ-Gutachten vom 20. April 1956. Offenbar sollte schon der von Prützmann in Szene gesetzte »Werwolf« von Anfang an in größerem Rahmen wirken. Am 16. September 1944 hielt nämlich Himmler in einem Brief an Kaltenbrunner schriftlich das Ergebnis einer soeben abgeschlossenen Besprechung über »Organisation und Führung von Widerstandsbewegungen in Europa« fest. Überall sollten jetzt einheimische Kräfte zum Losschlagen bewogen werden, die Zeit sei reif. Dabei müsse man aber unbedingt nationale Führer einspannen, in Flandern den Flamenführer van der Wiele sowie den Walonenführer Degrelle, in Frankreich die Nationalisten Doriot und Darnand. Himmler unterstrich seine Meinung, daß diese nationalen Führer mehr zustande brächten, als alle deutschen Sonderorganisationen zusammengenommen. In Siebenbürgen setzte der Reichsführer auf den dortigen Volksgruppenführer, und in Rumänien habe man ja Horia Sima als Seele des Widerstandes der Legionären Bewegung auf deutscher Seite.
Himmler gab in seinem Schreiben der Erwartung Ausdruck, Kaltenbrunner möge eine »großzügige..., unbürokratische und kompetenzlose Gesamtführung« durch das RSHA gewährleisten, »wie es nur menschenmöglich« sei.

In Anspielung auf den Prützmann-»Werwolf« teilte Himmler kurz mit, er habe den »Aufbau der Widerstandsbewegung in den deutschen Grenzprovinzen« auf einen von ihm »mündlich angeordneten Weg« gebracht. Auch hiervon sei das RSHA inzwischen unterrichtet und »unterstützt (es) unter Hintanstellung aller Schwierigkeiten menschlicher, personeller und materieller Art diese Organisation«.

Außer Prützmann erhielten von diesem Schreiben SS-Ogrufü Berger, SS-Ostubafü Grothmann und Oberstleutnant Suchanek Kopien zur Information.

Anfang November 1944 wurde der SS-Jagdverband Südwest beauftragt, im wallonischen und französischen Raum eine Widerstandsbewegung zu planen, vorzubereiten und zu realisieren. OB West befahl den zuständigen Heeresgruppen, AOK's sowie den drei »Leitstellen West für Frontaufklärung«, Kommandeure von Jagdverbänden in bisherige Pläne und Vorbereitungen einzuweihen, damit diese entsprechend entscheiden könnten.

Die im »Werwolf«-Gutachten vom 20. April 1956 vertretene Ansicht, der »Werwolf« sei »nicht für die Fortsetzung des Widerstandes (und) ...Kampfes... nach einer endgültigen Niederlage gedacht« gewesen, widerspricht dem 1956 sicherlich noch nicht bekannt gewesenen Wortlaut der Ziffer 3 ee auf Seite 10 der »Werwolf«-Kampfanweisung:

»Nach einem Zusammenbruch... muß dieser Kampf in den Räumen, wo der Gegner am empfindlichsten ist, unter rücksichtsloser Selbstaufopferung zur höchsten Wirksamkeit gesteigert werden«, hieß es dort.

Insbesondere Goebbels und Ley haben immer wieder den Eindruck erweckt, als sei der »Werwolf« nicht etwa nur eine temporäre Sammlungsbewegung gegen momentane äußere Bedrohung und inneren Zerfall sowie ein Halt für solche, die im Strudel der Ereignisse ihren nationalsozialistischen Glauben zu verlieren drohten, sondern vielmehr eine Elite, die den verbissenen, fanatischen Kampf so lange fortzusetzen beabsichtige, bis der Feind das letzte Stückchen Heimaterde wieder freigegeben habe – freiwillig oder unfreiwillig.

»Werwölfe« sollten Haß säen, »heiligen, unausrottbaren Haß«, damit sich die Befürchtungen maßgeblicher englischer Beobachter realisierten, die schon jetzt in Deutschland den zukünftigen

Fieberherd Europas sahen und argwöhnten, daß dieser Erdteil durch »Werwolf«-Widerstand auf Jahrzehnte hinaus nicht zur Ruhe kommen könnte.
Vieles spricht allerdings auch dafür, daß zum mindesten Hitler und Goebbels im »Werwolf« eine Kraft dafür erblickten, bei ihrem Abtritt von der Bühne die Tür so kräftig hinter sich zuzuschlagen, »daß es die Welt hört«.
In einer Sendung strahlte einmal »Radio Werwolf« die Meinung aus, es gebe nie ein Ende der Revolution. Diese sei nur dann zum Scheitern verurteilt, wenn die Aktivisten aufhörten, Revolutionäre zu sein. Nun streiften sie jedoch, der Radiomeldung zufolge, mit dem letzten Rest von Kultur auch letzte Hemmnisse ab, die einer Erfüllung revolutionärer Aufgaben im Wege stünden. Jetzt, wo alles zertrümmert sei, müsse man Europa von Grund auf neu aufbauen. Vorher sei man ja doch nur durch Besitztum an konventionelle Vorstellungen gefesselt gewesen; jetzt aber hätten die Bomben der Feinde, statt alle Europäer zu vernichten, nur die morschen Gefängnismauern zerschlagen. In dem Versuch, Europas Zukunft zu zerstören, habe der Feind nur die Vergangenheit endgültig begraben, und damit sei alles Alte und Überkommene ein für allemal versunken.
Der »Werwolf« als Chance – absurd.

11. Versorgung und Ausrüstung von »Werwolf«-Einheiten.

Als noch ernsthaft daran gedacht war, durch Einsatz von Kleinkrieg-Verbänden, genannt »Werwolf«, militärische Erfolge zu erzielen, mußte man zwangsläufig auch darüber nachdenken, wie Kleidung und Ausrüstung beschaffen sein sollten und – wie sich die Trupps weit hinter der Front, in feindlich besetztem Gebiet, »auf verlorenem Posten« am besten versorgten.

Sogenanntes »Räuberzivil« widersprach an sich der Grundvorschrift in Ziffer 2 der »10 Gebote für die Kriegsführung des deutschen Soldaten«, millionenfach nachlesbar in allen Soldbüchern der Wehrmacht:

»Der Kämpfer muß uniformiert oder mit einem besonders eingeführten weithin sichtbaren Abzeichen versehen sein. Kämpfen in Zivilkleidung ohne ein solches Abzeichen ist verboten.«

Mißbrauch militärischer Abzeichen oder Uniformen des Gegners zählten zu den nach Artikel 23 e H.L.K.O. verbotenen hinterlistigen Kampfmethoden, falls feindliche Handlungen unter dieser Tarnung vorgenommen wurden – was ja bei Einsätzen der »Division Brandenburg« und von SS-Jagdverbänden gelegentlich vorkam und was beim aktiven »Werwolf« wohl auch gelegentlich zutreffen konnte.

Im Kampfeinsatz, also meistens nachts, trugen Angehörige von Kleinkampfverbänden, genannt »Werwolf«, Uniformen der Waffen-SS und natürlich auch Waffen. Außerhalb der Kampfzeit, wenn sich »Werwölfe« tagsüber äußerlich in nichts von normalen Zivilisten unterschieden, ihrem Tagewerk in gewohnter Umgebung nachgingen wie andere auch, oder nur so taten, nutzten sie allerdings jede Gelegenheit zum Erkunden, zur Nachrichtenübermittlung, zu Kontakten mit Vertrauensleuten sowie zu ande-

ren vorbereitenden oder vertuschenden Tätigkeiten, die in der Maske harmloser Einwohner einfach besser gelangen.
Doch Entartungen der Kriegsführung waren inzwischen auf beiden Seiten der kriegführenden Mächte vorgekommen. Sogenannter Kleinkrieg, »Werwolf«-Krieg, Partisanen-Krieg, folgte eben ganz anderen, völlig neuartigen, oftmals befremdlichen Gesetzen, an die deutsche Generalstäbler beim Kodifizieren und Reglementieren noch nicht hatten denken können, oder wollen.
Kleinkrieg in der Endphase des Zweiten Weltkrieges schloß keine Möglichkeit zur Tarnung und Zielerreichung aus.
Sowohl bei der »Division Brandenburg« als auch beim Sonderverband z.b.V. Friedenthal kursierten öfters Berichte von verwegenen Husarenstückchen, bei denen das Tragen feindlicher Uniformen der Schlüssel zum Erfolg gewesen war. In der Sonderschule Allenstein hatten sich im Laufe der Kriegsjahre viele deutsche Soldaten in waschechte Russen aller möglichen Waffengattungen verwandelt – was nur gerade für einen ganz speziellen Auftrag hinter den feindlichen Linien verlangt wurde.
Im Juli 1942 hatte zum Beispiel Skorzenys späterer Stabschef, Fölkersam, damals noch Leutnant bei der »Division Brandenburg«, in der Uniform eines Majors des NKWD mit Hilfe von 62 ausgesuchten Balten und Sudetendeutschen, die alle Russisch sprachen und die wie leibhaftige Russen auftreten konnten, dafür gesorgt, daß das große, wichtige Erdölzentrum Maikop fast unversehrt in deutsche Hände fiel.
Ende August 1944 hatte ein Stoßtrupp des SS-Jagdverbandes Ost I in rumänischen Uniformen drei wichtige Karpatenpässe erfolgreich gesperrt. Und am »Unternehmen Greif«, Beitrag der SS-Jagdverbände zur Ardennenoffensive, waren im Rahmen der »Aktion Nr. 2« viele kleine Trupps beteiligt, die in amerikanischen Uniformen erhebliches Durcheinander unter alliierten Einheiten verursachten. Der Hauptmann eines solchen Trupps, eifrig Wegweiser vertauschend und Telefondrähte kappend, pflanzte sich schließlich frech an einer belebten Straßenkreuzung in Höhe von Huy auf und dirigierte unter anderem eine komplette amerikanische Panzerkolonne in die Irre. Vier Mann, in feindlicher Uniform, fing man allerdings in der Nähe von Brüssel; sie wurden standrechtlich erschossen. Vier andere verunglückten mit ihrem Jeep. Weit übertriebene Zahlenangaben von Radio Calais spiegel-

ten damals eher die enorme psychologische Wirkung der Aktion wider als tatsächliche Abwehrerfolge. Niemand glaubte zunächst, daß so wenige so viel erreichen konnten.
Auch nach dem »Unternehmen Greif«, das umstritten blieb, drangen noch etwa zwanzig zusammengehaltene Trupps mehr oder weniger oft in amerikanischen Uniformen ins feindliche Hinterland vor, um auf Befehl von Heeresgruppen oder Armee-Korps Erkundungen durchzuführen.
Anfang Januar 1945 war es SS-Ostubafü Girg mit zwölf deutschen Soldaten und weiteren zwölf russischen Freiwilligen gelungen, auf russischen Beutepanzern als angebliche »Inspektionsleitung der Roten Armee« bis nach Südpolen vorzudringen, um Nachrichtenverbindungen und Verkehrswege zu zerstören. Nach 1500 km Kreuz- und Querfahrt in feindlichem Gebiet schlug sich die Schar schließlich zur deutschen Festung Kolberg durch, die noch immer in den Händen der Wehrmacht war. Hier wurde ihre Tarnung allerdings so gründlich mißverstanden, daß man sie nur knapp von Friedenthal aus vor dem Erschießungstode retten konnte.
Solche Geschichten kannten natürlich auch »Werwolf«-Ausbilder, und sie gaben die Erfahrungen aus mancherlei abenteuerlichen Geschichten an ihre Zöglinge weiter. Obwohl Skorzeny, als der »Werwolf« entstand, bereits das »Unternehmen Greif« vorbereitete und deshalb sehr um erbeutete Uniformen und Ausrüstungsgegenstände verlegen war, gab Himmler dem neuernannten »Werwolf«-Chef, Prützmann, die Erlaubnis, aus dem Beutegutfundus zu nehmen, was er für richtig hielt.
Ganz allgemein mußten Bekleidung, Bewaffnung und Ausrüstung der »Werwolf«-Leute taktischen, klimatischen sowie zeitlichen Verhältnissen und Erfordernissen entsprechen. »Am besten geeignet« sei »die bei Jägereinheiten des Heeres übliche Kleidung«. Zivil sollte nur »im Notfall« und wenn, dann in Form von üblicher Bauernbekleidung gewählt werden – »außer in Großstädten« natürlich.
Sich überstürzende Ereignisse warfen diese gut gemeinten Ratschläge aber schon bald über den Haufen.
Angehörige des »Werwolf«-West in Schloß Hülchrath trugen bereits sowohl Zivil als auch Uniformen der Waffen-SS, diese allerdings, von den SS-Runen am Kragenspiegel abgesehen, ohne alle Rang- und Dienstgradabzeichen.

Bauchbinden, mehrere dünne statt einer dicken Wäschegarnitur sowie Schuhe mit Gummisohlen oder, wenn es die Witterung erlaubte, Turnschuhe, wurden in den »Winken für Jagdeinheiten« besonders erwähnt.

Unter der Maxime »Beweglichkeit« kamen nur leichte Maschinenwaffen, Karabiner, Pistolen – »Schalldämpferwaffen« – und Dolche in Frage. Aber: »Handgranaten sind unentbehrlich«, hieß es weiter; Sprengmittel je nach Auftrag von Fall zu Fall.

Waffen, Munition und Ausrüstung verschafften sich »Werwölfe«, sobald sie am Einsatzort auf sich gestellt waren, am besten beim Feind – durch Überfälle. Gegenstände der Ausrüstung, die nicht notwendigerweise ständig mitgeführt werden mußten, hatten im Einsatzraum in wasserdichten Behältern versteckt gelagert zu werden. Anfang April 1945 ließ zum Beispiel der Führer eines »Werwolf«-Trupps, ein HJ-Bannführer, im Schuppen einer Gastwirtschaft in Weddel bei Braunschweig mehrere Maschinengewehre, Ersatzteile, eineinhalb Dutzend Karabiner, Panzerfäuste, Zeitzünder und mehrere volle Munitionskisten in ölige Lappen einwickeln und vergraben – Reserve für künftige »Werwolf«-Einsätze.

Um eine langfristige Versorgung auch von Deutschland aus sicherstellen zu können, soll Bormann bereits ab 1943 damit begonnen haben, für den an sich noch undenkbaren Fall einer deutschen Niederlage vorzubauen, indem er mit Hilfe von Spendengeldern der deutschen Industrie Fluchtkapitel im Ausland deponierte. Dieses »geheime Reichsvermögen« soll dazu gedacht gewesen sein, die finanzielle Basis einer illegalen Erneuerung nationalsozialistischer Ideen in Deutschland sowie in »germanischen Ländern« – England, Skandinavien, Niederlande – zu bilden, wobei nach ursprünglichen Plänen Bormanns, der es seinem Naturell entsprechend vorzog, im Hintergrund zu wirken, Dr. Goebbels eine maßgebliche Rolle zufallen sollte, weil dieser Minister populär war und Massen aktivieren konnte.

1945 war jedoch von Auswirkungen eines sagenhaften »geheimen Reichsvermögens« auf Beschaffungen für »Werwolf«-Zwecke nichts festzustellen.

Als Versorgungsstellen sind vielmehr bekanntgeworden:

Für Waffen und Munition sowie für Verpflegung: das OKH;
für Sabotagemittel: das RSHA über die »Zentrale für geheime

Spezialzerstörungsmittel«;
für Bekleidung: das SS-Wirtschafts- und Verwaltungshauptamt;
für Roh- und Betriebsstoffe: das SS-Rohstoffamt;
sonstige Versorgungsstellen: das kriminaltechnische Institut der Sipo und des SD, sowie die Technische SS- und Polizeiakademie.

Obwohl Oberstleutnant Manfred von Poser und Gross Naedlitz, der ehemalige Verbindungsoffizier des Generalstabes des Heeres zum Reichsminister für Rüstung und Kriegsproduktion, im Nürnberger Prozeß aussagte, Speer habe tatkräftig dafür gesorgt, daß Sprengstoffe »dem Zugriff der Zivil- und Partei-Dienststellen entzogen« und vorhandene Vorräte der OT, der Wirtschaft sowie Sprengstoff-Füllungen aus Bombenvorräten der Luftwaffe beim Heer in Obhut genommen wurden, konnten der Minister und dessen Helfer beim besten Willen nicht alles in den Griff bekommen. Genügend blieb beim »Werwolf« hängen.

Als bodenständige, im Einsatzraum weit hinter der Front liegende Versorgungsbasen sollten rechtzeitig eingerichtete »Werwolf«-Nester mannigfacher Art dienen.

Zum Beispiel suchte einer der Ausbildungsleiter und Organisatoren des »Werwolf« beim HSSPF West, Oberstleutnant N., mit Hilfe von Geheimdienstoffizieren der örtlichen zuständigen Heeresgruppe B, Model, günstige Stellen für solche geheimen unterirdischen »Werwolf«-Lager aus, hauptsächlich in abgelegenen Eifeltälern unter Ausnutzung der Einrichtungen des sogenannten »Westwalls«. Gut Ambusch, auf einem waldigen Hügel bei Mechernich liegend und kaum von der Straße her einzusehen, war ein derartiger, idealer Unterschlupf. Knapp 200 Meter vom Eingang zum Gut entfernt, befand sich eines der geheimen »Werwolf«-Depots, vollgestopft mit Sprengstoff, Minen und anderem Gerät zur Untergrundarbeit. Als man nach dem Kriege sicherheitshalber alles in die Luft sprengte, blieb ein Krater von 25 m Durchmesser zurück.

Dutzende von versteckten Waffen- und Munitionslagern waren auch in abgelegenen Gegenden Bayerns und Böhmens rechtzeitig von speziellen Sondergruppen des deutschen Geheimdienstes angelegt worden, um auch hier dem »Werwolf« einen wirksamen Untergrundkampf zu ermöglichen.

Die Mehrzahl aller Depots lag jedoch im Osten.
Obwohl amerikanische Nachkriegsberichte, daß alleine eine einzige Sondergruppe erbeuteten Unterlagen zufolge »1000 Lager« angelegt haben soll, übertrieben erscheinen, mögen sich tatsächlich viele solcher »Werwolf«-Nester hinter den russischen Linien in Polen, Ungarn und in der Tschechoslowakei befunden haben. Im Osten konnten zahlreiche, bereits vorhandene Unterstände und Bunker benutzt werden.
Rasche, radikale Zugriffe der Roten Armee sowie Haßreaktionen im Osten erstickten allerdings die meisten Versuche im Keime, von diesen Waffen auch Gebrauch zu machen.

12. *Das Verhältnis zwischen Wehrmachtführung und Parteiführung.*

Hitlers Macht war absolut.
Sie erstreckte sich auf alle Bereiche öffentlichen und vielfach auch privaten Lebens. Sein Wille galt sowohl in der Partei, im Staate als auch in der Wehrmacht; hier weniger, dort mehr.
Aus Aufenthaltsorten, von Jodl als eine »Mischung zwischen Kloster und Konzentrationslager« geschildert, durch viele Mauern, Panzertüren, Sperren, Drahtzäune und Postenketten abgesichert, drangen Hitlers Befehle heraus; zuletzt, als er selbst Details bestimmen wollte, bis hinunter zu kleinen taktischen Verbänden oder einzelnen Hoheitsträgern der NSDAP.
Die Befehle des Führers kleideten sich in verschiedene Formen. Es gab staatsbezogene Erlasse, Weisungen zu strategischen Entschlüssen, oder Beschlüsse und Anordnungen für unmittelbare militärische und/oder politische Aktionen. Ob er alleine unterschrieb, ob er politische oder militärische Funktionäre mitunterschreiben ließ oder Unterzeichnungen in seinem Namen duldete, »Hitlers Befehle waren seine Befehle, und nur seine Befehle«.
Ob diese Feststellung allerdings uneingeschränkt auch noch für die letzten Wochen gelten kann, als insbesondere Bormanns Macht den Kulminationspunkt erreichte, darf bezweifelt werden, obwohl der Sekretär des Führers sich selbst nur als Vollstrecker eines einzigen Willens, nämlich des Willens seines Idols und Meisters, Hitler, betrachtet haben soll.
Hitlers radikale Einstellung ist ebenso bekannt wie seine wachsende Abneigung gegen die meisten höheren militärischen Befehlshaber, ganz besonders, nachdem ein hoher Heeresoffizier versucht hatte, ihn umzubringen.
Hitler argwöhnte, wohl nicht grundlos, daß ein Großteil des Offi-

zierskorps von seinen politischen Ideen nicht erfaßt worden sei und abseits stehe. Abgesehen von der daraus resultierenden innenpolitischen Gefahr, sah er dadurch auch den Endsieg gefährdet, »von dem er glaubte, daß er nur durch rücksichtslose Methoden zu erreichen sei«, wie Jodl berichtete.

In Wirklichkeit befolgten deutsche Soldaten fast überall jene »10 Gebote«, die jeder im Soldbuch mit sich trug: Faire Behandlung von Kriegsgefangenen, Respektierung des Roten Kreuzes, Unverletzlichkeit der Zivilbevölkerung – selbst noch bis zum bitteren Ende.

Gegen den Vorwurf, noch im Februar 1945 einen hoffnungslosen Krieg mit Durchhalteparolen unterstützt zu haben, wehrte sich Dönitz mit dem Hinweis auf das Gebot der Stunde, als es darum ging, durch hinhaltenden Widerstand mitten in einem strengen Winter Millionen deutscher Menschen aus dem Ostraum zu retten. Als Soldat habe er der Staatsautorität gehorcht, als Staatsoberhaupt dann jedoch sofort kapituliert.

Jodl hatte schon immer sein militärisches Aufgabengebiet scharf zur Partei hin abgegrenzt und gegenüber Bormann zu verteidigen versucht. Die Unzuträglichkeiten steigerten sich dann allerdings mit zunehmenden Geländegewinnen alliierter Truppen in Deutschland. Im Wetterleuchten des Unterganges verschwammen allmählich die Konturen dieser doppelbödigen Auseinandersetzung. Hatte früher die rein militärische Kampfführung als Angelegenheit der Wehrmacht gegolten und nur die parallel-laufende, streng getrennte weltanschaulich-politische Kriegführung in den Händen von Parteifunktionären gelegen, übertrug Hitler nun immer mehr militärische Entscheidungsmacht auf Parteigenossen. Er setzte beschleunigt fort, was schon frühzeitig damit begonnen hatte, daß Himmler Sonderaufgaben in Operationsgebieten des Heeres erhielt, um nicht die Wehrmacht, sondern politisch zuverlässige Polizei- und SS-Einheiten die politische Verwaltung deutschbesetzter Gebiete im nationalsozialistischen Sinne vorantreiben zu lassen. Schon damals war klargeworden, daß es um mehr ging als um Kompetenzen; es ging um einen Krieg der Weltanschauungen.

Nach dem Attentat ließ Hitler seine mühsam aufrecht erhaltene Zurückhaltung gegenüber der Wehrmachtführung fallen. Himmler übernahm auf sein Geheiß die Befehlsgewalt über das Ersatz-

heer; engste Zusammenarbeit zwischen Wehrmacht und SS- sowie Polizei-Dienststellen wurde befohlen.
Zum Schluß bestimmten nicht etwa Oberbefehlshaber jeweiliger Operationsgebiete über militärische Einsätze von Polizei-, SD-, Gestapo- und »Werwolf«-Gruppen, sondern vielmehr deren eigene Vorgesetzte, in der Regel also Höhere SS- und Polizeiführer oder Reichsverteidigungskommissare, jeweils als Inhaber staatlicher, politischer, oder/und militärischer Autorität.
Am 19. März 1945 mußte zum Beispiel der Oberbefehlshaber der 19. Armee, General der Infanterie von Obstfelder, den Chefadjutanten des Führers in einem persönlichen Ferngespräch dringend bitten, eine Führerentscheidung darüber herbeizuführen, ob der 19. Armee nun tatsächlich drei vom Gau fest zugesagte Volkssturm-Bataillone zuzuführen seien, oder ob Gauleiter Wagner diese entgegen ursprünglichen Abmachungen nun doch als Reserve zu seiner persönlichen Verfügung behalten dürfe.
Andererseits schickten Befehlshaber der Wehrmacht lieber ganze Volkssturm-Bataillone in die Gaue zurück, als daß sie diese »bei völlig unzureichendem Ausbildungsstand« ins Feuer jagten.
Im mittleren und unteren Bereich kam es, wo gesunder Menschenverstand wirkte, im Interesse der gemeinsamen Sache schon eher zur Zusammenarbeit.
Im Osten hatte man bereits gegen Ende Februar 1945 versucht, rückwärtige Armeegebiete durch mehr oder weniger improvisierte Sicherungsbereiche mit Sicherungskommandanten an der Spitze verteidigungsbereit zu machen. Ihren Sitz hatten Sicherungskommandanten am Standort von Kreisleitern der NSDAP oder Landräten, »um einwandfreie Zusammenarbeit mit den Dienststellen des (politischen) Reichsverteidigungskommissars zu gewährleisten«. In jedem dieser Sicherungsbereiche stellte man »in engster Verbindung mit den Organisationen von Partei und Staat« behelfsmäßig beweglich gemachte, das heißt mit Fahrrädern ausgerüstete Jagdkommandos auf.
Dienststellen von Wehrmacht und Partei arbeiteten auch in dem Bestreben, alle Möglichkeiten personeller Ersatzbeschaffungen auszuschöpfen, gegen Kriegsende enger zusammen. Als wegen angespannter Personalersatzlage am 24. Februar und 24. April 1945 vom OKH Sofortmaßnahmen befohlen wurden, lag die planmäßige, unverzügliche Erfassung von bisher UK-gestellten

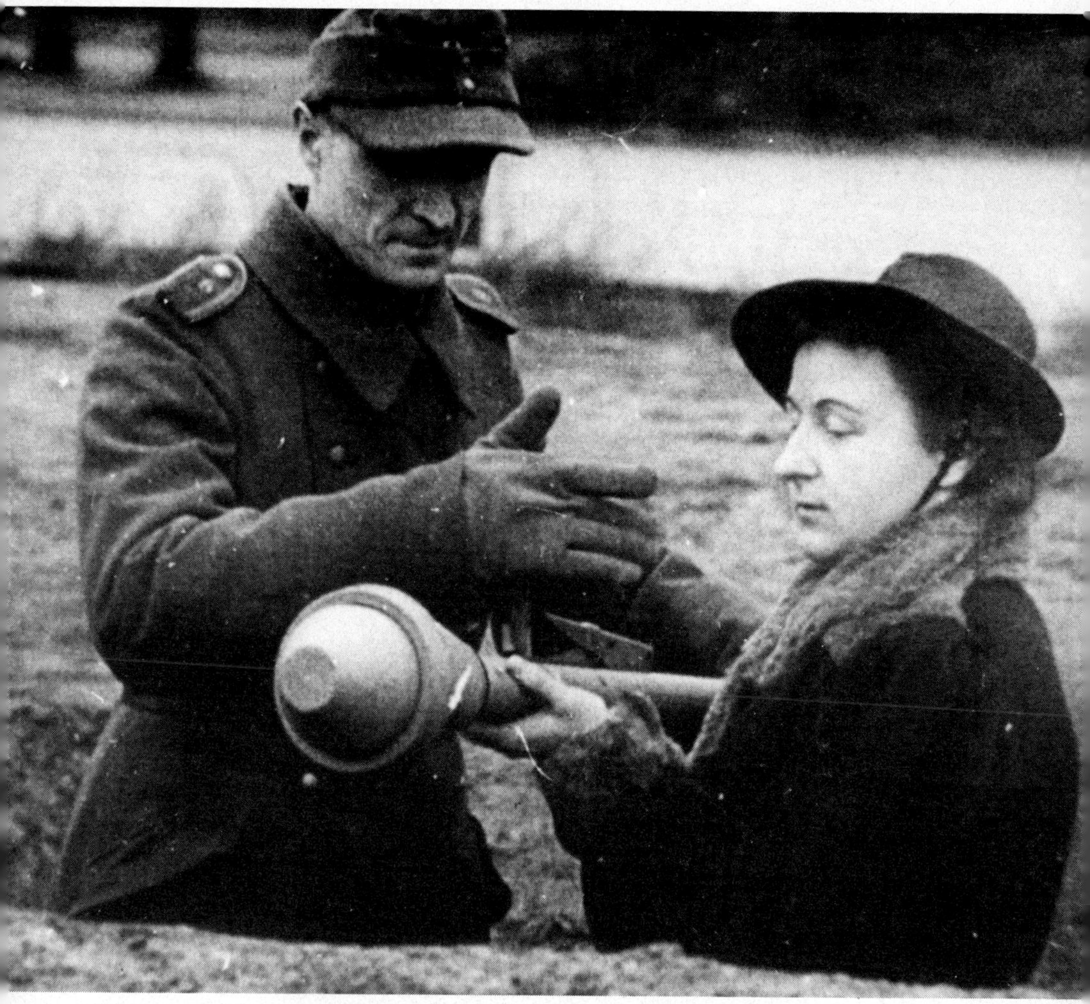

Solche Fotos heizten natürlich Gerüchte über einen »Frauen-Werwolf« an.

»Frauen-Werwolf«: Diese deutschen Mädchen sollen aus dem Hinterhalt ganz nach »Werwolf«-Art amerikanische Truppen beschossen haben.

Die vielfach ausgezeichnete russische Scharfschützin Pawlutschenko.

Volksgenossen im Reichsgebiet in den Händen der Partei. Das letzte Wort darüber, wer nach strengen Maßstäben nun in allerletzter Stunde doch noch zum Dienst mit der Waffe anzutreten hatte, sprachen Kommissionen, zusammengesetzt aus Vertretern des Feldheeres, der Wehrersatzdienststellen, der Arbeitsämter und – wiederum der NSDAP.

Gaustabsführer des Deutschen Volkssturms im militärischen Rang – beispielsweise im Gau 1 ein Oberstleutnant – befahlen im Auftrage des Gauleiters der NSDAP, der ja meistens auch die Funktion des Reichsverteidigungskommissars innehatte, Aufstellung, Ausrüstung und Übergabe von Volkssturm-Einheiten an die Armee. Damit zusammenhängende Organisationsfragen klärten untergeordnete Partei- und Wehrmachtdienststellen gemeinsam. Dabei klafften so kurz vor Kriegsschluß Wünsche und Realität oft genug auseinander. Überall herrschte Mangel an wehrfähigen und genügend ausgebildeten Männern, an Waffen, Munition und Ausrüstung. »Führernotprogramme«, wie zum Beispiel die von Ley inszenierte Gründung eines »Freikorps Adolf Hitler«, sowie Eingriffe der NSDAP brachten die militärische Planung häufig durcheinander.

13. Wehrmacht und »Werwolf«: Heer, Luftwaffe, Kriegsmarine.

Sehr zum Leidwesen nationalsozialistischer Führer gaben sich Offiziere, Unteroffiziere und Mannschaften der Wehrmacht im allgemeinen unpolitisch; sie waren es wohl auch. Politik galt als Teil strategischer Planung und interessierte insofern nur den Obersten Befehlshaber, das OKW sowie den Chef WFSt, nicht jedoch die Truppenführer.

Siegreiche, wenn auch unpolitische Militärbefehlshaber konnten im Jahre 1941 noch relativ leicht «revolutionäre« Befehle boykottieren, wie zum Beispiel jenen berüchtigten, auf Hitlers kompromißlosen Anschauungen beruhenden »Kommissar-Befehl«, der die sofortige Erschießung politischer Kommissare der UdSSR anordnete.

Selbst in der Endphase des für Deutschland verlorenen Krieges nahmen die meisten Führungsstellen der Wehrmacht, anderslautenden Befehlen zum Trotz, weitgehend Rücksicht auf die deutsche Zivilbevölkerung, indem sie selbstzerstörerische Befehle verzögerten oder umgingen.

Goebbels sprach verächtlich von jenen »wildgewordenen Bürgern« und meinte damit die Generalität, die seinem Vorschlag, die Genfer Konvention für nichtig zu erklären, energisch entgegengetreten war und ihn schließlich auch bei Hitler überstimmte. Er distanzierte Generale streng von Seinesgleichen, die eine revolutionäre Kriegsführung, durch »Werwölfe« zum Beispiel, verstünden und sich nicht scheuten, dafür auch einzutreten.

Aber es gab in den höheren militärischen Rängen auch überzeugte Nationalsozialisten, glühende Hitler-Anhänger sowie auch solche, die sich arrangierten.

Relativ früh, am 7. November 1943, eineinhalb Jahre vor dem to-

talen Zusammenbruch Deutschlands, hatte Alfred Jodl in seiner Funktion als Chef WFSt und »militärischer Berater des Führers« vor Reichs- und Gauleitern der NSDAP die Notwendigkeit eines »Kampfes bis zum Letzten« sowie den kriegsentscheidenden »Widerstandswillen des Gesamtvolkes« beschworen. »Landauf, landab schreitet der Teufel der Zersetzung«, hatte Jodl bei seiner Rede in München gewarnt. »Gegen diese Welle... der Feigheit brauchen Sie mehr als Gewalt...«. 1918 sei Deutschland nicht an der Front, sondern vielmehr »an der Heimat zerbrochen«. Auch Italiens »verbrecherische Verräter« seien innerlich moralisch verfallen und nicht etwa von außen militärisch zerschlagen worden. Jodls Referat »Die strategische Lage am Anfang des fünften Kriegsjahres« sollte Politischen Leitern der NSDAP und Reichsverteidigungskommissaren sowohl den Rücken stärken als auch dazu beitragen, »die Haltung des Volkes zu festigen«.
Gemeint war fanatischer Widerstand bis in den Tod, insbesondere an der sogenannten Heimatfront, im Innern des zerbröckelnden Reiches.
Nach dem mißlungenen Attentat des Chefs des Heeresstabes, Oberst Claus Schenck Graf von Stauffenberg, auf Hitler am 20. Juli 1944, stimmten schließlich auch Wehrmachts- und sogar Heeresdienststellen in den allgemeinen Chor der Haßgesänge ein – wenigstens nach außen hin.
»To the last drop of blood« (bis zum letzten Blutstropfen) würden auch die westlichen Alliierten bekämpft werden, solange sie »mit dieser Horde von Mördern« – gemeint waren »grausame Bolschewiken« – im Bunde seien; so lautete jedenfalls der englische Text eines Flugblattes, welches den alliierten Truppen zugleich schreckliche Fotos von russischen Bluttaten in Nemmersdorf/Ostpreußen vor Augen führte. »Solche Vorkommnisse«, hieß es weiter, »verstärken nur unsere Absicht: Zu kämpfen – zu kämpfen bis zum letzten Atemzug«.
Bereits Mitte 1944 hatte die 7. Armee deutsche Offiziere, die in Amerika geboren waren und perfekt Englisch sprachen, als angeblich gefangengenommene amerikanische Offiziere in Gefangenenlager eingeschleust, um ihnen Gelegenheit zu geben, hier Erinnerungen an Lebensweisen und Eigenart amerikanischer Truppen aufzufrischen.
Im Herbst desselben Jahres war es dann so weit.

Die deutsch-amerikanischen Offiziere bildeten im Verband der 7. Armee ein Sonderkommando unter Führung von Leutnant Freiherr von B. Kurz darauf gelang es einem Trupp von vier Offizieren, bei einem Sabotageeinsatz hinter der Front einen Eisenbahntunnel und Gleisanlagen in der Nähe von Bocholtz im Kreise Malmedy in die Luft zu sprengen. Wie das »Sonderkommando Schneider« der Gestapo in Schleiden, das zur Feinderkundung Frontläufer hinter die feindlichen Linien schickte, betonte, bestand mit Freiherr von B.'s deutsch-amerikanischem Sabotagetrupp »engste Verbindung«. Als Gestapobeamte bei Erkundungen im feindlich besetzten Eupen zum Beispiel entdeckten, daß die Amerikaner ihre Panzer im dortigen Kabelwerk reparierten, erhielt B. durch die 7. Armee sofort Befehl, diese Panzerreparaturwerkstätte zu zerstören.

Weiter südlich flatterte dem in Bad Ems geborenen ehemaligen Obergebietsführer im Stabe der Reichsjugendführung, SS-Hauptsturmführer Rolf Karbach, zu seiner eigenen Überraschung am 9. Februar 1945 ein unmittelbar von Himmlers Dienststelle RFSS und OBdE stammender Befehl auf den Tisch, in seinem Heimatgebiet sofort »Werwolf«-Maßnahmen zu treffen, die allerdings später in einem Schreiben an Bormann als »Wehrmachtsauftrag« bezeichnet wurden.

Karbach stand soeben auf dem Sprung, die ihm von Bormann zugewiesene Stellung eines Stabsführers beim Gauleiter von Wien, Schirach, anzutreten.

Mit Eifer stürzte er sich nun in die befohlene »Werwolf«-Arbeit. Schon ein paar Tage später konnte er in seiner ersten, per Funk abgesetzten Lagemeldung Himmler über Koordinierungerfolge berichten; ihm sei Unterstützung von allen Seiten zugesichert worden, vom stellvertretenden General-Kommando XII. AK ebenso wie vom HSSPF Rhein-Westmark, dem OB Festungsbereich West sowie von der Feldkommandantur 987. Sechshundert Mann, acht Offiziere – darunter zwei Bataillonsführer – 51 Unteroffiziere, eingeteilt in zwölf Gruppen und acht Spezialtrupps stünden zum Losschlagen bereit. Der Verband führe die Bezeichnung »SS-Sperrgruppe ›Kurfürst Balduin‹«, nach jenem Kurfürsten, der 1336 so forsch für Kaiserkrönungen ohne päpstlichen Segen eingetreten sei und Krönungen seines Bruders Heinrich VII. sowie seines Enkels Karl IV. in Frankfurt ertrotzt habe.

Der Verband erhalte laufend Zuwachs.
Ihm gehörten Soldaten des Heeres, der Waffen-SS sowie der Kriegsmarine an, aber auch Freiwillige aus Luxemburg, die dem Aufruf des ersten Landesjugendführers der ehemaligen »Luxemburger Volksjugend« Folge geleistet hatten.
Eine Befehlsstelle war zunächst in Stromberg/ Hunsrück eingerichtet worden; sie wurde aber schon bald in den Forstamtsbereich Bingen verlegt, weil die »Sperrgruppe ›Kurfürst Balduin‹« in den großen Waldungen beiderseits der Mosel sowie im Bingerwald mit Unterstützung durch zuständige Forstämter eingesetzt werden sollte.
SS-Ogrufü Berger informierte mit Fernschreiben vom 26. Februar 1945 Gauleiter Sprenger von den »Werwolf«-Absichten der »Sperrgruppe ›Kurfürst Balduin‹«.
Taktisch dem Wehrkreis-Kommando XII unterstellt, wirtschaftlich jedoch vom HSSPF Rhein-Westmark abhängig, der alle »Werwolf«-Aktivitäten in diesem Raume steuerte, wies man der Gruppe Karbachs zwei Aufgaben zu: Verteidigung (Sperrung) sowie Störung des Feindverkehrs durch »W«-Gruppen.
In aller Eile zog man an den engsten Rheinstellen bei Aßmannshausen und Lorch gut getarnte Fährmittel – Wagen-, Kutter-, Sturmboot- und Schlauchbootfähren – zusammen. Wegen des nahe an den Strom heranreichenden Waldes schienen die ausgewählten Landeköpfe besonders günstig. »Werwolf«-Einsätze würden aber auch durch ein Rheinstollensystem begünstigt werden, das sich in der »Gewerkschaft Dr. Geier« über 25 Kilometer hinstreckte und das Karbach persönlich inspiziert und für gut befunden hatte. Große Steilhänge und wenige enge Taleinschnitte begünstigten relativ leicht Sperrmaßnahmen.
Zum allgemeinen Erstaunen stellte sich plötzlich Gauleiter Simon, Gau Moselland, quer. Aus alter Feindschaft gegenüber Karbach, der ihn in seinem nationalsozialistischen Eifer am 5. Oktober 1944 bei Hitler persönlich anzukreiden versucht hatte, beeinflußte Simon nun Landräte und Forstmeister seines Machtbereiches, Besprechungen, die von Karbach ausgingen, zu ignorieren, ganz gleich, ob dieser nun als Wehrmachts-, SS- oder Parteiführer auftrete.
Bormann zeigte Nachsicht; er riet dem »Werwolf«-Führer nur, Simon links liegen zu lassen und ohne ihn weiterzumachen.

Tatsächlich gelang es Karbachs »Werwolf«-Gruppen, im Bereich der Hunsrück-Höhenstraße Schläge gegen alliierte Truppen anzusetzen. Eine Rüstungsfabrik, die fast unzerstört in die Hände der Feinde gefallen war, flog in die Luft, ebenso ein Treibstofflager. An mehreren Stellen wurden Schienenstränge unterbrochen.
Aber die siegreichen Alliierten reagierten rasch.
Die »Werwolf«-Trupps erlitten empfindliche Verluste. Energische Gegenmaßnahmen und große Bodengewinne alliierter Truppen ließen »Werwolf«-Widerstand bald erlöschen. Einige Unentwegte marschierten allerdings noch mit Stroop, dem HSSPF Rhein-Westmark, nach Süden, in Richtung Alpen.
Außer derartigen einzeln inszenierten, regionalen »Werwolf«-Aktivitäten innerhalb von Wehrmacht-Formationen erging unter dem Datum des 6. Februar 1945 als Befehl Nr. 3/45 in fünfunddreißig Ausfertigungen eine geheime Kommandosache, »Chefsache«, des OKH, »Op./Fr. H. Ost/Ausb. Abt. (I)«, an Heeresgruppen und Armeen.
In fünf knappen Punkten wurde auf etwas mehr als einer Din-A-4-Seite die Organisation »Werwolf«, abgekürzt »W-Organisation«, besprochen. Von Obergruppenführer Prützmann in dessen Eigenschaft als Generalinspekteur für Spezialabwehr »zur Erfüllung besonderer Aufgaben hinter der feindlichen Front... nur auf deutschem Boden« geschaffen, würden nun kleine »Werwolf«-Gruppen – »W«-Gruppen – infolge heranrückender Fronten »an das Reichsgebiet... zwangsläufig in das *Operationsgebiet der Wehrmacht«* gelangen. Durch besondere »W«-Verbindungsführer, die vom »Sonderstab Prützmann« beauftragt worden seien, erführen die I c's der Heeresgruppen und Armeen jeweils von der Existenz solcher »W«-Gruppen in ihren Kampfräumen.
Einsätze befehle der »Sonderstab Prützmann«, allerdings nach Einvernehmen mit Kommandobehörden der Wehrmacht sowie unter Abstimmung mit hinter den feindlichen Linien operierenden SS-Jagdverbänden, Frontaufklärungskommandos und Streifkommandos. Information örtlicher Truppen erfolge jeweils beim Hin- und Herüberschleusen durch eigene Linien.
Im Westen durften nur Inhaber sogenannter »Roter Ausweise« geräumte Gebiete ungehindert betreten und verlassen, weil hier der HSSPF West versuchte, auf diese Weise das Einsickern von Plünderern und Deserteuren durch den Aufbau von Sperrlinien an

den Ostgrenzen der sogenannten »roten« und »grünen« Zonen zu verhindern.
Ziffer 4 des Befehls Nr. 3/45 vom 6. Februar 1945 des OKH stellte klar, daß »W«-Verbände mangels eigener Versorgungseinrichtungen vom Heer versorgt werden mußten. An die I c's der Heeresgruppen und Armeen erging die Weisung, »den einzelnen W-Männern in Zivil und Uniform« Ausweise zu geben, damit sie sich besser bewegen könnten und der »Geheimschutz« nicht beeinträchtigt werde. Versorgung und Betreuung von »W«-Gruppen obliege allen Truppenteilen »in deren Nähe«. Die I c's hätten auch Transportmittel und Baumaterialien zuzuweisen sowie Stützpunkte von »W«-Gruppen mit zu bevorraten und auszurüsten. »Der ›W‹-Gruppe ist jede Unterstützung zu gewähren«, schloß der von General der Panzertruppen Walther Wenck gezeichnete Befehl. Für die Richtigkeit unterschrieb – unleserlich – ein Oberst im Generalstab »u. Abt. Chef«.
Zwei Wochen später, am 22. Februar 1945, erhielten im Osten stehende Divisionen des deutschen Heeres die Weisung, »eine Anzahl von Männern, die in dem jetzt vom Feinde besetzten Gebiet zu Hause sind«, für »Werwolf«-Einsätze auszuwählen. »Diese Männer müssen ausgezeichnet sein durch Fähigkeiten, Erfahrung und Mut und müssen geeignet sein, die Führer der Werwolftruppen abzugeben«.
Am selben Tag richtete Oberstleutnant i. G. von Hobe als I a-Offizier beim General-Kommando LIII. AK ein geheimes Fernschreiben an die Stäbe der 9., 79. und 352. Volksgrenadier-Divisionen mit dem Befehl, »zum beschleunigten Aufbau der Werwolf-Organisation« besonders bewährte, tapfere, zum Führen von »W-Truppen« geeignete Soldaten aller Dienstgrade auszuwählen, die aus den zur Zeit besetzten »Ost- und Westgauen« stammten; Schwerpunkt sei jedoch »auf den Osten zu legen«. Als Vollzugstermin wurde der 25. Februar 1945 bestimmt.
Bis dahin, also ziemlich rasch, mußten die angesprochenen Divisionen jeweils einen oder zwei Soldaten für diesen Zweck zur Heeresschule II, Truppenübungsplatz »Klein-Karpathen«, Zielbahnhof Jablonove, »für kurzfristige Ausbildung« in Marsch gesetzt haben. Sowohl Namen der kommandierten Soldaten als auch Vollzug der »Inmarschsetzung« waren an das General-Kommando zu melden.

Auch die Fähnrichslehrgänge der Heeresschule II erhielten eine Spezialausbildung in »Werwolf«-Taktik.
Zu dem OKH-Befehl über Gliederung und Führung der Organisation »Werwolf« notierte die Operationsabteilung im WFSt am 28. Februar 1945, dieser Befehl sei durch »OKW/WFSt (auch) allen Oberbefehlshabern der OKW-Kriegsschauplätze (bis Armee einschl.) und Führungsstab Nordküste zugeleitet« worden.
Dieser Begriff »OKW-Kriegsschauplätze« erinnert an Hitlers unbeirrbare Absicht, die Entscheidung mit aller Macht im Westen zu erzwingen. Durch diese viel zu lange aufrecht erhaltene starre Position wurde letztlich die Kommandoführung gespalten: An der deutschen Front im Osten führte in Verkennung der schon längst heraufziehenden Gefahr durch die Rote Armee das OKH; an allen übrigen Kriegsschauplätzen, eben jenen »OKW-Kriegsschauplätzen«, führte das OKW.
Zu der bemerkenswerten Tatsache, daß die Notiz der Operationsabteilung den handschriftlichen Vermerk »Gneisenau-Werwolf« trug, muß an die energische Verteidigung der pommerschen Festung Kolberg gegen eine vielfach überlegene Streitmacht Napoleon des I. – darunter deutsche und polnische Einheiten – in der Zeit vom 19. März 1807 bis zum 2. Juli 1807, ab 29. April durch den am 10. April desselben Jahres zum Festungskommandanten berufenen preußischen Major Neithardt von Gneisenau sowie den Kolberger Bürger Nettelbeck, erinnert werden. Sie galt als besonders heroisches und nachahmenswertes Beispiel für Wagemut und Standhaftigkeit; letztlich wurde der Name Gneisenau für Nationalsozialisten zum Begriff unbeirrbaren Widerstandes. Symbolträchtig lautete infolgedessen im Dritten Reich auch jenes geheimnisvolle Stichwort, dessen Auslösung Alarmeinheiten, »Walküre-Einheiten« oder »Gneisenau-Einheiten« der einzelnen Wehr-Standorte in Einsatzbereitschaft versetzte, »Gneisenau«. Jedes stellvertretende General-Kommando hatte daraufhin für den Fall innerer Notstände, aber auch für den heimatnahen Fronteinsatz in Regimentsstärke anzutreten.
Weil Gneisenau damals bei den Vorbereitungen der Volksbefreiungskriege im Jahre 1808 das Volk mit extremen Mitteln gegen den Feind aufgebracht hatte, stellten ihn Goebbels und andere nationalsozialistische Führer nun gegen Ende des Zweiten Weltkrieges als leuchtendes Vorbild hin.

Offenbar wußte man bei der Operationsabteilung im WFSt bis dahin noch nicht, das SS-Ogrufü Prützmann die »Gesamtleitung« des »Gneisenau-Werwolf« innehatte. Unter diesem Offizier, so die Notiz, sollten die HSSPF »in engem Einvernehmen mit den örtlichen Feldkommandobehörden des Heeres (I c)« die »Werwolf«-Organisation tragen. Die Notiz streifte die Aufgaben des »Werwolf« nur kurz und stellte dann in Bezug auf seine Zusammensetzung fest, die einzelnen »Werwolf«-Trupps bestünden »in der Masse aus Reichsdeutschen, zum Teil Soldaten (frw. Meldung) als Führer«.

Während »Werwölfe« als bodenständige Kampftrupps in »großen Waldgebieten – Erdbunker –« unterkämen und von dort aus operierten, sollten die größeren SS-Jagdverbände beweglicher eingesetzt werden. Ganz offensichtlich dachte man hier an eine taktische Zusammenarbeit zwischen SS-Jagdverbänden und »Werwolf«-Widerstandsnestern. Die Notiz beweist aber auch, wie wenig man selbst in höchsten Führungsstellen der Wehrmacht über den von Himmler und Prützmann inszenierten »Werwolf« wußte. Infolgedessen gewann der »Werwolf« erst allmählich Gestalt. Unter Mitwirkung des OHK begann er zunächst in Oberschlesien wirksam zu werden, wobei Formationen der Hitler-Jugend einen gewichtigen Anteil übernahmen. Auch die Wehrmachtspropaganda schlug andere Töne an.

Über die Wehrkreiskommandos gaben OKH/NS-Führungsstab d. H. und Ob. d. E./Abt. NSF entweder gemeinsam oder auch einzeln sogenannte »Sprachregelungen« in Form von Fernschreiben, Führungsfernsprüchen, Führungshinweisen oder Schnelldiensten der NSFO der Truppe heraus. Diese hatten sodann zur sofortigen Auswertung in der NS-Führung mit Hilfe von »nat. soz. Richtmännern« und sonstigen Aktivisten – PG's, SA-Männer, HJ, »harten und fanatischen Frontsoldaten« – sowohl der Truppe als auch dem Volk eingehämmert zu werden. Als Medien kamen dabei in Betracht: Soldatensender, Armeezeitungen, Divisions-Nachrichtenblätter, »Primitiv-Flugblätter«, oder auch einfach nur beschriftete Hauswände, Mauern, Brücken, Fahrzeuge und dergleichen. Bewährte, dem Führer ergebene Soldaten sollten als zündende Redner und Sprecher überall Kampfparolen an den Mann bringen.

Der »Führungshinweis vom 14. 3. 45« hob als besonders wirksam hervor, Soldaten, die kehrtgemacht hatten und zurückliefen, von Frauen und Jugendlichen ansprechen zu lassen. Erlebnisschilderungen von Frauen und Kindern unter feindlicher Herrschaft, besonders im Osten, verbunden mit »Aufrufen zum fanatischen Haß« galten in frontnahen Bereichen als wirksame »Erziehungsmittel« für die Truppe, von der doch alles abhing. Hinweise auf schutzlos feindlicher Willkür preisgegebene Frauen und Kinder müßten »jedem flüchtenden Soldaten Schamröte ins Gesicht« treiben. Zugleich solle jedoch dem einzelnen Frontsoldaten bewußt gemacht werden, daß er »hinter sich (eine) unerschütterte und zähe Heimatfront (habe), die auf den kämpfenden, hassenden und unerschrockenen Frontsoldaten sieht«.

Auch in der Operationsabteilung des WFSt sah man noch am 29. März 1945, jedenfalls nach außen hin, in einem »von fanatischem Kampfwillen erfüllten Hinterland« eine gewisse Chance, »den in Bewegung geratenen Feind« zu stoppen. Wörtlich hieß es, der Kampf sei »auf das fanatischste zu aktivieren. Irgendwelche Rücksichten auf die Bevölkerung (könnten) hierbei zur Zeit keine Rolle spielen«.

Im »Führungsfernspruch Nr. 18« der Dienststelle OKH/Ob. d. E./Abt. NSF vom 5. April 1945 wurden als Sofort-Antwort auf Feindparolen und Gerüchte wiederum schnell hergestellte Primitiv-Flugblätter empfohlen:

»Ein mit Rot- oder Blaustift beschriebener Bogen Papier in möglichst zahlreicher Auflage genügt«. Eine Stunde später habe die passende Antwort auf »Mannschaftsstuben, im Waschraum und Kasernenbereich, auf dem Bahnsteig oder Straßenbahn usw.« zu kleben.

Zum ersten Mal nicht mehr geheim kam der Begriff »Werwolf« im Führungshinweis vom 1. April 1945 des NS-Führungsstabes des Heeres, Ob. d. E./Abt. NSF., vor. Beschwörend forderte die nationalsozialistische Führung des Heeres:

»Seien wir, was wir als Soldaten des Führers immer waren: Kämpfer des deutschen Vaterlandes, Werwölfe der Revolution und in der Stunde der Not mit verdoppelter Kraft«.

Führungsfernspruch Nr. 19 vom 5. April 1945 rühmte zur sofortigen Auswertung in der NS-Führung das Beispiel der Festungsstadt Breslau als Beweis dafür, »was eine entschlossen geführte Stadtgemeinde im Kampf um die Freiheit des Vaterlandes vermag«.

Keine deutsche Stadt, kein Dorf, keine Gemeinde dürfe fortan vom Gegner noch unvorbereitet angetroffen, geschweige denn kampflos genommen werden.
Und dann war da plötzlich wiederum die Rede vom »Werwolf«, offenbar vom politischen, zivilen »Werwolf«, den Goebbels inzwischen propagiert und proklamiert hatte:
»Der Kampf, den unser Volk führt«, lautete der Text, »wird nicht nur durch die Wehrmacht und allein an der Front entschieden. 80 Millionen Deutsche sind aufgerufen, das Vaterland zu verteidigen. Tapfere Männer und Frauen kämpfen als Werwölfe. Jeder NSFO und (nationalsozialistische) Richtmann muß seine Ehre darin sehen, den Werwolf-Gedanken zu entfachen und zu verbreiten«.
Am 10. April 1945 informierte ein Führungshinweis über angeblich zahlreiche, teilweise sensationell aufgemachte Presseberichte aus dem feindlichen und neutralen Ausland, die alle den »haßerfüllten Widerstand deutscher Bevölkerung in feindbesetzten Gebieten und...immer bedrohlicher werdende Aktivitäten der Werwölfe« schilderten. Die Engländer, so hieß es, hätten nun eine schwere Kriegssorge mehr. Und man zitierte Reuter:
»Deutscher Widerstand in neue Phase getreten. Kriegführung fanatischer Truppen, die von anglo-amerikanischen Truppen überholt wurden, hat begonnen. Diese Truppen kämpfen ständig weiter oder schließen sich Werwölfen an. Bei Dunkelheit fallen sie über unsere Soldaten her. Sie sind eine große Gefahr...«.
Im Fernspruch vom 10. April 1945, »Schnelldienst 31« rief General der Infanterie Reinecke schließlich selbst alle NSFO's der Wehrmacht sowie nationalsozialistische Richtmänner und sonstige Aktivisten aus den Reihen von NSDAP, SA, HJ und Wehrmacht zur »letzten Bewährung«, zum »Werwolf«-Kampf auf: »Jetzt gilt nur noch die Tat«, schrieb er. »Wer unter die feindlichen Linien gerät, führt in Wäldern und Großstadtruinen den Kleinkrieg weiter... Wo Feindbesetzung droht, werden Handgranaten, Munition, Waffen, Funkgeräte und San. Material unter die Aktivisten verteilt oder zum späteren Zugriff vergraben... Fordert alle (mit Plakaten, Klebezetteln und Maueranschlägen) zu Entschlossenheit und Tatkraft auf. Ein Volk ist das wert, was seine Aktivisten wert sind«, meinte General Reinecke zum Schluß.
Als bei der Heeresgruppe Mitte befohlen worden war, »durch Vernichtungsgruppen in Partisanenart, die sich aus dem Lande

versorgen, (den) Kampf in der Flanke und im Rücken des Feindes« zu führen, stimmten insbesondere jüngere Offiziere lebhaft zu. Beim pommerschen Infanterie-Regiment 5 entschlossen sich die jungen Offiziere, im »Werwolf« weiterzukämpfen, weil sie sich eine Zukunft ohne Nationalsozialismus nicht vorstellen konnten. Die weitaus überwiegende Mehrzahl aller deutschen Truppenführer sah jedoch keinen Sinn mehr darin, im Untergang des Dritten Reiches noch aktiv zu werden und sich sowie Soldaten aufzuopfern. Beim stellvertretenden II. AK erging sogar im Hinblick auf die aussichtslose Gesamtlage am 20. April 1945 das ausdrückliche Verbot, innerhalb der Ersatztruppenteile des Rest-Wehrkreises II Freiwillige für den »Werwolf« zu werben.

Aber in einzelnen Fällen ließen sich Wehrmachtoffiziere, vom »Werwolf«-Geist erfaßt, mitreißen.

In Borna (Sachsen) war im Januar 1945 eine kompaniestarke Sturmgeschützeinheit entstanden, welche ein blutjunger Oberleutnant führte, ein ehemaliger Adolf-Hitler-Schüler und HJ-Bannführer. Oberleutnant Schwalbe wird als besonders harter, fanatischer, aber auch überaus tapferer Einheitsführer geschildert. An der Ostfront hatte er sich mehrfach ausgezeichnet und Verwundungen, unter anderem am Kopf, davongetragen. Auflösungstendenzen pflegte er mit der Drohung zu begegnen, er werde jeden, der es wage, Disziplin und Ordnung der »Einheit Schwalbe« zu gefährden, erschießen.

Wie bitter ernst solche Aussprüche genommen werden mußten, erwies sich am Sonntag, dem 15. April 1945, als Schwalbe auf einer Wiese bei Konradsdorf in der Nähe von Freiberg (Sachsen) zwei seiner Soldaten vor versammelter Mannschaft erschießen ließ, weil sie einen seiner Befehle nicht exakt genug befolgt hatten.

Die nächste Gewalttat richtete sich gegen den Bürgermeister der Kreisstadt Stollberg in Sachsen, Friedrich.

Die Einwohnerschaft dieser Stadt war zu jener Zeit durch Flüchtlinge und Verwundete auf das Doppelte, etwa 20000 Seelen, angeschwollen. Trotzdem sollte der Ort nach dem Willen der damaligen Führung als »Festung« bis zum letzten Blutstropfen verteidigt werden.

Doch als die »Einheit Schwalbe« am 21. April 1945 gegen 18.00 Uhr in Stollberg einrückte, geriet sie in ein Heer weißer Fahnen; die Bürger hatten nicht mit dem Einmarsch deutscher Verteidiger,

sondern vielmehr mit der Besetzung durch amerikanische Truppen gerechnet.
Diese Schutzmaßnahme der Bevölkerung hatte fatale Folgen. Sofort setzte Schwalbe den Bürgermeister als Verräter fest und ließ die Ortspolizisten entwaffnen. Nach kurzer Rücksprache im Bataillonsgefechtsstand, noch in derselben Nacht, erteilte der Oberleutnant einem Stabsgefreiten seiner Truppe den Befehl, Bürgermeister Friedrich zu erschießen.
Um Mitternacht wurde dieser Befehl in der Polizeiwache des Rathauses durch drei Pistolenschüsse, zwei Kopf- und einen Brustschuß, vollzogen.
Am nächsten Tag, einem Sonntag, streckte der zweiundzwanzigjährige Leutnant und Zugführer H. auf Befehl Schwalbes die vierzigjährige Gerda Uhlig in einer Waldschneise an der Straße Stollberg-Zwönitz ebenfalls mit Pistolenschüssen nieder. Die Frau hatte sich gewehrt, als zwei verwundete deutsche Soldaten die weiße Fahne an ihrer Gastwirtschaft herunterreißen wollten.
Doch damit immer noch nicht genug.
Bevor der junge, fanatische Oberleutnant am 25. April 1945 im Feuer eines Sherman-Panzers fiel, hatte er noch in der Nacht zuvor ein Blutbad im Hotel »Waldschlößchen« bei Neuoelsnitz, etwa vier Kilometer westlich von Stollberg, anrichten lassen. Ein von Schwalbe improvisiertes »Werwolf«-Kommando erschoß wegen des bloßen Verdachts einer Spionagetätigkeit acht der Bewohner, darunter ein zweijähriges Kind, und steckte das Gebäude in Brand.
Aber auch die Luftwaffe bewies, daß die »Werwolf«-Proklamation angekommen war.
Bei der 9. Fliegerdivision (J), unter deren Regie am 7. April 1945 ein riskanter Ramm-Einsatz von Jagdfliegern gegen amerikanische Tagbomber der 8./USAAF unter der Tarnbezeichnung »Unternehmen Werwolf« startete, verpflichteten die vom Divisionskommando herausgegebenen Kampfparolen für die Monate April und Mai 1945 alle Offiziere, den Soldaten immer wieder und bei jeder sich bietenden Gelegenheit Schlagworte und Argumente einzuhämmern, »genau so, wie die NSDAP in der Zeit vor der Machtübernahme sich immer wieder mit kurzen Kampfparolen an das deutsche Volk wandte«.
Kampfparole Nr. 2 griff eine damals weitverbreitete Behauptung

auf, nach welcher »Geist und Wille... stärker als Zahl und Masse (sind)«. Letztlich entscheide der Kampfgeist über Sieg oder Niederlage.

Nach Schlagwort Nr. 3 hatte man im Nationalsozialismus »die Lebensform des 20. Jahrhunderts« zu erblicken. »Wir haben nur Todfeinde«, stand schließlich in der Parole Nr. 7. Zwischen Grausamkeiten von Russen oder Anglo-Amerikanern bestehe kein Unterschied. »Zerstöre alle falschen Hoffnungen«, verlangte die Schrift von den Luftwaffen-Offizieren.

Kampfparole Nr. 12 klassifizierte den Zweiten Weltkrieg als Weltanschauungskampf, der als »größte Revolution aller Zeiten« nicht nach »veralteten Turniergesetzen«, sondern vielmehr »mit blutigem Fanatismus« geführt werde.

»Kein Wort mehr von Ritterlichkeit«, wurde im Goebbels'schen »Werwolf«-Jargon gefordert. Die Männer unablässig zum Fanatismus zu erziehen, das sei das Gebot der Stunde für alle Offiziere.

Eine Woche nach der »Werwolf«-Proklamation durch Goebbels, am Samstag, dem 7. April 1945, starten von Flugplätzen um Berlin herum 183 deutsche Jagdflugzeuge vom Typ Bf 109 sowie 51 Düsenjäger vom Typ Me 262, um in der letzten großen Luftschlacht des Zweiten Weltkrieges in Europa beim Zusammenprall mit mehr als 2000 alliierten Kampfflugzeugen der 8./USAAF ein markantes Zeichen im Luftkrieg zu setzen.

In den konventionellen Jagdmaschinen, aus denen man durchweg die Waffen ausgebaut hatte, um höhere Geschwindigkeiten zu erzielen,saßen deutsche Jagdflieger, die sich aus freien Stücken verpflichtet hatten, ihre Flugzeuge wie Geschosse zu benutzen: sie sollten sich in gegnerische Großkampfbomber hineinbohren und diese dadurch zum Absturz bringen.

Die Männer gehörten dem Ramm-Kommando »Elbe« an, einer schnell und insgeheim zusammengewürfelten Sondereinheit der Deutschen Luftwaffe, die beim OKL unter dem Kennwort »Unternehmen Werwolf« lief.

Obwohl dieser Ramm-Einsatz deutscher Jagdflieger zum ersten Mal in der Luftkriegsgeschichte stattfand, dazu noch erstmals in Kooperation mit schnelleren, massiert eingesetzten Düsenjägern, nahm wegen des fast unmittelbar darauffolgenden Zusammenbruchs in Deutschland kaum jemand Notiz davon. Führende Amerikaner werteten dieses »Unternehmen Werwolf« jedoch als

eine »der resolutesten Abwehrattacken, welche Luftwaffenstreitkräfte jemals gegen die Achte Luftflotte wagten«.
Ohne den Dingen auf den Grund zu gehen, urteilten selbst namhafte Nachkriegsautoren, sofern sie den Ramm-Einsatz überhaupt erwähnten, oberflächlich, ja, sogar abfällig; einige stempelten die jungen Ramm-Jäger einfach zu Selbstmördern ab. Ehemalige Jagdfliegerführer reagierten eher verlegen und erwecken den Eindruck, als hätten sie mit der ganzen Sache nichts zu tun.
Tatsächlich ging die Initiative zu dieser außergewöhnlich riskanten fliegerischen Aktion von Kampffliegerführern (Bombern) aus. Göring favorisierte sie, weil sie ihm energischer, »revolutionärer«, aggressiver erschienen. Sie standen nicht im Geruch der Feigheit, den der Reichsmarschall pauschal, ungerecht und völlig grundlos deutschen Jagdfliegern anzuhängen versuchte, um jahrelange eigene Führungsfehler zu vertuschen.
Als der Kommandeur der 9. Fliegerdivision (J), den Vorschlag machte, einen Ramm-Verband aufzustellen, stimmte Göring zu. Tausend Jäger sollten sich auf einmal auf die Bomber stürzen. Der Massenverlust von Großbombern mitsamt Besatzung, in der Regel zehn Mann je Bomber, sollte einen abrupten Bomberstop bewirken.
Als Gegner des rigorosen Ramm-Plans, der ja schließlich eine große Menge knappgewordener, dringend als Schlachtflieger an der Ostfront benötigter Jagdflugzeuge kosten würde (und kostete), trat General Koller, Chef OKL, in Erscheinung; aber es gelang ihm nur, die Zahl der geplanten Einsatz-Flugzeuge drastisch zu reduzieren: Statt 1000 auf einmal sollten nun zweimal je 150 Ramm-Jäger für das »Unternehmen Werwolf« starten.
Obwohl sich die in Stendal zusammenströmenden Freiwilligen nach dem, was sie über den Einsatz hörten, Überlebenschancen ausrechnen konnten – sie flogen mit Fallschirmen; die Kabinenhaube wurde vor dem Ramm-Stoß abgeworfen, um leichter aussteigen zu können – verwendete man trotzdem im KTB/OKL die schwerwiegende Abkürzung »S. O.« – Selbstopfer-Einsatz; hier schätzte man die Überlebenschancen offenbar anders ein.
Daß sie einem Verband angehörten, der irgendwie mit einer Organisation namens »Werwolf« zusammenhing, erfuhren einige der Männer zufällig, als sie vorschriftswidrig in mitgeführten Personalpapieren herumstöberten.

Niemand konnte sich zu diesem Zeitpunkt – Februar/März 1945; der Prützmann-»Werwolf« war noch immer streng geheim – darunter etwas Konkretes vorstellen, vielleicht abgesehen von dem einen oder anderen, was gerüchteweise durchgesickert war. Was allerdings ein Luftwaffen-Einsatz mit dieser Organisation »Werwolf« zu tun haben sollte, blieb rätselhaft; über diesen dunklen Punkt gingen die Piloten in ihrer jugendlichen Unbekümmertheit und Begeisterung einfach hinweg. Sie konzentrierten ihr Interesse vielmehr auf die riskante fliegerische Aktion.
Von den führenden Männern der NSDAP stellte sich Dr. Ley hinter das Unternehmen. Hitler blieb reserviert; zwar bekundete er »die größte Achtung vor den Männern«, die zu Ramm-Einsätzen bereit seien, aber er mochte einen Befehl dazu nicht erteilen. Freiwillige werde er jedoch gewähren lassen.
Goebbels war zwar auch angesprochen worden, hielt sich aber in seiner tiefverwurzelten Aversion gegen Göring zurück. Ein Jahr vorher hatte er mit jenen »Selbstopfer-Männern« der Luftwaffe (KG 200) schon einmal einen Reinfall erlebt. Er war in seinen Erwartungen, daß sich »S. O.-Männer« mit umgebauten V–1 voller Sprengstoff in russische Kraftwerke hineinstürzten, um so ihr Leben tatsächlich in die Schanze zu schlagen, enttäuscht worden; Selbstopfer hatten trotz aller Versprechungen nicht stattgefunden.
Ley jedoch, radikal eingestellt und Feuer und Flamme für die Idee, durch eine Art »Werwolf der Luft« unausrottbaren deutschen Widerstandswillen demonstrieren zu lassen, stellte sofort Verbindungen her und ließ den dreihundert in Stendal versammelten Piloten ein kurzfristiges Schlaraffenland bereiten. Dem »Werwolf«-Unternehmen der Luftwaffe fehlte es, trotz bitterer Not in Deutschland, an nichts.
Görings Vorstellungen von einer »Art Parteifliegerei«, wie er sich einmal ausdrückte, »durch politisch fanatisierte Flugzeugführer«, mit deren Hilfe das Schicksal doch noch gewendet werden könne, entsprachen politische Vorträge von Arbeiterprofessor Börger und Professor Hans Härtel vom RMVP sowie tendenziöse Filme wie »Jud Süß«, »Der ewige Jude«, »Die Rothschilds«, »Kolberg«, »Der große König«, »Bismarck«.
Auf diese Weise nochmals ideologisch gefestigt, dazu herausgefüttert und auf ihren Ramm-Einsatz vorbereitet, bemannten am 7. April 1945 einhundertdreiundachtzig Ramm-Jäger ihre Maschi-

Dr. Walter Rathenau, Reichsminister des Äußeren. Mordopfer der rechtsradikalen »Organisation Consul«.

"YERUS"

nen und starteten von den Plätzen Stendal, Sachau, Gardelegen, Salzwedel und Solpke gegen waffenstarrende Formationen von B–17 Boeing »Fliegende Festung« und B–24 Consolidated »Liberator«, insgesamt ein Großverband von 1307 viermotorigen Bombern, begleitet von 852 Eskort-Jägern der Typen P–47 D »Thunderbolt« und P–51 D »Mustang«, alle von der 8./USAAF. Von Flugplätzen in Süd-England aus nahm der Verband in drei großen Strömen Kurs auf Ziele in Mittel- und Norddeutschland. Eine knappe Viertelstunde nach 12 Uhr trafen die deutschen Ramm-Jäger unter dem Schutz von 51 auf die Minute genau eingesetzten Düsenjägern der JG 7 und KG 54 (J) westlich von Hannover zwischen Dümmer und Steinhuder Meer auf die amerikanische Phalanx. Plötzlich rief über Sprechfunk auf der deutschen Ramm-Jäger-Frequenz vom zentralen Gefechtsstand des IX. Fliegerkorps (J) in Treuenbrietzen aus eine Frauenstimme die Ramm-Piloten dazu auf, »bis zum Letzten für Deutschland zu kämpfen«. Sie erinnerte herzzerreißend an Frauen und Kinder unter den Trümmern zerbombter deutscher Städte, feuerte mit patriotischen Parolen die Jäger an und flehte schließlich voller Leidenschaft:
»Retter das Vaterland!«
Unter den Klängen des »Horst Wessel-Liedes« sowie der Staatshymne »Deutschland, Deutschland über alles...« stürzten sich die Ramm-Jäger des »Unternehmens Werwolf« auf verhaßte Bomber, die gerade den drittletzten Einsatz im strategischen Luftkrieg der USA in Europa flogen.
»Über 60 viermotorige Bomber wurden alleine durch Rammstoß vernichtet«, meldete der für Korrektheit und Objektivität bekannte, von verantwortungsbewußten Offizieren und nicht von Propagandisten erstellte Wehrmachtbericht.
Im Gegensatz dazu registrierte die 8./USAAF offiziell nur 21 Totalverluste, davon lediglich 8 Rammfälle.
Die deutsche Nachkriegsstudie 10/2 »Der Einsatz der deutschen Luftwaffe zur Reichsverteidigung 1943–45« Band IV, bearbeitet von Generalmajor a.D. Grabmann, ehemaliger Kommandeur der Jagddivisionen 1 und 3, kam zu dem Ergebnis, der »Werwolf«-Verband habe »77 tödlich abgeschossene Piloten und 133 Totalverluste« zu beklagen gehabt.
Dem kühnen Einsatz blieb der Erfolg versagt.

Linke Seite:

Oben: Gefangengenommene deutsche Jungen beim Verhör; April 1945.

Unten: Diese Kinder feuerten als »Werwölfe« auf amerikanische Truppen; ihr Alter: 14, 10 und 8 Jahre!

Die Amerikaner taten so, als habe ein »Unternehmen Werwolf« in der Luft nie stattgefunden. Selbst Goebbels, sonst lautstarker Propagandist mit einer Nase für Wirkung, schwieg. Er verzichtete darauf, die Ramm-Attacke von Görings Luftwaffe für den allgemeinen »Werwolf«-Rummel auszuschlachten.

Unter dem Datum des 5. Mai 1945, drei Tage vor der bedingungslosen Kapitulation Deutschlands, notierte Joachim Schultz eine Meldung von General Kinzel an Generaloberst Jodl, »daß Teile der ›Luftflotte Reich‹ den ›Werwolf‹ vorbereiten«.

Diese Absichten seien sofort scharf verboten worden, Großadmiral Dönitz habe sodann mit seiner Autorität als Staatsoberhaupt »Werwolf«-Maßnahmen strikt untersagt.

Ein einziges Mal trat, soweit Feststellungen möglich sind, auch ein »Werwolf zur See« in Erscheinung.

In der Nähe von Stralsund kaperten, dem Bericht des Kapitäns zur See a. D. Zollenkopf zufolge, Ende April 1945 SA-Einheiten unter der Führung eines Hauptmannes der Infanterie einen Dreimast-Gaffelschoner, der als Marine-Troßschiff Maschinenteile einer Stralsunder Werft nach Westen in Sicherheit bringen sollte. Die Leute beriefen sich auf Befehle des Reichsverteidigungskommissars und Gauleiters von Pommern, Schwede-Coburg, der zum fanatischen Widerstand mit allen Mitteln aufgerufen hatte. Angeblich wollten der Hauptmann und die SA-Männer mit dem gekaperten Schiff einen Seewolf-Krieg in Szene setzen, was jedoch Kapitänleutnant der Reserve Dr. Beerbohm mit Hilfe regulärer Marine-Bootsbesatzungen verhinderte, indem er den Dreimast-Gaffelschoner regelrecht entern ließ, um ihn danach wieder seiner eigentlichen Bestimmung zuzuführen.

14. *Rechtsverhältnisse, Rechtsstandpunkte und Rechtsanmaßung im Dritten Reich. »Werwolf« im Unrecht.*

War der tollkühne Ramm-Einsatz deutscher Jagdflieger am 7. April 1945 im Rahmen des »Unternehmen Werwolf« trotz des dabei zutage getretenen Einsatzwillens und Fanatismus' doch nach geltenden Regeln der Kriegskunst ausgeführt worden, kann dies von anderen Geschehnissen in der Endphase des Zweiten Weltkrieges nicht behauptet werden.

Rechtsverhältnisse im demokratischen Deutschland unterscheiden sich erheblich von Rechtsverhältnissen in der Hitlerdiktatur. Hitler verkörperte absolute Macht. Er war das Gesetz. Einer seiner dogmatischen Lehrsätze lautete zwar:

»Recht ist, was dem Volke nützt«, aber was man unter diesem Nutzen zu verstehen hatte, bestimmte er.

Im Grunde genommen konnten er und seine Gefolgsleute tun und lassen, was sie wollten.

Inzwischen sind zahllose Belege über radikale Rechtsauffassungen innerhalb des nationalsozialistischen Regimes veröffentlicht worden. Im Hinblick auf Kleinkriegführung und »Werwolf« interessiert hier nur die damalige Einstellung zum Schlimmsten – zu Tötungen von Gegnern, Tötungen, die man nach dem verlorenen Kriege als illegal ansah und dementsprechend verurteilte.

Wenn Hitler als oberster Gewalthaber und Abgott der Massen die Meinung verkündete, Kriegsgerichtsverfahren schafften nur unbequeme Märtyrer, wohingegen von stillschweigend Umgebrachten niemand mehr rede, nimmt es kaum wunder, daß einige seiner Gefolgsleute sich diese Auffassung zu eigen machten – und danach handelten.

Gamm hat die Identifikation der Gefolgsleute mit Hitler, dem allmächtigen Führer, und dessen Legitimation durch Rechtsanmaßung nach Meinung des Autors treffend herausgestellt, indem er schreibt:

»In der Gestalt des Führers war ein neuer Gesetzgeber erwachsen, der nach ›gesundem Rechtsempfinden‹ und nicht nach formalen... Paragraphen entschied... Der oft berufene ›Mann von der Straße‹ konnte sagen: Genau so scharf hätte ich durchgegriffen«.

Ein Sieger befand sich nach Hitlers fester Überzeugung immer im Recht. Nach einem Sieg wage niemand mehr den Gewinner wegen der Qualität seiner Taten zur Rechenschaft zu ziehen. So gesehen seien Brandschatzung, räuberische Erpressung, illegaler Erwerb, Angriff und sogar Tötung von Natur aus legitim. Er scheute sich nicht, entsprechende Handlungen auch ohne weiteres zu decken.

In der Nacht vom 15. zum 16. März 1945 bemerkte der Führer zum Beispiel gegenüber dem Oberbefehlshaber der 19. Armee General von Obstfelder:

»Ich kenne nur ein Gesetz: Jedes Mittel (ist) erlaubt, das zum Erfolg führt. Ich habe noch niemand zur Rechenschaft gezogen, der in der Wahl der Mittel vorbeigreift«.

Möglicherweise spielten auch hier wieder Erfahrungen aus »wilder Zeit« vor der nationalsozialistischen Machtübernahme hinein, in der ein wirksames System von wohlwollenden Schutzbestimmungen, Sondergesetzen, Ausnahmegerichten, Amnestien, Verfügungen und Verordnungen von Nachkriegsregierung und -verwaltung selbst Tötungen nur widerwillig und formal, jedenfalls geringfügig bestrafte – vorausgesetzt, sie waren von den richtigen Leuten begangen worden.

Eine Denkschrift vom 4. Dezember 1923 des damaligen Reichsjustizministeriums hatte die Zahl von 354 Tötungen durch »Rechtskreise« dokumentiert, ohne dabei Hunderte von unbekannt gebliebenen Fällen auch nur zu erwähnen.

Eines hatte sich schon damals erwiesen: Mit einer willigen Justiz ließ sich vieles machen – mit blanker Willkür allerdings noch mehr.

Wie Nationalsozialisten Recht auffaßten, trat am Beispiel jenes Gesetzes vom 3. Juli 1934 zutage, mit welchem das damalige Reichskabinett Übergriffe und Tötungen beim Bereinigen der sogenannten »Röhm-Affäre« in einem knappen Satz legalisierte:

»Die zur Niederschlagung der hoch- und landesverräterischen Angriffe am 30. Juni und am 1. und 2. Juli vollzogenen Maßnahmen sind als Staatsnotwehr rechtens«.

Nach der Rechtsmaxime des Reichsrechtsführers Frank hatten «... Richter Schädlinge auszumerzen, gemeinschaftswidriges Verhalten zu ahnden... Grundlage der Auslegung aller Rechtsquellen ist die nationalsozialistische Weltanschauung«. Jener Satz auf Seite 33 der Dienststrafordnung der SA: »Als Recht gilt, was der Bewegung nützt, als Unrecht, was ihr schadet«, erinnert allerdings auch etwas an die britische Maxime: »Right or wrong – my country!«.

Hitlers nationalsozialistische Bewegung hatte sich mit Brachialgewalt zur Macht durchgerungen. Vielerlei Gewalttaten und Straftaten hatten ihr, alles in allem, mehr genutzt als geschadet. Im Krieg und ganz besonders in dessen Endphase, auf des Messers Schneide, lag umso weniger Veranlassung vor, auf Gewalt als Mittel zum Zweck zu verzichten. Mit herunterdelegierter Allmacht des Führers, der ja räumlich und zeitlich entfernt Folgen brutaler Befehle nicht mit ansehen mußte, durften sich infolgedessen immer mehr Bevollmächtigte buchstäblich aller Mittel bedienen, wenn damit nur der Auftrag erfüllt wurde. Verantwortung verteilte sich dabei so, daß sie zum Schluß niemand mehr trug.

Recht oder Unrecht – diese Frage stellte sich zum Schluß des Krieges überhaupt nicht mehr, nicht nur auf deutscher Seite. In Deutschland galt nur noch die Forderung, zu handeln, um jeden Preis im Sinne des Regimes etwas zu tun.

»Der Herr möge mir die letzten Tage des Krieges verzeihen«, soll Hitler geäußert haben.

Zur Zeit der Gründung der »Werwolf«-Organisation galten an internationalen Abkommen für die allgemeine Kriegführung:

- das Haager Abkommen vom 18. Oktober 1907 über die Gesetze und Gebräuche des Landkrieges;
- das Genfer Protokoll vom 17. Juni 1925 über das Verbot chemischer Kampfmittel;
- das Abkommen vom 27. Juli 1929 zur Verbesserung des Loses der Verwundeten und Kranken.

Beim »Werwolf«-Kleinkrieg mußte in Betracht gezogen werden, daß Bewohner besetzter deutscher Gebiete den Anordnungen der Besatzungsmächte zu folgen hatten. Taten sie dies nicht, ja, leisteten sie sogar Widerstand, worauf der »Werwolf« hinarbeiten sollte, dann brachen sie Völkerrecht und damit einen Franktireurkrieg vom Zaun, der nur eines kannte: Auge um Auge, Zahn um Zahn.

In einem Leitartikel über Grenzen zwischen Krieg und Verbrechen hatte Goebbels im »Völkischer Beobachter« vom 28. Mai 1944 festgestetellt, unser Jahrhundert habe diese Grenzen weitgehend verwischt – nach seiner Ansicht allerdings nur »auf der Feindseite«. Im Starrsinn kriegführender Parteien meinte er ausschließlich feindliche Soldaten und nicht etwa eigene Leute, als er jenen kategorisch alle Rechtfertigungsmöglichkeiten absprach. Feinden werde »bei einem schimpflichen Verbrechen« keine Straffreiheit zugebilligt, selbst wenn sie sich auf Befehle von Vorgesetzten berufen könnten.

Als Goebbels knapp ein Jahr später den Vorschlag machte, die Genfer Konvention aufzukündigen, erwog Hitler diese Idee nach Meinung Görings hauptsächlich deshalb, weil er darin ein Mittel erblickte, deutschen Truppen den Weg in eine erträgliche Gefangenschaft beim »Westgegner« abzuschneiden; denn je härter und lebensbedrohender eine Gefangennahme erscheine, umso weniger fielen deutsche Soldaten auf Feindpropaganda herein. Deutsche, so meinte Hitler, würden ohne Schutzerwartungen einfach härter und bedingungsloser kämpfen.

Jodl hatte damals nach sorgfältigem Abwägen von Vor- und Nachteilen einen solchen Schritt verneint. In seiner Vortragsnotiz vom 21. Februar 1945 drückte er zwar die Ansicht aus, deutsche Soldaten im Westen würden sich wohl tatsächlich ohne diesen Rechtsschutz nicht mehr so leicht gefangennehmen lassen und »die entschlossenen Teile des deutschen Volkes (würden dadurch) zu noch härterem Kampfeswillen aufgestachelt«. Dennoch riet er von offiziellen Änderungen der deutschen Rechtsposition ab. Vielmehr empfahl er, dasselbe zu tun, was er beim Gegner beobachtet haben wollte: Das Recht dem Zweck entsprechend zu beugen, nicht zu brechen, und sich dann sofort in aller Form zu entschuldigen.

Als sich Hitler zum Glück für viele Menschen dann doch scheute, die Genfer Konvention zu verlassen, schimpfte Goebbels insgeheim auf die, die den Führer beschwatzt hatten, »Notwendiges und Zweckmäßiges« zu unterlassen. Dabei hatte er kaum Grund, zu klagen. Starrer nationalsozialistischer Geist ließ seine »Werwolf«-Leute Blutaufträge gehorsam und scheinbar ungerührt ausführen, selbst bei Vollzug wirksamer Eigenjustiz zur Verhinderung von Spitzel- und Verrätertum. Standgerichte, die nur kurz zusammentraten, urteilten und sogleich vollstreckten, hatte es zwar schon immer gegeben, und es gab sie auch bei anderen kriegführenden Nationen. Wer in den Glauben versetzt worden war, »die gerechte Sache« zu verfechten, wähnte selbstverständlich über sich den Schutz der Staatsmacht.

An Bestrafung dachte wohl niemand von jenen politisch-fanatisierten »Werwölfen«, bei denen die Symptome einer tieferschütterten, gewaltsam entwurzelten Generation besonders kraß hervortraten. Sie betrachteten ihre Aktivitäten als aufgezwungen, vom Gegner provoziert und verschuldet, und sie glaubten sich und ihre Führer voll im Recht, wenn sie die Zerstörer ihrer Welt selbst zerstörten.

Da jedoch der von Goebbels verursachte »Werwolf«-Kampf der NSDAP nicht nach Kriegsbrauch und Völkerrecht, nicht offen mit der Waffe in der Hand, sondern vielmehr als Untergrundkrieg mit allen nur denkbaren Mitteln geführt werden sollte, stand fest, daß »Werwolf«-Angehörige nicht in den Genuß jener Schutzartikel 1 und 2 der Haager Landkriegsordnung kommen konnten. Solche Kampfesweisen würden vielmehr als heimtückisch im Sinne dieser internationalen Bestimmungen gelten und Repressalien heraufbeschwören, diese sogar rechtfertigen.

Eine kaum noch vorstellbare harte, kompromißlose deutsche Befehlsgebung gegenüber Partisanen, Widerständlern und deren Helfershelfern scheint bis zum Ende von einem Gedanken nicht im mindesten berührt worden zu sein, dem Gedanken, Alliierte könnten einmal mit gleicher Münze heimzahlen.

Harter Volkstumskampf erlaube keine gesetzlichen Bindungen, hatte Hitler schon nach Polens Niederwerfung verkündet und danach handeln lassen. Aber was wohl sonst hatte der nationalsozialistische »Werwolf« zu erwarten als das gleiche, was zum Beispiel das deutsche Armeeoberkommando 6 am 10. Oktober 1941 in einer Richtlinie für die Truppe folgendermaßen in Worte faßte:

»1. die völlige Vernichtung der bolschewistischen Irrlehre, des Sowjetstaates,

2. die erbarmungslose Ausrottung artfremder Heimtücke und Grausamkeit und damit die Sicherung des Lebens der deutschen Wehrmacht in Rußland.«

Man brauchte nur die Wörter »bolschewistisch« und »Sowjetstaat« durch die Wörter »nationalsozialistisch« und »deutscher Staat« zu ersetzen.

Widerstand konnte und kann keine kämpfende Armee dulden. Im Ausmaß der Sanktionen gab und gibt es allerdings Unterschiede. Nach hartem, oft grausamem und unerbittlichem Kampf gegen »Banden«, Partisanen und zivilen Widerstand im Osten wie im Westen mußte die deutsche Führung im Jahre 1945 wissen, was Angehörigen einer Untergrundorganisation namens »Werwolf« blühen würde.

Schon 1941 hatte Keitel im Hinblick auf Überfälle auf Wehrmachtangehörige in deutschbesetzten Gebieten Militärbefehlshaber angewiesen, »ständig über eine Anzahl Geisel der verschiedenen politischen Richtungen... zu verfügen«. Bekannte führende Persönlichkeiten oder deren Angehörige eigneten sich dazu besonders gut, zumal dann, wenn diese Namen gut verbreitet werden würden. Je nach Täterkreis sollten dann Geiseln der entsprechenden Gruppe erschossen werden.

In Kragujevac (Jugoslawien) machte die Standortkommandatur am 21. Oktober 1941 bekannt, für jeden einzelnen der von Partisanen getöteten deutschen Soldaten – innerhalb einer Woche zehn – müßten hundert, für jeden der sechsundzwanzig zu dieser Zeit Verwundeten fünfzig Jugoslawen sterben. 2300 Menschen, vor allem »Kommunisten, Banditen und deren Helfershelfer« wurden in diesem Fall auch tatsächlich hingerichtet. Und in Zukunft, »sei es auch nur ein Sabotageakt«, werde mit gleicher Strenge durchgegriffen.

Eine Polizeikompanie vernichtete Ende September 1942 das »bandenverseuchte« Dorf Borysowka. Im Schutze der Dunkelheit umstellt, trieb man die Einwohner zusammen, sonderte fünf Familien aus und erschoß schließlich »169 Personen... davon 49 Männer, 97 Frauen und 23 Kinder«. Der Ort selbst wurde eingeäschert.

Helfershelfern von Banditen, Zivilisten, vielfach Frauen und Mädchen, oder solchen, die auch nur den Anschein erweckten, für Partisanen zu kundschaften, drohte sofortiger Tod. So lautete jedenfalls ein Befehl vom 16. November 1943 der Standortkommandantur Pleskau an alle Einheitsführer im Bahn- und Rollbahnschutz. Alter und Geschlecht spielten keine Rolle; wer auf Bahnkörpern »oder in der Nähe« angetroffen wurde, war des To-

des, auch diejenigen, die sich querfeldein bewegten, oder die bei Nacht oder in der Dämmerung sich auf Straßen befanden.
Das Völkerrecht erlaubte Vergeltungsmaßnahmen, wenn Hekkenschützen in Zivil und Soldaten ohne Uniform oder Abzeichen heimtücksich operierten. Darauf hatten sich jahrelang deutsche Reaktionen gestützt. Richtlinien Görings vom 26. Oktober 1942 an OKW, Generalstäbe, Reichsführer-SS, Ostministerium und andere Dienststellen und Behörden über die von Hitler befohlene »verstärkte Bekämpfung der Bandentätigkeit« betonten die Rigorosität solcher Schritte. »Mit schärfsten Mitteln durchgreifen« hieß nach damaliger Lesart, aufkeimenden Widerstand auf der Stelle zu unterdrücken, »um die Autorität der Besatzungsmacht durchzusetzen und einem weiteren Umsichgreifen vorzubeugen«. Nur ungewöhnliche Härte galt als geeignet zur Abschreckung; infolgedessen stand auf Sabotage, Spionage und Waffenbesitz der Tod.
Massenvernichtungen aller Widerstandselemente, auch potentieller, wie Sipo und SD sie im eroberten Rußland gemäß dem Führerbefehl, »jeden Widerstand in eroberten Gebieten mit allen Mitteln schnellstens und vollkommen zu brechen«, durchgeführt hatten, standen nun, da sich das Blatt gewendet hatte, auch von alliierten Eroberern zu befürchten.
Besondere Bedeutung im Hinblick auf den militärisch ausgerichteten Prützmann-»Werwolf« gewann in dieser Hinsicht der deutsche »Kommando-Befehl«, wobei »Kommando« Sabotagetrupp bedeutete, also dasselbe, was die »Werwolf«-Trupps Prützmanns darstellen sollten.
Mit dem Einsatz alliierter Sabotagetrupps ab 1941 hatte eine neue Art Krieg begonnen, an die deutscherseits noch garnicht gedacht worden war; die großen Niederlagen standen ja erst bevor, der vernichtende strategische Bombenkrieg gegen Deutschlands Zivilbevölkerung war noch nicht angelaufen, und noch dachte niemand in einem anscheinend siegreichen Deutschland daran, daß es einmal zu verzweifelten »Werwolf«-Entschlüssen kommen könnte.
So erschienen deutschen Führern Taktik und Handlungsweisen alliierter Sabotagetrupps wie Verstöße gegen Gesetze der Kriegskunst. Hitler hielt die neuen Kampfmethoden für »radikal völkerrechtswidrig... brutal und hinterhältig«, und er verlangte, Ange-

hörige solcher Trupps wie vogelfreie Spione und Freischärler zu behandeln. Obwohl zunächst an Abschreckung gedacht war, trieb Hitler persönlich die Sache auf die Spitze: Als wieder einmal ein alliiertes Kommando abgesetzt und gefaßt worden war, diktierte Hitler den Schlußsatz des entsprechenden Wehrmachtberichtes vom 7. Oktober 1942 höchstpersönlich: »... In Zukunft werden sämtliche Terror- und Sabotagetrupps der Briten und ihrer Helfershelfer, die sich nicht wie Soldaten, sondern wie Banditen benehmen, von den deutschen Truppen auch als solche behandelt werden«. Der kurz darauf folgende »Kommando-Befehl« vom 18. Oktober 1942 richtete sich gezielt gegen heimlich hinter den Linien abgesetzte alliierte Sabotage- oder Zerstörtrupps, die allerdings auch in Zivil operierten. Hitler ordnete an, »grundsätzlich jeden Pardon zu verweigern« und diese Soldaten »bis auf den letzten Mann niederzumachen«. In einem Ergänzungsbefehl, der ausschließlich an Kommandeure gerichet war, begründete Hitler seine maßlose Härte. Nur »unter allen Umständen« restlose Vernichtung und Ausrottung mache Teilnehmern und Freiwilligen solcher Trupps klar, »daß die Aussicht, hier mit dem Leben davonzukommen, gleich Null ist«. Krieg gegen Partisanen und Saboteure sei nun einmal ein »Kampf der restlosen Ausrottung des einen oder des anderen Teiles«.
Nach Himmlers Zusatz-Befehl vom 13. November 1942 mußten niedergemachte Angehörige feindlicher Kommandotrupps »als gefallene Soldaten mit militärischen Ehren« beigesetzt werden, allerdings ohne Beiziehung von Vertretern des Internationalen Roten Kreuzes oder »der Schutzmacht des betreffenden Feindlandes«.
Als in der Nacht zum 20. November 1942 eine Vickers »Wellington« beim Versuch, Lastensegler nach Norwegen zu schleppen, Bodenberührung bekam, stürzte sie ab; die Besatzung fand dabei den Tod. Der nun freischwebende Lastensegler setzte 15 Kilometer nordöstlich Egersund auf, wobei drei Mann des Sabotagetrupps ebenfalls zu Tode kamen. Sechs schwer und acht leicht verletzte britische Soldaten in Khakiuniform, worunter sie zum Teil blaue Skianzüge trugen, fielen mitsamt Waffen, Sabotagematerial, Sendern, Zelten, Schneebrettern und Werkausrüstung deutschen Truppen in die Hände.
Nachdem Namen, Dienstgrade und Erkennungsmarken festgeste-

tellt worden waren, starben die Überlebenden des Sabotagetrupps am Abend desselben Tages auf Befehl der 280. Infanteriedivision unter den Kugeln eines Erschießungspelotons.
Am 21. September 1942 sprengte ein heimlich gelandetes Kommando von 10 Engländern und 2 Norwegern in britischen Gebirgsjägeruniformen wichtige Anlagen im Kraftwerk Glomfjord. Dabei töteten sie einen deutschen Wachtposten. Mitgeführte Morphiumspritzen sollten etwaigen norwegischen Widerstand brechen. Zwei Offiziere – einer, Hauptmann Black, in Dresden geboren – zwei Unteroffiziere und drei Schützen wurden gefaßt und am 30. Oktober 1942 als Saboteure gemäß dem »Kommando-Befehl« hingerichtet.
Zwei britische Soldaten, die in Westfrankreich mit einem Faltboot an Land gelangt waren, wurden um 9. Dezember 1942 von deutschen Marinestreitkräften aufgegriffen. Sie führten Sprengkörper mit Haftmagneten, Kartenmaterial von der Girondemündung, Luftbildaufnahmen der Hafenanlagen von Bordeaux, Tarnmaterial, Lebensmittel und Trinkwasser für mehrere Tage mit sich. Auch wie wurden als Saboteure angesehen und erschossen. Fünf weiteren englischen Trupps, bestehend aus je zwei Mann in Paddelbooten, gelangen am 12. Dezember 1942 Sprenganschläge auf mehrere Schiffe in Bordeaux. Unbemerkt waren sie, von U-Booten abgesetzt, die Gironde-Mündung aufwärts gepaddelt. Während einer der Männer umkam, gerieten sieben andere in Gefangenschaft. Sie alle mußten sterben.
Auch der einundzwanzigjährige britische Matrose Robert Paul Evans wurde erschossen. Er hatte im Januar 1943 einem britischen Kommando angehört, das mit Zwei-Mann-Torpedos einen Anschlag auf die »Tirpitz« im Drontheim-Fjord durchführen sollte. Evans fiel als einziger den deutschen Verfolgern in die Hände. Als man ihn an der schwedischen Grenze faßte, trug er Zivil; bei sich hatte er einen Schlagring und eine Pistolentasche.
Bei der Kriegsmarine verstand man den Führerbefehl vom 18. Oktober 1942 so, »... daß die Erschießung uniformierter, auf militärischen Befehl handelnder Gefangener auch noch hinterher zu erfolgen hat, wenn diese sich freiwillig ergeben und um Gnade gebeten haben«.
Am 25. Juni 1944 bestätigte OKW auf Anfrage von OB West die »Pflicht der Vernichtung feindlicher Terror- und Sabotagetrupps«

in Anwendung des Kommando-Befehls auch nach der anglo-amerikanischen Invasion.

Als es häufiger vorkam, daß man bei der Bandenbekämpfung Angehöriger amerikanischer, britischer oder russischer Militärmissionen habhaft wurde, befahl Keitel, diese »nicht wie Kriegsgefangene, sondern nach dem Befehl des Führers... vom 18. Oktober 1942 zu behandeln«.

Der »Kommando-Befehl« sollte mit voller Absicht brutal und abschreckend wirken. Teilnahme an Kommando-Unternehmen sollte wie glatter Selbstmord erscheinen. Offenbar als einziger wies Jodl warnend auf seiner Meinung nach unvermeidliche Rückwirkungen hin; im totalen Krieg sei Sabotage »wesentlicher Bestandteil der Kriegführung«, auch der deutschen.

Ohne daß der Chef des Wehrmachtführungsstabes schon zu diesem Zeitpunkt, als deutsche Truppen halb Europa besetzt hielten und tief in Rußland standen, an organisierten Kleinkrieg im Stile eines »Werwolf«-Kampfes gedacht haben dürfte, warf er in der Absicht, Hitlers kompromißlosen Befehl abzuschwächen, Fragen auf, die alle auf eigene mögliche Kleinkrieg-Aktivitäten hinausliefen. Besorgt fragte Jodl zum Beispiel:

»Können wir den Grundsatz aufstellen: Sabotagetrupps üben keine rechtmäßige Kriegführung aus; sie sind im Kampf schonungslos zu erledigen?«.

Deutsche Repressalien, berechtigt oder nicht, setzten sich fort.

Fünf französische Eisenbahner sowie einen Kraftfahrer verurteilte ein deutsches Kriegsgericht der Feldkommandantur Lille am 30. Mai 1944 wegen Feindbegünstigung in Tateinheit mit Waffen- und Sprengstoffbesitz zum Tode; das Urteil wurde am 16. Juni 1944 durch Erschießen vollstreckt.

Ein OKW-Befehl vom 18. August 1944 drohte abermals unmißverständlich an:

»Die ständig zunehmenden Terror- und Sabotageakte in den besetzten Gebieten, die mehr und mehr von einheitlich geführten Banden begangen werden, zwingen zu schärfsten Gegenmaßnahmen, die der Härte des uns aufgezwungenen Krieges entsprechen.«.

Und wieder folgten den Worten die Taten.

So zum Beispiel Erschießungen, wie jene am 7. Oktober 1944 als »Gegenmaßnahme für die Sprengung von Eisenbahnanlagen in

Rijswijk durch Terroristen« (als solche würde die Gegenseite natürlich auch deutsche »Werwölfe« bezeichnen); zwölf Mann waren damals »am Ort der Sprengung erschossen« worden. »Eine Anzahl Terroristen und Saboteure« fielen am 24. Oktober 1944 frühmorgens in aller Öffentlichkeit in Amsterdam im Feuer eines Erschießungskommandos, zugleich wurden Wohnhäuser niedergebrannt – Vergeltung für die Tötung eines deutschen Soldaten aus dem Hinterhalt. Für zwei andere, ebenso getötete Seeleute, starben am 16. Dezember 1944 zwölf Niederländer, zwei Häuser flogen in die Luft. Ähnliches geschah dann am 7. Februar 1945 nach Bekanntgabe durch den HSSPF Nordwest mit fünf Geiseln, am 10. März 1945 wiederum mit »einer Anzahl« von Saboteuren, drei Wochen später mit weiteren zwölf Terroristen, Leuten, die ihre Heimat ebenso verteidigten, wie deutsche »Werwölfe« die ihre.

Kollektivmaßnahmen drohten gleichfalls, wie zum Beispiel ähnlich jener vom 24. September 1944, als Seyss Inquardt »die gesamte Einwohnerschaft der Gemeinde verantwortlich (machte), in deren Bezirk« Zerstörungen oder Beschädigungen von »Eisenbahnanlagen, Fernsprechkabel und Postämter« vorkommen sollten.

Zur Vergeltung wurde »auf Eigentum gegriffen und Häuser oder Häusergruppen zerstört«.

Alliierte Befehlshaber konnten durchaus ähnlich denken und handeln wie knapp ein Jahr zuvor Generalfeldmarschall Kesselring, als dieser im Kampf gegen italienische Banden »alle... Mittel... mit größter Schärfe« angewendet wissen wollte. Er hatte sogar im voraus mögliche Übergriffe seiner Leute schriftlich sanktioniert und übereifrige Truppenführer seiner Rückendeckung versichert, nach der Devise: Auf alle Fälle handeln; lieber Fehlgriffe, als Unterlassung und Nachlässigkeit.

»Werwolf«-Kampf bedeutete Bandenkampf, jedenfalls für die Gegenseite. Und so wie Hitler mit seinem »Kommando-Befehl« dem Sabotage-Kleinkrieg im Westen und am 16. Dezember 1942 dem Bandenkampf im Osten und auf dem Balkan soldatische Ritterlichkeit sowie Beachtung der Regeln der Genfer Konvention abgesprochen und stattdessen »allerbrutalste (Gegen-)Mittel«, auch in bezug auf Uniformierte, Frauen und Kinder, gefordert hatte, »um dieser Pest Herr zu werden«, so mußten sich nun wohl

auch »Werwolf«-Kämpfer auf schärfste Gegenmaßnahmen gefaßt machen.
Zwei deutsche Offiziere, Oberleutnant St. und Leutnant D., berichteten nach geglückter Flucht aus amerikanischer Gefangenschaft bereits am 1. November 1944, als die »Werwolf«-Organisation erst im Entstehen war, die Amerikaner hätten immer wieder bohrend danach gefragt, ob Himmler tatsächlich beabsichtige, hinter der Front im alliierten Besatzungsgebiet eine »Terroristen-Bewegung« aufzuziehen. Die Offiziere hatten bei den Vernehmungen den Eindruck gewonnen, daß man auf amerikanischer Seite über jede nur mögliche Aktion dieser Art stark beunruhigt war.
Als Tausende von Flüchtlingen, das imaginäre Ziel »Alpenfestung« vor Augen, am Nordrand des Gebirges zusammenströmten und die Alpentäler übervölkerten, schlossen alliierte Geheimdienste daraus auf »Werwolf«-Vorbereitungen. Die Militärbefehlshaber verstärkten ihre Anstrengungen zur Niederwerfung letzten deutschen Widerstandes und taten, wie wir noch sehen werden, einiges in Ansehung des »Werwolf«, was sie später reute. –
Obgleich einzelnen »Werwolf«-Angehörigen der allgemeine Überblick fehlte, so mußte jedenfalls doch der Führung klar sein: Wenn die Alliierten auf die Erscheinung des »Werwolf« ebenso reagierten wie deutsche Oberbefehlshaber der Wehrmacht, Standortkommandanten, HSSPF, Reichskommissare und andere autorisierte Stellen auf Aktivitäten feindlicher Widerstandsgruppen, dann drohten wahrhaftig harte, ja grausame Strafen.
Jeder, der dem »Werwolf« in feindbesetzten Gebieten half, beging nach Völkerrecht »Kriegsverrat«. Artikel 43 H. L. K. O. berechtigte Okkupanten zur Ausübung öffentlicher Gewalt und übertrug ihnen ausdrücklich die Sorge um Aufrechterhaltung öffentlichen Lebens und öffentlicher Ordnung. Aus diesem Recht leitete sich eine entsprechende Strafgewalt ab. Nicht als Soldaten kenntliche Saboteure konnten, auf frischer Tat ertappt, mit vollem Recht kurzerhand erschossen werden.
In einem von »Werwölfen« unsicher gemachten Deutschland mußte mit Repressalien durch alliierte Besatzungsmächte gerechnet werden.
Goebbels behauptete, Eisenhower habe sogar Gas gegen »Wer-

wolf«-Gruppen anwenden wollen, blieb Beweise jedoch schuldig. Überhaupt scheinen dem Minister in den letzten Wochen seines Lebens nur noch in seinem Sinne günstige Auslandsmeldungen bewußt geworden zu sein. Jedenfalls will er mit Genugtuung den tödlichen Ernst zur Kenntnis genommen haben, von dem »Werwolf«-Berichte der Auslandspresse getragen worden seien; sogar das »laute Kriegsgeschrei des Tages« sei davon übertönt worden. In England habe man im »Werwolf« den Beginn einer gefährlichen, chaotischen Entwicklung beargwöhnt, die eine europäische Dimension annehmen und eine Befriedung dieses Raumes in Frage stellen könne. Jedenfalls sei der »Werwolf« in den Augen der Engländer »ein außerordentlich gefährliches Instrument der deutschen Widerstandskraft um jeden Preis und auf unabsehbare Zeit hinaus«, meinte Goebbels.

So waren im Laufe eines auf beiden Seiten mit wachsender Erbitterung geführten Krieges die Herzen maßgeblicher Leute in Deutschland derart verhärtet, daß man in Verblendung einer Untergrundorganisation wie dem »Werwolf« Chancen zudachte – obwohl sich doch jeder denken konnte, daß Angehörige einer solchen »Banditenorganisation« (wie die Feinde sicher sagen würden – und auch sagten) und deren »Helfershelfer«, ob Mann, Frau oder Kind, alt oder jung, ein sehr hartes Los treffen würde, sollten die Alliierten den Spieß umdrehen und auch nur einen Teil jener deutschen Befehle aus der Vergangenheit nun ihrerseits sinngemäß anwenden.

15. SS und »Werwolf«.

Keine Waffengattung verfügte über bessere Erkenntnisse im sogenannten Bandenkampf als Spezialeinheiten der Waffen-SS. Himmler hatte, als er aus den bewaffneten Einheiten der SS (SS-Verfügungstruppe, SS-Totenkopfverbände, Polizeiverstärkungen) die Waffen-SS entwickelte, von Anfang an eine nationalsozialistische Wehrelite vor Augen, wobei er weit über den Krieg hinausdachte.

Hitlers Einstellung kam ihm entgegen, denn bereits ein Jahr nach Beginn seiner Kriegszüge hatte Hitler in einem Brief vom 16. August 1940 an Keitel seine Absicht bekräftigt, später einmal »die Waffen-SS im Innern,...bei kritischen Lagen im Innern« einzusetzen.

»In den Reihen des Heeres nach Bewährung im Felde in die Heimat zurückgekehrt«, argumentierte Hitler, würden »die Verbände der Waffen-SS die Autorität besitzen, ihre Aufgaben als ›Staatspolizei‹ durchzuführen«. Die Wehrmacht sei »für alle Zukunft einzig und allein zum Einsatz gegen die äußeren Feinde des Reiches bestimmt«. Im Innern aber habe die Waffen-SS als »Staatspolizei« für Ordnung zu sorgen. Bei dieser Gelegenheit äußerte Hitler auch noch die Ansicht, diese Elite solle aus Selektionsgründen im allgemeinen die Stärke von »5 – 10% der Friedensstärke des Heeres« nicht überschreiten.

Für Angehörige der Waffen-SS gab es kein Unmöglich – das war es, was Hitler faszinierte und was diese Elite-Truppe in seinen Augen so sehr über andere Formationen, Truppenteile und Soldaten hinaushob.

Der Blutzoll war entsprechend hoch.

In dem Bestreben, von der erschreckend zusammengeschmolze-

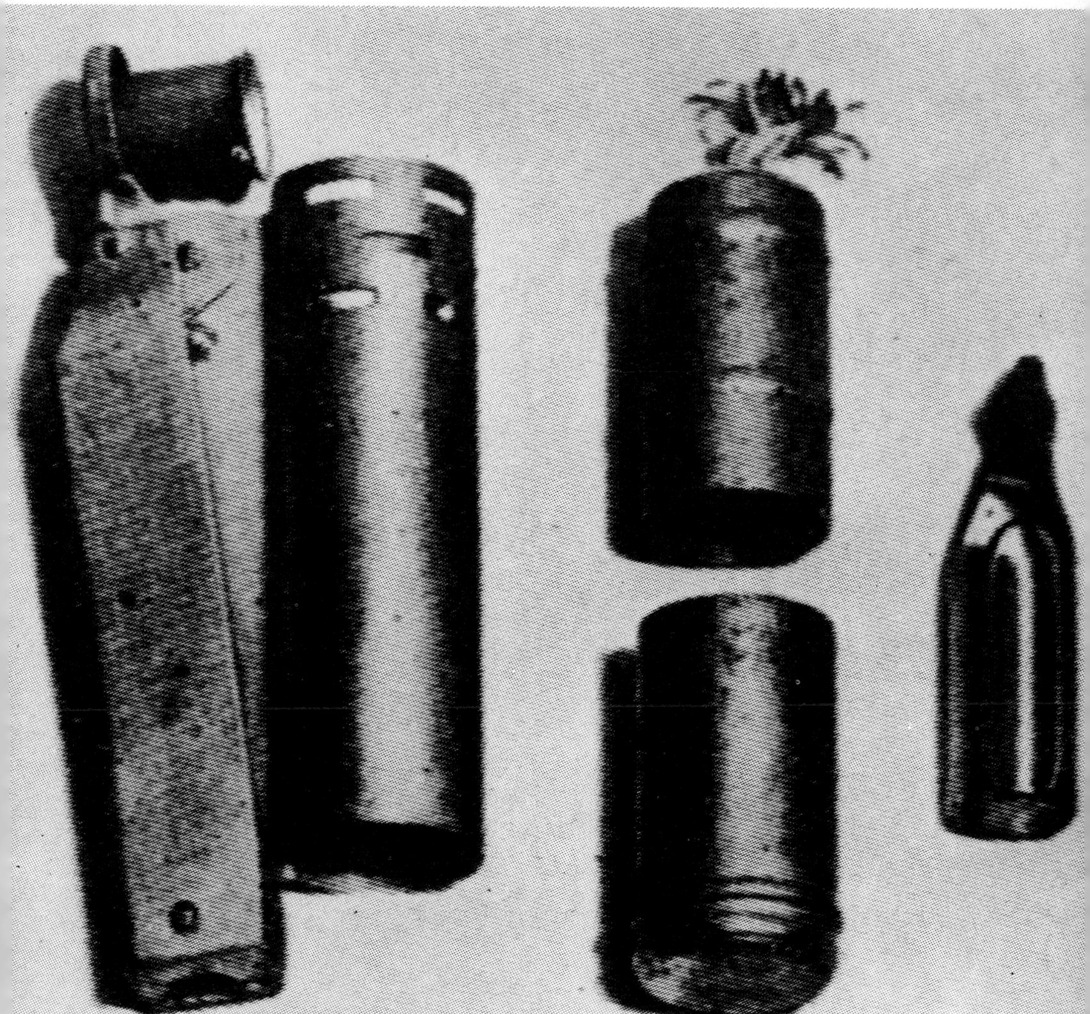

Feuerzeug mit tödlichem Inhalt: eine Zyankalikapsel; »Selbstvernichter« für »Werwölfe« in aussichtsloser Lage.

Deutsche in amerikanischen Beute-Uniformen – waghalsige Taktik der Panzerbrigade 150 im Rahmen des »Unternehmen Greif«, Dezember 1944, Ardennen.

Rechte Seite:

23. Dezember 1944, Henri-Chapelle: In amerikanischen Uniformen aufgegriffene Teilnehmer am »Unternehmen Greif« werden erschossen; Feldwebel Schmidt und die Unteroffiziere Billing und Pernaß.

Wichtiger Bestandteil einer »Werwolf«-Ausrüstung: das Funkgerät.

Primitiv, leicht herstellbar, höchst wirksam: berüchtigte »Molotow-Cocktails« – Benzinflasche mit Lunte (links).

»Werwolf«-Handwerkszeug – eine Sprengladung (rechts).

nen Anzahl deutscher Kämpfer möglichst viele mit Geist und Einsatzwillen der SS zu beseelen, gab man zuletzt, als die wirkliche Auslese im Feuer vieler Schlachten untergegangen oder verwundet worden war, immer mehr Soldaten den SS-Waffenrock, ohne so genau wie zu Beginn des Krieges ursprüngliche Prinzipien zu beachten; selbst manche SS-Führer entsprachen nicht mehr dem alten Ideal. So lag die letztgültige Gesamtzahl von Angehörigen der Waffen-SS schließlich bei 794941 Mann, längst nicht mehr alles blonde Recken und »harte, rassestolze germanische Vollmenschen«, die nach Himmlers Ideen als »Stoßtrupp des Blutgedankens« und als kampfgestählte Beherrscher slawischer Völker im Ostraum eine Elite von »Wehrbauern« zum ewigen Schutz des Deutschen Reiches bilden sollten.
360000 Soldaten der Waffen-SS fielen; 42000 gelten immer noch als vermißt.
Für die Waffen-SS existierte kein einheitliches, zentrales Oberkommando; vielmehr kämpften Divisionen der Waffen-SS im großen und ganzen als integrierte Wehrmachtteile unter dem Kommando des jeweiligen Heeresbefehlshabers. Das Führungshauptamt der SS fungierte lediglich als oberste Verwaltungsbehörde, über welche Himmler allerdings sein Recht auf Personalergänzungen, Umbesetzungen, Gerichtsbarkeit und allgemeine Organisation weiterhin ausübte.
Stellte die Waffen-SS dem Prützmann-»Werwolf« Ausbilder und Ausbildungseinrichtungen zur Verfügung, übertrug Himmler die Organisation des »Werwolfs« anderen Mitarbeitern: den Höheren SS- und Polizeiführern.
Entsprechende Dienststellen waren bereits im Jahre 1939 eingerichtet worden; damals stand nach dem Wortlaut der maßgeblichen Dienstanweisung des Reichsinnenministers die Notwendigkeit einer wirksamen Vertretung des Reichsführers-SS und Chefs der Deutschen Polizei in den Wehrkreisen des Reiches im Vordergrund.
Tatsächlich sah Himmler in seinen Vertrauten aber weit mehr als nur regionale Hüter und Vollstrecker seines Willens; er betraute sie mit einer Fülle ideologischer, politischer, militärischer und sonstiger Aufgaben – verlängertes Ohr, verlängertes Auge, verlängerter Arm ihres Dienstherrn, der ja beim besten Willen nicht überall sein konnte, trotz seines Fleißes.

Als direkte Repräsentanten unterstanden HSSPF Himmler persönlich und nicht etwa dem RSHA der SS. Zunehmende Hektik und schwindendes Kriegsglück bewogen den Reichsführer, immer mehr Macht auf HSSPF zu übertragen.
Er verschaffte ihnen Staatsämter und setzte sie in ihren Bereichen als Befehlshaber der Sipo ein; jetzt konnte er sich darauf verlassen, daß Befehle in seinem Sinne ausgeführt wurden; »wenn« und »aber« fielen nun weg. Im Herbst 1944 folgte die Ernennung von HSSPF zu Höheren Kommandeuren der Kriegsgefangenen in den Wehrkreisen; zugleich erhob man sie zu Generalen der Waffen-SS, obwohl sie mit der Waffen-SS unmittelbar nichts zu tun hatten. Der hohe militärische Rang diente lediglich der Legitimation, um jener internationalen Bestimmung im Kriegsgefangenenwesen zu genügen, die eine Verwendung von Polizeikräften bei der Verwaltung von Kriegsgefangenenlagern nicht zuließ.
Trotzdem bekleideten einige HSSPF zugleich das Amt von Polizeipräsidenten. HSSPF trugen schließlich auch die »alleinige Verantwortung für die Bandenbekämpfung in den Gebieten mit ziviler Verwaltung«, worauf Himmler noch einmal ausdrücklich mit »SS-Befehl über die Führung in der Bandenbekämpfung« vom 27. September 1944 mit genauen Anweisungen aufmerksam gemacht hatte.
HSSPF waren sowohl Polizeiführer als auch militärische Kommandeure, insbesonders im Osteinsatz.
Als Himmler aber den militärischen »Werwolf« aus der Taufe hob, betraute er die HSSPF mit dessen Führung. Diese zögerten nicht, die Waffen-SS vor ihren Karren zu spannen, ganz besonders jedoch die SS-Jagdverbände.
Sogenannten »Jagdverbänden« kommt infolgedessen bei der Betrachtung von »Werwolf«-Kleinkrieg besondere Bedeutung zu: Sie können als Vorstufe angesehen werden; sie dienten dem Prützmann-»Werwolf« als Lehrmeister; sie sollten nach dem taktischen Konzept als flexible, andauernd vorstoßende und wieder zurückweichende Einheiten mit stationär im Untergrund kämpfenden »Werwolf«-Trupps zusammenwirken; schließlich traten Angehörige von Jagdverbänden hier und da in der letzten Kriegsphase, als Goebbels den allgemeinen, politischen »Werwolf« proklamiert hatte, entweder wie »Werwölfe« oder sogar ausdrücklich als »Werwölfe« in Erscheinung.

Bereits im Herbst 1942 hatte Göring, selbst passionierter Waidmann, die Idee, Wilderer und Trophäenjäger aus Leidenschaft, also keinesfalls Schlingen- und Fallensteller, sowie verwegene Schmuggler, deren gesetzwidriges Verhalten ebenfalls mehr von Abenteuerlust als vom Profit bestimmt gewesen sein mußte, in »Banden« zusammenzufassen, um sie als Sonderkommandos unter guter, militärischer Führung hinter der Ostfront Störaufgaben durchführen zu lassen. Hauptsächlich sollten diese »Banden- oder Jagdkommandos«, wie Göring sie nannte, russische Partisanenführer jagen und unschädlich machen.
Als immer häufiger feindliche Panzer und Verbände durch dünngewordene deutsche Frontlinien durchbrachen, entstanden »Panzer-Jagdkommandos« und »Jagd-Stoßtrupps« als improvisierte Feuerwehren, hastig aus allen möglichen Truppenteilen formierte, bewegliche Verbände.
Auch im WFSt sah man im »kühnen Zupacken« beherzt zusammengefaßter, nicht an Dienststellungen, Diensträngen oder »Kompetenzen klebender«, aus eigener Initiative ohne besondere Befehle und Weisungen handelnder Kämpfer eine Möglichkeit, vorgeprellte feindliche Panzerspitzen und motorisierte Einheiten »einzeln anzufallen und zu vernichten«, feindlichen Nachschub und rückwärtige Verbindungen abzuschneiden, dem Feind überall und immer hohe Verluste zu verursachen und so sein weiteres Vordringen abzustoppen. Nur so, meinte man im WFSt, könne »es gelingen, wieder zu zusammenhängenden Fronten in Anlehnung an geeignete Geländeabschnitte zu kommen«.
Tatkräftige Offiziere sollten ohne Rücksicht auf Rangunterschiede und Befehlsverhältnisse Ersatzeinheiten bis auf den letzten Mann mobilisieren und dem Feind entgegenwerfen. Als Vorbild und herausragendes Beispiel diente die Vernichtung einer kompletten amerikanischen Einheit, der »Task Force Baum«, durch »gut geführte und von hoher Kampfmoral erfüllte Ersatztruppenteile des Wehrkreises XIII«.
Unter Führung von Captain Abraham Baum aus Bronx hatte sich am 27. März 1945 eine starke amerikanische Sondereinheit in Marsch gesetzt, um einen außerordentlich kühnen Befehl ihres Oberkommandierenden auszuführen:
Bestehend aus 307 Soldaten, zehn »Sherman«- sowie sechs leichten Panzern, 27 Halbkettenfahrzeugen, drei 10,5 cm-Geschützen,

sieben Jeeps und einem Sanitätswagen, hatte die »Task Force Baum« 900 amerikanische Offiziere aus dem OFFLAG (Offiziersgefangenenlager) XII B zu befreien. Unter den Gefangenen befand sich John Waters, Kavallerist aus Baltimore und Ehemann von »Little B.«, Pattons Tochter.

Das Ziel lag etwa fünf Kilometer von Hammelburg – allerdings auch hundert Kilometer hinter den deutschen Linien.

Durch beherzten Einsatz deutscher Jagdkommandos schlug dieses höchst riskante Unternehmen fehl; die amerikanische Einheit wurde völlig aufgerieben; Waters erlitt beim vergeblichen Ausbruchsversuch schwere Verwundungen.

Auch OB West rief mit Befehl vom 2. April 1945 »alle Männer und waffenfähigen Jünglinge auf, sich« zu solchen Jagd-Stoßtrupps »zu melden«; dies sei Ehrenpflicht für jeden Deutschen, »der das Herz auf dem rechten Fleck« habe. Die Wehrkreise, hinter der Front liegende Truppen und Kommandostellen, sollten sofort mit den Gauleitungen der NSDAP Initiativen ergreifen und die Verantwortung für richtige taktische Unterweisung übernehmen.

»Feind muß sich ununterbrochen angegriffen fühlen, Verluste haben und dadurch Nerven bekommen... Nicht die Zahl (an Truppen) sondern die Männer machen es, die die Faustpatrone (Panzerfaust) bedienen...«, meinte Kesselring.

Abgesehen von solchen allgemeinen Jagdkommandos, die aus dem Augenblick heraus entstanden, um einer momentanen Gefahr zu begegnen, existierten schon längst hochqualifizierte Einheiten der Waffen-SS, die sich SS-Jagdverbände nannten, und die besondere Bedeutung im Hinblick auf den »Werwolf« gewinnen sollten.

Ihre Aufgaben bestanden in militärischen Sondereinsätzen und Kommando-Unternehmungen.

Zunächst standen für derartige Aufgaben nur Soldaten und Offiziere der »Division Brandenburg« unter dem Befehl von Admiral Canaris, dem Chef der militärischen Abwehr, zur Verfügung. Kernzelle war die seit 1939 von der Abteilung II »Sabotage und Subversion« der militärischen Abwehr (OKW) unter wechselnden Bezeichnungen geführte und eingesetzte Einheit des Majors Helmuth Groscurth gewesen, die ab 1. November 1942 »Sonderverband 800« hieß, bevor sie, inzwischen fünf Regimeter stark, in

»Division Brandenburg z.b.V. 800«, kurz »Division Brandenburg«, umbenannt wurde.
Als auch Himmler den großen Nutzen flexibel einsetzbarer, draufgängerischer Kampfeinheiten erkannt hatte, ließ er durch den General der Waffen-SS Hans Jüttner, Chef des Führungshauptamtes der Waffen-SS, im Frühjahr 1943 beim ehemaligen Jagdschloß der Hohenzollern in Friedenthal, etwa 20 Kilometer nördlich von Berlin, unter dem Kommando eines holländischen Offiziers der Waffen-SS den »Sonderverband z.b.V. Friedenthal« einrichten, und zwar aus dem seit Sommer 1942 bestehenden »Sonderlehrgang z.b.V. Oranienburg«.
Der große Park, in dem um zwei Gästepavillons eine kleine Barackenstadt aus dem Boden wuchs, eigenete sich gut als geheimes Trainingslager für ungewöhnliche Kampfmethoden. Eine vier Meter hohe Mauer, Alarmanlagen sowie nächtliche Hundestreifen sicherten das Gelände.
Anfangs reichten Jüttners Kompetenzen nicht über den Bereich der Waffen-SS hinaus; später durften jedoch freiwillige Offiziere und Mannschaften aus allen Waffengattungen für Friedenthal gewonnen werden.
Einsätze des »Sonderverbandes« steuerte das RSHA; trotzdem blieb er dem SS-Führungshauptamt unterstellt.
Am 17. April 1944 entwickelte sich aus dem »Sonderverband z.b.V. Friedenthal« das »SS-Jägerbataillon 502« mit Stabseinheiten und drei motorisierten Kompanien. Angehörige dieses Bataillons führten die »Operation Alarich« durch, die aufsehenerregende Mussoloni-Befreiung; ursprünglich war die »Operation Alarich« gegen den italienischen König Viktor Emanuel III., dessen Gefolge, den Kronprinzen Umberto sowie italienische Minister und führende Persönlichkeiten gerichtet gewesen.
Nach der Mission auf dem Gran Sasso meldeten sich erstmals elf Offiziere der »Division Brandenburg« und baten um Versetzung zu den SS-Jagdverbänden, wie die Friedenthaler Einheit inzwischen hieß. Admiral Canaris stimmte nur zögernd zu.
Unter diesen Offizieren befand sich auch Oberleutnant Adrian von Fölkersam, Skorzenys späterer Stabschef, ein gebildeter außerordentlich mutiger Mann mit perfekten Sprachkenntnissen in Russisch, Französisch und Englisch.
SS-Jagdkommandos verfeinerten ihre Einsatzart immer mehr; sie

führten Kleinkrieg in feindlichen Nachschubgebieten, verübten Sabotage im feindlichen Hinterland, schlichen sich als Stoßtrupps in den Rücken des Feindes, um dort allgemeine und spezielle Störmaßnahmen durchzuführen; schließlich stellten sie auch Scharfschützen für besondere Zwecke in der HKL zur Verfügung.
Wegen personeller Zusammensetzung, Ausbildung, Ausrüstung und Aufgabenstellung nahmen SS-Jagdverbände innerhalb der Wehrmacht eine Sonderstellung ein.
Abgesehen von zweckbestimmten, freiwilligen Unterordnungen unter die Befehlsgewalt von Heeres-Kommandeuren, fand eine Eingliederung in sonstige kämpfende Heeresverbände nicht statt; die Waffen-SS wollte ihre Elitetruppe möglichst in der Hand behalten; sich selbst traute sie wirksameren Einsatz zu. An der Spitze aller SS-Jagdverbände stand SS-Stubafü Otto Skorzeny, der Mussolini-Befreier.
Die Konkurrenz zwischen den nebeneinander arbeitenden Abwehrdiensten von OKW, Canaris, und RSHA, Schellenberg, ging erst am 12. Februar 1944 zu Ende, nachdem die Abteilung II, Amt Abwehr, dem Reichsführer-SS unterstellt und die Aufgaben der »Division Brandenburg« dem RSHA übertragen worden waren. Das Attentat auf Hitler am 20. Juli 1944 und die Verstrickungen von Admiral Canaris in den Widerstand beschleunigten den Übergangsprozeß: SS-Jagdverbände übernahmen die Angehörigen der Streifenkorps der »Division Brandenburg« mit Oberstleutnant Walther, einem der späteren Stabschefs Skorzenys, an der Spitze.
Unter den nach Friedenthal versetzten Offizieren befand sich auch Leutnant Herbert Wenzel, ein junger Auslandsdeutscher, der seine Jugend in Südafrika verbracht hatte und gut Englisch sprach. Ein paar Monate später sorgte dieser Offizier als Führer des auf Oberbürgermeister Dr. Oppenhoff angesetzten Vollstreckungskommandos für Schlagzeilen in der deutschen und ausländischen Presse. Die Tat löste den »Werwolf«-Propagandafeldzug aus und hatte weitreichende Folgen.
Während ehemalige »Brandenburger« hauptsächlich den SS-Jagdverband Südost verstärkten, stießen einige weitere Kompanien unter dem Befehl von Major Otto Beck zum SS-Jagdverband Süd, der damals noch in Italien kämpfte.
Aufgabe des SS-Jagdverbandes Ost I, entstanden im August 1944

in Stärke eines Bataillons, bestand darin, Aktionen im russischen Hinterland unter Teilnahme russischer Freiwilliger durchzuführen. Allen Unternehmungen im Osten gingen Erkundigungen bei General Reinhard Gehlen,dem Leiter des Amtes »Fremde Heere Ost« im OKH, voraus; Skorzeny hielt die Zusammenarbeit für gut. Besonders um die Jahreswende 1944/1945 organisierten SS-Jagdverbände in Friedenthal auf Befehl des OKH und mit Unterstützung des Amtes »Fremde Heere Ost« zahlreiche Einsätze, die ausnahmslos hinter die russischen Linien führten.
Als eine Art Feuerwehr warf man schließlich den SS-Jagdverband Ost zusammen mit schnell herbeigeführten Polizei- und Feldgendarmerieeinheiten dem gewaltigen Ansturm weit überlegener Truppen der Roten Armee entgegen.
Anfang März 1945 kehrten vom SS-Jagdverband Ost I, früher 800 Mann stark, zwei Offiziere und dreizehn Mann zurück. Auch der SS-Jagdverband Ost II bestand Anfang April 1945 nur noch aus etwa hundert Mann. Auf Veranlassung von Feldmarschall Schörner sprengten sie noch eine Autobahnbrücke bei Breslau, inzwischen weit hinter den russischen Linien. Wer übrig blieb, schlug sich nach Westen durch. Selbst nach der offiziellen Kapitulation wehrten Reste dieses tapferen Jagdverbandes noch russische Streitkräfte von einem Flüchtlingstreck ab, den sie unter ihre Fittiche genommen hatten. Erst am 15. Mai 1945 war der Krieg auch für sie zu Ende.
Vorher war der SS-Jagdverband Mitte im April 1945 im Abwehrkampf an der Oder völlig versprengt worden; er hatte zu existieren aufgehört. Ähnlich erging es dem SS-Jagdverband Nordwest, in dessen Reihen viele Skandinavier, Niederländer und Franzosen kämpften; dieser Verband wurde im Rahmen des »Unternehmen Greif« bei der Ardennenoffensive eingesetzt. Mit der standrechtlichen Erschießung des Feldwebels Wilhelm Schmidt, sowie der Unteroffiziere Günther Billing und Manfred Pernaß am 23. Dezember 1944 bei Henri-Chapelle zogen die Amerikaner einen herben Schlußstrich unter eine Kriegshandlung, die in mancherlei Hinsicht konventionelles Maß überstiegen hatte. Bei schockierten Amerikanern trug die plötzlich über sie hereingebrochene Ardennenoffensive bald die Bezeichnung »European Pearl Harbor«. – Maritime Aktivitäten entwickelte das »SS-Jagdkommando Donau«. Es führte mit besonders ausgerüsteten, harmlos erscheinen-

den Privatyachten Krieg gegen sowjetischen Schiffsraum auf der Donau. Kampfschwimmer dieser Einheit versuchten am 17. März 1945 die Ludendorff-Brücke bei Remagen zu sprengen; die wichtige Brücke von Nijmwegen, die den Waal, einen der Mündungsarme des Rheins, überspannte und über die Montgomery Nachschub transportieren wollte, flog nach Kampfschwimmereinsatz des SS-Jagdkommandos Donau in die Luft.
Im Hinblick darauf, daß Prützmanns »Werwölfe« von Spezialisten solcher SS-Jagdverbände ausgebildet wurden, gewinnen deren Ausbildungseinrichtungen besondere Bedeutung.
Jeder der zuletzt sechs SS-Jagdverbände verfügte über eine eigene Kampfschule. In Funkschulen, Nahkampfschulen sowie in Ausbildungsstätten für Kampfschwimmer wurden spezielle Kenntnisse und Fertigkeiten vermittelt.
Eine aus dem Rahmen fallende und nur für sich zu wertende »Werwolf«-Tat ereignete sich im Bereich des noch intakten sogenannten »SS-Jagdeinsatzes Süd«, dessen vier Jagdkommandos im Bereich des Armeeoberkommandos 19 operieren und unmittelbar von der Armee gesteuert werden sollten. Einer dieser kleinen Verbände, nämlich das Jagdkommando des SS-Untersturmführers P., befand sich seit dem 23. Februar 1945 beim XVIII. SS-AK im Einsatz; seine Gefechtsstärke betrug am 19. März 1945 26 Unterführer und Mannschaften, davon 17 französische Waffenwillige, denen befehlsgemäß keine Agententätigkeit abverlangt werden sollte. P.'s Auftrag bezog sich, bevor er im »Werwolf« eingesetzt wurde, auf Sabotage und Aufklärung im feindlichen Hinterland – Aufgaben, die auch dem »Werwolf« obliegen sollten. Überhaupt ähnelten Aufgaben von SS-Jagdverbänden, so wie sich die Verhältnisse infolge veränderter Kriegslage zuspitzten, immer mehr den Aufgaben des Prützmann-»Werwolf«. Allerdings blieb eine wesentliche Unterscheidung bis zum Zusammenbruch bestehen: SS-Jagdverbände kämpften nicht auf die Dauer stationär im Rücken des Feindes. Im Gegensatz dazu hatten »Werwolf«-Trupps hinter der Front im feindlich besetzten Gebiet in dem zugewiesenen Bereich auszuharren.
Unmittelbar vor Ende des Krieges verwischten sich dann allerdings gelegentlich die Grenzen zwischen SS-Jagdverbänden und »Werwolf«, wie das Beispiel des SS-Jagdkommandos von SS-Ustuf. P. beweist.

Heinrich P., damals 36 Jahre alt, Österreicher, war während eines Offizierslehrganges auf der Kriegsschule Wiener-Neustadt Skorzeny aufgefallen; P. schien geeignet für eine Versetzung zu den SS-Jagdverbänden, weil er überzeugter Nationalsozialist war, in fünf Jahren Dienst in der Fremdenlegion Französisch gelernt hatte und weil er über technisches Wissen verfügte.
Skorzeny nahm P. zunächst in seinen Divisionsstab auf und schickte ihn dann von Ende Januar bis Mitte Februar 1945 auf die Kampfschule des SS-Jagdverbandes Südwest, Eltville. Innerhalb des Jagdverbandes Süd übernahm er schließlich in Oberprechtal, Südbaden, eine »Kompanie«, die überwiegend aus französischen SS-Legionären bestand, hartgesottenen, abenteuerlichen, für ihre gefährlichen Aufgaben gut geschulten Leuten, darunter einige ehemalige Studenten. Niemand trug hier seinen wirklichen Namen, alle besaßen gefälschte Soldbücher sowie große Devisenbeträge verschiedener Währungen. Jeder war bis an die Zähne bewaffnet und mit allen möglichen Sprengmitteln ausgerüstet.
Da P.'s Einheit Einsatzbefehle vom XVIII.SS-Ak erhielt, dessen Zentrale im Kloster St. Trudpert in Untermünstertal lag, quartierte sich P. mit seiner Truppe im kleinen Ortsteil Münsterhalden ein.
Von hier aus unternahm P.'s Jagdkommando zur Unterstützung einiger am Oberrhein kämpfender Wehrmachtsteile sowohl in Zivil als auch in gegnerischen Uniformen oder Tarnanzügen waghalsige Spähtrupp-, Spionage- sowie Sabotage-Einsätze hinter den feindlichen Linien, meistens im Elsaß.
Im März 1945 stieß Unteroffizier W., ein damals neunundzwanzigjähriger altgedienter Soldat und Träger des Goldenen HJ-Abzeichens, zu P.'s Jagdkommando, wo ihm die Funktion eines Hauptfeldwebeldiensttuers übertragen wurde. Ebenso wie P. machte auch W. kein Hehl aus seiner tiefen Abneigung gegen jede kirchliche Obrigkeit.
Als sich angesichts der rapiden Schwächung deutscher Abwehrkräfte am Oberrhein die Gefahr eines feindlichen Überganges über den Strom verstärkte, bot man auch hier den Volkssturm auf. Am 15. beziehungsweise am 17. April 1945 löste ein Geheimbefehl erste »Werwolf«-Einsätze des Jagdkommandos aus; nun waren »Werwolf«-Aktionen ausdrücklich den SS-Jagdverbänden übertragen worden.

Zu einer wichtigen »Werwolf«-Besprechung kamen kurz darauf bei Kreisleiter Meyer in Müllheim der I c-Offizier beim XVIII. SS-AK, SS-Hauptsturmführer Kubat, Major Altstadt, Hauptmann Hagedorn, SS-Ustuf P. und andere zusammen. Für spätere Sabotage gegen feindlichen Nachschub sowie Angriffe aus dem Hinterhalt sollten auch hier nun versteckte Widerstandsnester, »Werwolf«-Nester, sowie Waffen-, Munitions- und Verpflegungslager eingerichtet werden. P. übernahm offiziell die Führung des »Werwolf« im südlichen Schwarzwald, im weiteren Umkreis des Belchen.

Freiwillige seiner Einheit, deutsche Soldaten und französische Legionäre, fanden sich bereit, als »Werwölfe« weiterzukämpfen. P.'s Gruppe beteiligte sich von nun an nicht mehr am normalen Kampf gegen französische Truppen, um sich für »Werwolf«-Einsätze zu schonen. In seinem neuen Einsatzbereich hielt P. engen Kontakt mit widerstandswilligen Führern der NSDAP, insbesondere Volkssturm-Führern, hauptsächlich mit Kreisleiter Meyer, einem ehemaligen Soldaten und Ritterkreuzträger, der ebenfalls mit einigen zuverlässigen Leuten untertauchen wollte, um mindestens zwei Monate lang Verbindung mit politischen Führern aufrecht zu erhalten.

Tatsächlich stellte sich Meyer dann doch lieber zum offenen Kampf; mit seiner »Kampfgruppe Belchen«, zusammengewürfelten Männern aus Volkssturm und Wehrmacht, leistete er noch hartnäckig Widerstand. Doch länger als drei Tage konnte er trotz aller Tapferkeit dem Ansturm der Franzosen nicht standhalten. – Einige Vorkommnisse im Untermünstertal, die grelle Schlaglichter auf den herannahenden Zusammenbruch sowie das sinkende Vertrauen der Bevölkerung zu Durchhalteparolen der Partei warfen, steigerten insbesondere P.'s Nervosität und Reizbarkeit.

Am 15. April 1945 tötete der einundzwanzigjährige Unterscharführer S. (Spitzname »Bubi«) zwei deutsche Deserteure, die er auf einem Heuschober aufgestöbert hatte. Am selben Tage mußte auch der SS-Legionär Constanz oberhalb Münsterhalden an der Kälberscheuer sein Leben lassen. Getreu einem Befehl des Untersturmführers, eine »Werwolf«-Grube auszuheben, um Munition verstecken zu können, schaufelte er sich in Wahrheit sein eigenes Grab.

Der Sägewerksbesitzer G. hatte es gewagt, das kompromittie-

rende DAF-Zeichen, ein großes Hakenkreuz im Zahnrad, von seinem Betrieb zu entfernen; und in der Gastwirtschaft »Zur Neumühle« vermißte man plötzlich das Hitler-Bild!
Dieses Bild mußte auf Befehl P.'s innerhalb einer Minute zur Abwendung drohender Repressalien ersetzt werden – was auch geschah. Das gleiche galt auch für das große DAF-Zeichen. Nach lautstark geäußerten Ansichten der »Werwolf«-Führer steckte hinter all' diesen Anzeichen vermeintlicher Schwäche der Pfarrer von St. Trudbert, der Geistliche Rat und Dekan Willibald Strohmeyer. Als P. dann auch noch hörte, der Pfarrer ließe sich von jungen Leuten aus der Gemeinde über Truppenbewegungen, Verstecke, Lager und Stellungen informieren, um »Werwolf«-Aktionen zu hintertreiben, machte P. am Samstag, dem 21. April 1945, beim gemeinsamen Abendessen im Standquartier, der Wirtschaft Böhler, seinem offenbar tiefverwurzelten Groll Luft und sprach unverhüllt aus, was er in kleinem Kreis ein paar Tage früher schon einmal angedroht hatte, nämlich den »Pfaffen« am Dorfplatz aufhängen zu lassen; zwei Scharfschützen aus der Einheit sollten vom Berg aus jeden beschießen, der es wagen sollte, die Leiche abzunehmen.
Es kam jedoch anders, allerdings nicht weniger schlimm.
Nach einem kurzen Gespräch mit Ortsgruppenleiter und Volkssturmführer R., der den von P. festgenommenen Friseur G. noch soeben rehabilitieren und vor Übergriffen retten konnte, ließ sich der »Werwolf«-Führer am Sonntag, dem 22. April 1945, von seinem französischen Fahrer zum Pfarrhaus St. Trudpert bringen. Hier stürmte er ohne Umschweife in das Zimmer des siebenundsechzigjährigen Pfarrherrn und forderte diesen zum sofortigen Mitkommen auf; zum Umkleiden wurden zwei Minuten bewilligt; die Schwester des Geistlichen, die helfen wollte, wurde schroff zurückgewiesen.
Nachdem Pfarrer Strohmeyer das Fahrzeug bestiegen hatte, ging die Fahrt zunächst zurück zur Dienststelle des »Werwolf«-Trupps, wo P. den Wagen verließ, auf den Eingang zuschritt und dabei dem Unteroffizier W. sowie dem Legionär R. den knappen Befehl zuwarf:
»Fahren Sie den Pfarrer hinauf zu der Stellung oben beim Haldenhof und erschießen Sie ihn«.
Dann verschwand Ustuf P. im Haus.

Unteroffizier W. gehorchte und nahm hinten neben dem Geistlichen Platz; der dreiundzwanzigjährige Unterscharführer Jacques R., »ein wilder und gefürchteter Südfranzose«, der gelegentlich auch vorgab, Spanier zu sein und den Namen Lopez zu tragen, setzte sich vorne auf den Beifahrersitz.

Unter Schweigen ging die Fahrt nun zum Haldenhof.

Nach kurzem Aufenthalt stiegen hier zwei französische »Werwolf«-Leute hinzu; einer brachte Hacke und Schaufel mit. In Richtung Neuenweg bog der Wagen nach links ein, fuhr am Wald entlang zu einer Kiesgrube und hielt dort an. Ringsum befanden sich bereits fertiggestellte »Werwolf«-Nester.

Pfarrer Strohmeyer stieg nun mit den anderen aus und folgte der Weisung, hinter Unteroffizier W. und neben einem anderen »Werwolf«-Mann die Tannenschonung hinaufzusteigen.

Als der Trupp unter lastendem Schweigen etwa 25 Meter zurückgelegt hatte, trat einer der Männer plötzlich von hinten an den Geistlichen heran und schoß diesen mit einem Genickschuß aus seiner Pistole nieder.

Pfarrer Strohmeyer fiel tot nach vorne.

Sofort machten sich die »Werwolf«-Männer daran, etwas weiter weg eine Grube flüchtig auszuheben. In diese legten sie den Leichnam, nachdem sie dessen Oberbekleidung sowie die Wertsachen an sich genommen hatten, hinein; darüber scharrten sie etwas Erde, Rasen und Tannenreiser.

Heute erinnert an dieser Stelle die »Willibald-Kapelle« an den gewaltsamen Tod des Pfarrverwesers von St. Trudpert.

Derartige Auswüchse standen nun in keinem Zusammenhang mehr mit ursprünglich gegen äußere Feinde gerichteten »Werwolf«-Absichten Prützmanns. Schuld an dieser unglückseligen Entwicklung trug eine im Untergang noch rücksichtsloser auftretende nationalsozialistische Führung.

16. Radikale nationalsozialistische Führung.

Die Anteilnahme der SS – Himmler, Berger, Prützmann – an der Gründung des militärisch orientierten »Werwolf« in Form von Kleinkriegverbänden nach dem Muster jenes »Feldjägerdienstes« der Zwanziger Jahre dürfte nun hinlänglich bewiesen sein.
Ebenso klar ist, daß »die Waffen-SS« zu Unrecht pauschal verdächtigt wird, den »Werwolf« erfunden zu haben. Sie stellte allerdings auf ausdrücklichen Befehl Himmlers Lehrpersonal und Ausbildungsstätten zur Verfügung. Gewiß beabsichtigte man auch koordinierten Einsatz flexibler Jagdverbände und stationärer »Werwolf«-Trupps.
Prützmann schuf Anfänge einer militärischen Organisation, die man in Anlehnung an Löns'sches Gedankengut »Werwolf« nannte. Zum Abgleiten in eine politisch-ideologische Fanatiker-Bewegung trug er nur insofern bei, als seine Bedächtigkeit Goebbels reizte und zum spontanen Handeln brachte.
Es ist falsch, alle schlimmen Dinge, die tatsächlich im Namen des »Werwolf« passierten, den militärischen Kleinkrieg-Verbänden Prützmanns anzulasten. Dramatische Akzente setzte erst der »Werwolf« der NSDAP.
Wie kam es dazu?
In der Endphase des Dritten Reiches scharte Hitler nach Lagebesprechungen immer häufiger und länger ergebene Parteigenossen um sich, die seinem radikalen Kurs bedingungslos folgten. Alle diese verantwortlichen Männer des Regimes waren offenbar des Entsetzens selbst nicht mehr fähig, sie verbreiteten es nur, und sie waren wohl längst schon über jenen Punkt hinweg, der ihnen noch erlaubt hätte, den verlorenen Krieg im Interesse von Millionen von Menschen mit einigermaßen Anstand zu beenden.

Bormann, Goebbels, Ley und Himmler müssen zudem als militärische Laien angesehen werden; sie alle hatten immer weit ab vom Schuß an ihren bomben- und beschußsicheren Schreibtischen gesessen. Ihr verbissener Fanatismus mündete nun in einen Totentanz, der die Welt nur deshalb nicht noch mehr erschütterte, weil über der Ausführung schon gefaßter Pläne alles zusammenbrach. Hitler, Anhänger Darwin'scher Theorien, wollte Terror mit Terror brechen, so wie es damals in der Kampfzeit der NSDAP bei blutigen Zusammenstößen zwischen SA und Rotfront-Verbänden schon einmal gelungen war. Räumliche Distanz sowie lange Befehlsketten über Instanzen und Dienststellen hinweg ließen selbst schwerwiegendste, ungeheuerliche Entscheidungen leicht fallen – häßliche Ausführungen vollzogen sich ja fernab, weit weg von jener Schaltzentrale im Tiefbunker der zerbombten Reichskanzlei, in der immer noch in das Schicksal vieler Menschen eingegriffen wurde.

Ein Jahr nach dem Kriege erinnerte sich Dietrich Stahl, ehemaliger Verbindungsmann des Reichsministers für Rüstung und Kriegsproduktion zu den Leitern der Hauptausschüsse des Technischen Amtes, an ein außerordentlich dramatisches Gespräch, das Speer etwa Mitte Februar 1945 mit ihm geführt habe, und in dem es darum ging, Mittel und Wege zu finden, um Hitler und Umgebung zu beseitigen. Speer habe bei dieser Gelegenheit Bormann, Himmler und Goebbels als die radikalsten und gefährlichsten in Hitlers Umgebung bezeichnet; diese »drei Gefährlichsten und Unheilvollsten« sollten nachts auf der Straße angehalten und überfallen werden – was dann doch nicht geschah. Der Plan basierte darauf, daß diese drei Abend für Abend mit Hitler zusammenkamen, »um ihre teuflischen Pläne zu schmieden«.

Hier ließ den Zeugen entweder sein Gedächtnis im Stich, oder er war nicht richtig ins Bild gesetzt worden; Himmler hielt sich zu dieser Zeit weit weniger oft in der Nähe des Führers auf als die anderen.

Aber auch Baumbach berichtete von einem »genauestens vorbereiteten« Plan, Himmler, Goebbels, von Ribbentrop, Ley, Keitel und Bormann festnehmen, sie lebend nach England schaffen und sie dort die Last der Verantwortung für das Geschehene tragen zu lassen. Außer Speer und Offizieren der Luftwaffe seien »noch einige Heeresgenerale ... eingeweiht« gewesen, von denen dann je-

doch einer Bedenken bekam, sodaß schließlich keiner der Herren mehr mitmachen mochte.
Als Kommandeur der Regierungsstaffel mit tatsächlicher Verfügungsmacht über alle noch vorhandenen Langstreckenflugzeuge konnte Baumbach im Einvernehmen mit Speer lediglich verhindern, daß sich jemand »nach Spanien oder Südamerika« absetzte, um sich der Verantwortung zu entziehen.
Gegen die Flucht der Größen des Dritten Reiches in den selbstgewählten Tod konnten sie allerdings nichts machen.
Seele radikaler Widerstandsgesinnung, die den »Werwolf« ermöglichte, war Hitler, der als Führer den Typ des uneingeschränkten, selbstherrlichen Souveräns verkörperte. Er galt nicht nur als personifiziertes Gesetz, sondern auch als personifizierte Partei.
Soweit sein Arm noch reichte, herrschte auch Anfang 1945 sein Machtmonopol, das kein anderes Handeln oder Unterlassen duldete, als das von ihm selbst auferlegte.
Nach Gamm glaubte Hitler fanatisch an sein Glück; er habe »Schicksalslotterie« gespielt, und gerade in den letzten Wochen des untergehenden Reiches lag er den Leuten seiner Umgebung immer wieder mit Beschwörungen dieses Glückes in den Ohren, das ihn doch schließlich schon seit der Kampfzeit nie im Stich gelassen habe. Damals unterschrieb er im Anblick einer leeren Parteikasse bedenkenlos Schuldschein um Schuldschein; es wäre ja sowieso alles vorbei gewesen, wenn er die Kanzlerschaft nicht errungen hätte. Als Kanzler des Reiches waren er und seine Parteifreunde dann mit einem Schlage aller Sorgen ledig.
Kalt berechnend stellte Hitler selbst noch im April 1945 Wunderdinge in Aussicht, obwohl sein eigener Rüstungsminister ihm in Denkschriften schonungslos und detailliert den Zusammenbruch der Kriegsproduktion gemeldet hatte.
Gleichzeitig bluffte Hitler führende Soldaten mit technologischen Tricks und führende Männer aus Industrie und Wirtschaft mit Phantasie-Divisionen. So spielte er einen gegen den anderen aus. Von allen aber forderte er den letzten Funken Energie – und wenn sie mitsamt dem Volk daran zugrunde gingen.
Hitler gab noch nicht auf.
War das Volk auch schwächer als geglaubt, Parteigenossen, die braunen Korsettstangen, oder doch wenigstens die Führer in der NSDAP würden wie er die Schmach einer Niederlage durch ge-

walttätige, die unüberwindliche Macht der nationalsozialistischen Idee demonstrierende Aktivitäten – Vergeltung, Bestrafung, heroischer Widerstand – verhindern wollen.

Gewalt als Strategie des armen Mannes – das war es, was als Letztes übrigblieb.

Hitler konnte wohl nicht anders; sein Fühlen oder Mitfühlen muß in einzigartiger Weise gestört gewesen sein.

Jodl hatte schon ein Jahr vor dem Zusammenbruch, als 50 von 76 aus dem Gefangenenlager Stalag Luft III entflohene und wieder aufgegriffene R.A.F.-Offiziere durch Erschießen hingerichtet worden waren, erkannt, »daß sich der Führer von diesem Zeitpunkt an um menschliche Rechtsbegriffe nicht mehr kümmerte«, allerdings ohne aus dieser wichtigen Erkenntnis Schlüsse zu ziehen – darin lag ja gerade das System.

Hier mag aber auch der Kern jenes verhängnisvollen Mißverhältnisses zwischen Hitler und Generalität sichtbar geworden sein, jener abgrundtiefe Graben zwischen den Absichten eines fanatischen, bedingungslos und skrupellos einer Idee folgenden Revolutionärs und denjenigen traditionsverhafteter, überwiegend ethisch bestimmter deutscher Offiziere.

Für Hitler war es, was Jodl eigentlich früher hätte erkennen sollen, von Anfang an selbstverständlich, Gewalt, selbst illegale Gewalt und Täuschung als Mittel der Politik einzusetzen; es durfte nur nicht herauskommen, um nicht zu viele »ängstliche Naturen« zu erschrecken oder sogar abzuschrecken.

Hitler stand, als die Idee des »Werwolf« auftauchte, die rücksichtslose Entfesselung eines allerletzten, rächenden Widerstandes vor Augen. Durch Täuschung und falsche Zusagen wollte er ein letztes gewaltiges Aufbäumen des geschlagenen Volkes bewirken.

Was hatte er fünf Jahre zuvor zu Hermann Rauschning gesagt? Er werde, besiegt, »die halbe Welt« mit sich in den Untergang reißen. Offenbar rechnete Hitler dann später, als er sich wirklich das Ende eingestehen mußte, fest mit der Bereitschaft vieler Gefolgsleute, sich wie in einer letzten heroischen Bewegung hinzugeben – in den Tod. Für den Führer Deutschlands war der »Werwolf« das Gefäß, in dem sich letzter deutscher Heroismus sammeln konnte. Deshalb ließ er nun Goebbels gewähren; und deshalb geriet der »Werwolf« zur Tragödie.

Das Schicksal dieser Hunde bestand darin, unter Panzer kriechen zu müssen, weil sie darauf abgerichtet worden waren. Ein Stift brachte die Sprengladung auf dem Rükken der Tiere zur Explosion. Eine russische Erfindung.

General der Panzertruppen Walther Wenck, OB der 12. Armee, der den »Werwolf«-Befehl vom 6. Februar 1945, der an alle Heeresgruppen und Armeen gerichtet war, unterschrieb.

Bevor auf Goebbels als den eigentlichen Urheber des fanatischen »Werwolf« weiter unten näher eingegangen wird, sind die Rollen Bormanns, Leys und anderer Funktionäre der NSDAP sowie deren Bedeutung für die »Werwolf«-Entwicklung näher zu untersuchen.

Martin Bormann stand im Jahre 1945 als vitaler, schier unverwüstlicher Mittvierziger auf dem Gipfel der Macht. Sein Interesse an radikalen Kampfmitteln war selbstverständlich. Nach dem Ersten Weltkrieg gehörte er der radikal-nationalen Deutschvölkischen Freiheitspartei an, der zeitweilig die »nationalsozialistische Arbeiterpartei« als Abteilung ebenso angegliedert war wie der »Verband nationalgesinnter Soldaten«, dem wiederum der alte »Wehrwolf« von 1923 nahegestanden hatte. Bormann kannte den Untergrundkampf, sogar in einen Feme-Mord war er verwickelt. Seine Verurteilung wegen Beihilfe und Begünstigung schwerer Körperverletzung und vollendeten Totschlags zu einem Jahr Gefängnis verwandelte sich im Dritten Reich in eine »Ehrenstrafe«, die ihm sogar den begehrten »Blutorden« eintrug.
Bormann, Meister in der fast geräuschlosen Regie des mächtigen Parteiapparates aus dem Hintergrund, wirkte weniger durch eigene Einfälle als vielmehr als ergebener Bestätiger und Verstärker von Hitlers ureigenster Brutalität, deren sich der Führer unter der Bezeichnung »revolutionärer Geist« rühmte und die sich in so vielen unglückseligen Befehlen niederschlug. Durch eifrigen Fanatismus reizte Bormann Hitler zu immer noch extremeren Maßnahmen, noch härteren und erbarmungsloseren Befehlen an. Nach Bormanns Meinung handelte die Masse stets eigensüchtig; erst harter Druck bringe sie »auf Vordermann« und schließlich auch in Trab.
Bormann besaß die nach Hitlers Ansicht unverzichtbaren Eigenschaften eines idealen Parteigenossen: Fanatismus, bedingungslose Ergebenheit, Treue, Zuverlässigkeit, Skrupellosigkeit, Emsigkeit, begrenzte Intelligenz. Hitler schätzte seinen Sekretär auch als »phänomenales Arbeitstier mit gutem Gedächtnis«. In der Partei machte der Titel »General der Fernschreiber« die Runde, seitdem ihm das gesamte Fernschreibnetz der NSDAP unterstand, das er tatsächlich wie Artillerie benutzte.
Hitler bestimmte vor seinem Selbstmord in seinem privaten Te-

stament Bormann, den er hier seinen »treuesten Parteigenossen« nannte, zum Testamentvollstrecker. In der Reichsjugendführung sollen allerdings junge Männer, ohne daß Reichsjugendführer Axmann sich dazwischenstellte, überlegt haben, wie Bormann an einer Nachfolge Hitlers gehindert werden könne – notfalls mit Gewalt.

Die Öffentlichkeit kannte den Sekretär kaum; sie nahm erst nach dem Krieg Notiz von ihm.

Um seine Rolle im »Werwolf« bestimmen zu können, ist seine Verbindung zu Goebbels von Bedeutung. Beide kamen sich nach dem Attentat auf Hitler näher, wobei es nicht mehr darauf ankam, daß es Zeiten gegeben hatte, in denen Goebbels und Ley kräftig gegen »diesen primitiven GPU-Typ« intrigierten.

Goebbels und Bormann standen ebenso wie Hitler in schroffem Gegensatz zur Generalität.

Durch Bormanns ausgezeichnete Verbindungen zu Dr. Kaltenbrunner änderte sich sachlich nichts, als er nun kräftig mithalf, dem Reichsführer-SS die Bürde eines Oberbefehlshabers des Ersatzheeres aufzuhalsen. So konnte Himmler wirksam abgelenkt und mehr und mehr von Hitler, dem Zentrum der Macht, ferngehalten werden. SD-Chef Kaltenbrunner rechnete sich Chancen aus, mit Bormanns Hilfe die Nachfolge Himmlers anzutreten. Gestapo-Chef Müller paktierte offen mit dem Sekretär des Führers, nachdem Himmlers insgeheime Versuche, Friedensfühler auszustrecken, ruchbar geworden waren.

Bei der Aufstellung des Deutschen Volkssturms behielt Bormann die Fäden in der Hand, während er Himmler die Knochenarbeit überließ: Organisation, Ausrüstung und Ausbildung. Und dann lockte er den Reichsführer ins nächste Abenteuer, in die Stellung eines OB der Heeresgruppe Weichsel.

General Rudenko, Hauptankläger für die Sowjetunion vor dem Internationalen Militärgerichtshof in Nürnberg, behauptete, gestützt auf eine Menge Beweismaterial, daß Bormann »an der Spitze des Werwolf« gestanden habe. Auch Speer behauptete, den »Werwolf« habe Bormann geleitet und nur er. Wegen der Unterstellungsverhältnisse legte er sich dann allerdings nicht so fest: »...soweit ich unterrichtet bin,...ich kann es nicht ganz genau sagen...«; aber er meinte dann doch, die »Werwolf«-Organisation sei Bormann unterstellt gewesen.

Tatsächlich half der Sekretär des Führers nur tatkräftig mit, die »Werwolf«-Bewegung der NSDAP in Schwung zu bringen, wobei er Goebbels allerdings nicht radikal genug erschien; dieser nannte ihn sogar einen »halben Bürger« und disqualifizierte die Partei-Kanzlei als »Papier-Kanzlei«.

So stand in Wirklichkeit Bormann weder an der Spitze, noch war er der ausschließliche »Werwolf«-Führer.

Ähnlich verhielt es sich mit Ley.

Dr. Robert Ley, dessen Credo lautete: »Wir glauben auf dieser Erde allein an Adolf Hitler...!« stand für seinen Parteigenossen Goebbels auf einer Stufe mit Göring und von Ribbentrop, die nach seiner Ansicht auch nichts taugten. Viele unzufriedene Volksgenossen hatten in Briefen an das RMVP Aversionen gegen die Partei aus einer Ablehnung Ley's gespeist.

Goebbels' Kritik an diesem dicklichen, polternden Parteigenossen, der immerhin über eine imposante Hausmacht mit eigenem Besitz, eigenem Finanzwesen, eigenen Symbolen und Uniformen verfügte, entzündete sich vor allem an dessen naivem Zynismus, mit welchem der Führer der Deutschen Arbeitsfront (DAF) versuchte, erbärmliche Zustände an den Fronten sowie tödlichen Bombenkrieg herunterzuspielen. Vor allem Leys Zeitungsartikel erschienen zu durchsichtig, taktisch ungeschickt; oft erreichten sie das Gegenteil.

Der Gipfel war für Goebbels ein Leitartikel mit der Überschrift: »Ohne Gepäck«.

Auf peinliche Weise hatte Ley hier im März 1945 versucht, Verluste der letzten Wochen, unter anderem auch die Vernichtung »unserer letzten Kulturstadt«, Dresden, durch alliierte Bombenangriffe, als Marscherleichterung zum letzten fanatischen Gefecht abzutun. Ley trete nur in guten Zeiten als starker Mann auf; »naiv,... wenn auch von guter Gesinnung«, schwanke er nach den Worten von Goebbels jedoch »wie ein Rohr im Winde«. Tatsächlich war Ley am 28. März 1945 ziemlich niedergeschlagen und mutlos von einer Reise in die Ostmark (Österreich) zurückgekehrt. Doch dann erfuhr er letzte, entscheidende Aufmunterung durch Hitler selbst, der seinen Reichsorganisationsleiter lobte, weil er so außerordentlich fanatisch sei. Hitler stellte Ley als echten Revolutionär hin; deshalb sei er für »Aufgaben, die Fanatismus erfordern,... mit gewissen Einschränkungen« der richtige

Mann; das neue »Freikorps Adolf Hitler« liege bei ihm durchaus in den richtigen Händen.
Mit diesem Wind im Rücken scheint Ley zum Schluß des Krieges gänzlich kompromißlos radikal und unvernünftig geworden zu sein. Übrigens machte Hitler Leys junger, attraktiver zweiter Frau auf chevalereske, harmlose Art den Hof.
Speer zitierte aus der Erinnerung Ley, wie dieser Hitler noch kurz vor dem Zusammenbruch weiszumachen versuchte, alle Parteifunktionäre würden wie »Löwen... Helden... Partisanen weiterkämpfen, auch wenn die Armee kapituliert«. Auf Fahrrädern würden sie »lautlos durch die Wälder fahren und die Feinde unbarmherzig anfallen.«
Als eine Gruppe zu allem entschlossener Luftwaffenoffiziere mit ihrem Plan, amerikanische Tagbomber durch ein Ramm-Kommando deutscher Jagdflieger radikal zu stoppen, überall nur halbherzige Zustimmung fand, erklärte sich Ley sofort bereit, ihnen unter die Arme zu greifen. Sein Einfluß setzte einen Strom von Gütern, Lebens- und Genußmitteln nach Stendal, dem Standort des Ramm-Verbandes, in Bewegung, den jungen Fliegern für kurze Zeit bis zu ihrem Einsatz ein Leben im Überfluß bescherend.
An Ley blieb aber auch der Verdacht hängen, er habe den Gaskrieg ernsthaft gewollt. Ihm schien der Einsatz der neuartigen deutschen Kampfgase Tabun und Sarin die ersehnte radikale Wende bringen zu können. Beide Gase wirkten fünf- bis achtmal stärker als sonst bekannte Arten; herkömmliche Gasschutzmittel und -masken boten gegen diese Gase keinerlei Schutz.
Obwohl Ley im »Freikorps Adolf Hitler« eine eigene radikale Kampftruppe besaß, war der von Goebbels und Bormann inszenierte »Werwolf«, der ja noch einen Schritt, den letzten über die bürgerliche Existenz hinaus, weiter ging, ganz in seinem Sinne.
Die Mitwirkung der genannten Männer bei der »Werwolf«-Inszenierung lag allerdings weniger in »aktiver Führung« als vielmehr in der Mobilisierung des Parteiapparates und seiner Funktionäre.
Goebbels' Stellung zum »Werwolf« kann erst erörtert werden, wenn vorher die Rolle der Funktionäre der NSDAP als Agitatoren und »Werwolf«-Befürworter klargestellt ist.
Ganz am Anfang der nationalsozialistischen Entwicklung hatte die kleine, unscheinbare »Deutsche Arbeiterpartei« in München

gestanden. Erst nach Hitlers Eintritt faßte sie den Entschluß, ihrem Namen das Wort »nationalsozialistisch« hinzuzufügen, um ihre Reichweite nach links und rechts zu vergrößern. Die Bezeichnung geriet dadurch aber so monströs, daß die Münchener sie bald in »Nazi« mundgerecht verkürzten.

Alle Autorität mündete bei der NSDAP, wie sie bald hieß, in der Spitze; sie war nur einer Person, dem Führer, gegeben. Das Führerprinzip schloß Totalitäts- und Autoritätsansprüche selbstverständlich ein, was insbesondere jeder politische Leiter jedes Jahr aufs Neue durch folgenden Eid zu beschwören hatte:

»Ich schwöre Adolf Hitler unverbrüchliche Treue. Ich schwöre ihm und den Führern, die er mir bestimmt, unbedingten Gehorsam.« Wirkungen dieses Eides erloschen nur bei Tod oder Ausschluß aus der nationalsozialistischen Gemeinschaft.

Als die NSDAP die Macht errungen hatte, erstreckte sich die »Autorität des Führers, der von ihm Ernannten und durch sie die Autorität der Partei als Ganzes« nach dem Totalitätsprinzip auf das gesamte öffentliche und private Leben in Deutschland. Staat, Wehrmacht, »alle einzelnen Personen im Staate« wurden letztlich von Funktionären der Partei beherrscht.

So verkörperten die Hoheitsträger gemeinsam mit der Reichsregierung eine allmächtige Führungsgruppe. Um das Leben des Volkes erfassen, kontrollieren und in gewünschte Bahnen lenken zu können, waren sie mit großen Befugnisen und Rechten ausgestattet; sie durften sich jeder Parteiformation, aller Gliederungen von SA, SS, NSKK, HJ, Frauenschaft usw. bedienen und Dienste fordern.

Kurz vor Beginn des Zweiten Weltkrieges hatte Hitler für alle Fälle »die der Partei im Kriege gestellte Aufgabe der politischen Menschenführung« neu geregelt und »schärfste Zusammenfassung aller ihrer Kräfte« gefordert. Zugleich machte er die Hoheitsträger für politische Führung und Stimmung der Bevölkerung verantwortlich und verlangte, »alle Maßnahmen zu treffen oder zu veranlassen, die für die reibungslose Erfüllung (der) ... politischen Aufgaben oder für die Beseitigung von Schäden innerhalb der Partei notwendig« seien.

Nachdem bereits am 16. November 1942 die »Verordnung über den Reichsverteidigungskommissar (RVK)« veröffentlicht worden war, setzte Bormann für Gauleiter und RVK's immer mehr

Macht durch, wobei er als Ziel im Auge hatte, unter dem Schlagwort »Einheit von Partei und Staat« in diesen Positionen allmählich alle staatlichen und parteilichen Gewalten zu konzentrieren, was nahezu gelang.
Nun erwies sich in bezug auf höhere Parteiführer, daß Hitler schon immer Energie und Robustheit über sauberes menschliches Verhalten gestellt hatte.
Nach dem Attentatsversuch am 20. Juli 1944 übernahm die NSDAP »auf sehr vielen für die Fortsetzung des Krieges wichtigen Gebieten die Exekutivbefugnisse«. Mehr als je zuvor gelangte die vollziehende Gewalt in die Hände der Gauleiter; die Wehrmacht hatte an Vertrauen eingebüßt.
Gauleiter unterstanden Hitler zwar direkt – Meinungsverschiedenheiten schlichtete der Führer immer selbst –, ihre Befehle und Anweisungen erhielten sie jedoch vom Chef der Partei-Kanzlei »im Auftrage« des Führers. Bei den alten, selbstherrlichen »Territorialfürsten«, den nur Hitler ergebenen Gauleitern der ersten Stunde, hatte Bormann keinen guten Stand, anders als bei den neueingesetzten Gauleitern, die ihn nicht schon von früher kannten und die sich wegen seiner jovialen Bemühungen, sie bei guter Laune zu halten und allmählich hinter sich zu scharen, auch garkeinen Grund fanden, sich über ihn zu beklagen. Bormann setzte auf diese jungen Parteiführer, und sie setzten auf ihn. Gemeinsam wollten sie, sobald die alten Haudegen erst einmal ausgestorben waren, die »totale Partei-Räson« verwirklichen.
Durch vielfache Verflechtung von Partei-, Staats- und Militärfunktionen hatten die zweiundvierzig im Jahre 1945 noch amtierenden Gauleiter nahezu unumschränkte Befehlsgewalt inne.
In Notsituationen durften Gauleiter sogar ohne ausdrückliche Zustimmung Hitlers personelle Räumungen von Gebieten, das heißt die Totalevakuierung der Zivilbevölkerung, durchführen, allerdings nur bei sofortiger Unterrichtung der Partei-Kanzlei. An den Gauleitern als RVK's lag es auch, sogenannte ARLZ-Maßnahmen (A = Auflockerung; R = Räumung; L = Lähmung; Z = Zerstörung) für alle Betriebe auszulösen, sofern diese nicht wehrmachteigen waren oder unmittelbar militärischen Kommandostellen unterstanden.
Neben drängenden Maßnahmen in Verbindung mit unmittelbarer Verteidigung hatten RVK's jedoch auch alles zu tun, um das deut-

sche Volk in höchste Einsatzbereitschaft zu versetzen. In Ermangelung anderer Möglichkeiten erhoffte die Führung von der Wirkung eines fanatischen Glaubens an den Nationalsozialismus Rettung in allerletzter Stunde. Als Himmler den RVK's schließlich auch noch Standrechtsvollmachten übertrug, wurden sie tatsächlich »Herren über Leben und Tod«, wie Schirach, selbst einst Gauleiter und RVK von Wien, vor den Nürnberger Richtern formulierte. Ab März 1945 arbeitende Standgerichte der RVK's verhängten bei Schuldspruch nur eine Strafe: den Tod.

Reichsverteidigungskommissare steuerten als Organe des Ministerrats für die Reichsverteidigung ihre oft erfolgreiche Arbeit über Verteidigungsausschüsse in Regionen, die den Stellvertretenden General-Kommandos der Wehrkreise nebengeordnet waren. Vertreter von NSDAP und Behörden, aus den Arbeits- und Landwirtschaftsämtern, Wirtschafts-, Transport- und Verkehrsexperten planten und beschlossen hier gemeinsam mit Präsidenten der Reichsbahn- und Reichspostdirektionen. Als Exekutivorgane arbeiteten sowohl Dienststellen von Reichsstatthaltern und Innenministern der Länder, deren Chefs in der Mehrzahl der Fälle die Gauleiter und RVK's selbst waren, auf mittlerer Ebene Ober- und Regierungspräsidenten, auf unterer Ebene Landräte und Bürgermeister. Doch die erstaunlich lückenlose Erfassung des gesamten öffentlichen Lebens sowie der Befehlsgehorsam bis hinunter zu ausführenden Organen – Kreis-, Ortsgruppen-, Blockleiter – im Sinne der totalen Kriegsführung und die Perfektionierung der Überwachungsorganisation gelangen fast komplett über rührige Gauinstanzen des Parteiapparates.

Kraft eigener Machtvollkommenheit verließen sich RVK's in aller Regel mehr auf ergebene Parteigenossen, wobei sie sich in Übereinstimmung mit der allerhöchsten Führung befanden. Sofern ohnehin schon PGs in den genannten Ämtern saßen, blieb die gegebene Ordnung gewahrt; sofern nicht, wurden vielfach Kreisleiter und andere Parteifunktionäre ausdrücklich mit Staatsaufgaben betraut, denen sie nicht gewachsen sein konnten, nicht selten bei gleichzeitiger Unterordnung der eigentlichen Fachleute. Oft zeichneten sich Mitarbeiter der NSDAP mehr durch unbedingte, manchmal auch blinde Parteitreue aus, als durch dringend erforderlichen Sachverstand. Ihre Stärke konnte logischerweise weniger in Ämterführung oder Verwaltungskunst liegen als vielmehr

Folgende Doppelseite:

Machtzuwachs für Reichsverteidigungskommissare – Gauleiter der NSDAP – durch Hitlers zweiten Erlaß vom 20. September 1944, nachdem der erste Erlaß vom 13. Juli 1944 infolge des Attentas vom 20. Juli 1944 hatte revidiert werden müssen. Nun fiel der Partei noch mehr Macht zu.

Abschrift.

Abschrift zu Rk. 1514 E g

Zweiter Erlaß des Führers über die Befehlsgewalt in einem Operationsgebiet innerhalb des Reiches vom 20. September 1944

- - - - - -

Unter Aufhebung meines Erlasses über die Befehlsgewalt in einem Operationsgebiet innerhalb des Reiches vom 13. Juli 1944 ordne ich für den Fall eines Vordringens feindlicher Kräfte auf deutsches Reichsgebiet folgendes an:

I.

Die zivile Verwaltung bleibt im Operationsgebiet in vollem Umfange bestehen. Die zivilen Dienststellen des Staates und der Gemeinden setzen ihre Tätigkeit fort.

II.

Der Reichsverteidigungskommissar für das Operationsgebiet wird von mir bestellt.

III.

(1) Der Reichsverteidigungskommissar für das Operationsgebiet übt die vollziehende Gewalt aus. Die reichseinheitliche Ausrichtung aller nach diesem Erlaß von dem Reichsverteidigungskommissar zu treffenden Maßnahmen obliegt nach meinen allgemeinen Richtlinien dem Reichsführer-SS Heinrich Himmler.

(2) Der militärische Oberbefehlshaber richtet seine sich aus den militärischen Notwendigkeiten ergebenden Anforderungen im zivilen Bereich an den Reichsverteidigungskommissar für das Operationsgebiet.

(3) In den unmittelbaren Kampfzonen, deren Begrenzung der militärische Oberbefehlshaber im Einvernehmen mit dem Reichsverteidigungskommissar für das Operationsgebiet bestimmt, sind die oberen militärischen Kommandobehörden befugt, zivilen Dienststellen des Staates und der Gemeinden unmittelbar diejenigen Weisungen zu geben, die zur Durchführung ihres Kampfauftrages jeweils erforderlich sind.

IV.

(1) In Ausübung der vollziehenden Gewalt kann der Reichsverteidi-

- 2 -

gungskommissar für das Operationsgebiet

1. alle infolge der feindlichen Bedrohung erforderlich werden Maßnahmen treffen,
2. sämtlichen Dienststellen des Staates und der Gemeinden Weisungen erteilen,
3. Rechtsvorschriften erlassen.

(2) Der Reichsverteidigungskommissar für das Operationsgebiet bedient sich

in Angelegenheiten der Polizei des zuständigen Höheren ᛋᛋ- und Polizeiführers,

in Angelegenheiten der Reichsbahn und Binnenschiffahrt des Bevollmächtigten des Reichsverkehrsministers,

in Angelegenheiten der Seeschiffahrt des Beauftragten des Reichskommissars für die Seeschiffahrt,

in Angelegenheiten der Rüstung und Kriegsproduktion des zuständigen Vorsitzers der Rüstungskommission oder -unterkommission.

V.

Die Reichsverteidigungskommissare, deren Amtsbezirk ganz oder teilweise zum Operationsgebiet gehört, benennen einen Verbindungsmann, der dem Reichsverteidigungskommissar für das Operationsgebiet als Berater beigegeben wird.

VI.

Der Reichsverteidigungskommissar für das Operationsgebiet kann die Durchführung seiner Aufgaben den Reichsverteidigungskommissaren übertragen, deren Reichsverteidigungsbezirk am Operationsgebiet beteiligt ist.

VII.

Dieser Erlaß gilt auch in den eingegliederten Ostgebieten. Er findet sinngemäße Anwendung in den einem Chef der Zivilverwaltung unterstehenden Gebieten und im Generalgouvernement.

VIII.

Diesem Erlaß entgegenstehende Bestimmungen treten außer Kraft.

IV.

Die zur Durchführung dieses Erlasses erforderlichen Rechts- und Verwaltungsvorschriften erläßt der Reichsminister des Innern.

Führer-Hauptquartier, den 20. September 1944

Der Chef des Oberkommandos der Wehrmacht
gez. K e i t e l

F.d.R.d.A.:
[signature]
Hauptmann

D e r F ü h r e r
gez. Adolf Hitler

Der Reichsminister und Chef der Reichskanzlei
gez. Dr. Lammers

im Befehlsgehorsam. Im zunehmenden Chaos klammerten sie sich infolgedessen in ihrer Unsicherheit immer mehr an Befehle von oben – ohne Rücksicht auf örtliche Erfordernisse und gelegentlich auch ohne jede Rücksichtnahme auf die ihnen anvertrauten Menschen.

Je mehr der Krieg nun auch auf Deutschlands Boden ausgefochten wurde, um so stärker verstrickten sich politische Dienststellen in militärische Aufgaben. Gauleiter traten nun tatsächlich als RVK's neben Befehlshaber der Wehrmacht. Berger, Chef des SS-Hauptamtes, hatte schon in seinem Erfahrungsbericht vom 17. November 1944 dem Reichsführer-SS, nachdem er die Verhältnisse in den westlichen Kriegsgebieten ziemlich schwarz malte, vorgeschlagen, eine reibungslose und positive Zusammenarbeit von RVK's und militärischen Stellen zu erzwingen; jetzt käme es nicht mehr so sehr darauf an, *wer* eine notwendige Maßnahme durchführe, sondern *daß* sie überhaupt geschehe.

RVK's legten nun auch gemeinsam mit Beauftragten der Wehrkreiskommandos Aufmarschstraßen fest und übernahmen deren Sicherung. In Gefechtsauffangzonen stand Hoheitsträgern der Partei außer gleichartigen Befugnissen wie Sipo und Ordnungspolizei nun auch noch das Recht zu, zurückkehrende und versprengte Wehrmachtsangehörige sowie Einsatzkommandos der Wehrmachtteile, der Waffen-SS, von OT und RAD zu überprüfen. Mit Befehl vom 27. März 1945 hatte zum Beispiel AOK 19 bestätigt, daß kontrollierenden Parteileuten, kenntlich an der von der Armee abgestempelten Armbinde mit dem Aufdruck »Wehrmacht-Überwachung« sowie entsprechendem Ausweis, Personalpapiere und Marschpapiere ausnahmslos auf Verlangen vorzuweisen seien.

Gegen Schluß des Krieges ergriffen beunruhigte, von oben zur Tat gedrängte oder übereifrige Parteiführer immer öfters militärische Initiativen, wo sie es besser gelassen hätten. –

Nicht überall gelang die Zusammenarbeit zwischen Feldheer und RVK's oder Funktionären der Partei.

Gauleiter und RVK für Ostpreußen, Erich Koch, zwang zum Beispiel über seine Parteiorgane Zehntausende von Menschen mit drakonischen Maßnahmen, kriegswichtige Arbeitsplätze im Stich zu lassen, die Schaufel in die Hand zu nehmen und befehlsgemäß »seinen Ostwall« auszuheben. Koch behauptete:

»Ohne die Partei gibt es den Frontgau Ostpreußen nicht. Nur die Partei kann für sich in Anspruch nehmen, Menschenmassen zu führen.«
Tatsächlich zog ein Massenaufgebot an Menschen und Fuhrwerken über die Grenze und baute den Wall, der letzten Endes doch nichts nutzte. Generalmajor Erich Dethleffsen, Chef GenSt 4. Armee, dessen Truppen dann die Südost- und Ostflanken Ostpreußens gegen die anbrandende Rote Armee verteidigen sollten, beklagte vom militärischen Standpunkt aus den ungewöhnlich starken Machtzuwachs bei den RVK's zu Lasten der militärischen Führung. Bei ständigen Reibereien »fiel die Entscheidung durch die höchste Stelle immer zu Ungunsten der militärischen Führung aus«, meinte der Offizier.
Drängende, brisante und kompetenzstrittige Fragen betrafen aber nicht nur den Arbeitseinsatz zum Stellungsbau, sondern auch Aufstellung, Betreuung und Einsatz des Deutschen Volkssturms, Arbeitseinsatz zur Instandsetzung kriegswichtiger Verkehrswege, Evakuierung der Zivilbevölkerung und Gebietsräumungen, Einquartierungen, Einsatz von ausländischen Arbeitern und Kriegsgefangenen.
Einerseits Verbindungsoffiziere der Armeeoberkommandos, unmittelbar den Chefs der Generalstäbe unterstellt, sowie andererseits »Gauverbindungsführer« der Parteileitung sorgten, so gut es ging, für gegenseitige Information und Koordination.
Hitlers berüchtigter Befehl vom 19. März 1945 über »Zerstörungsmaßnahmen im Reichsgebiet« bürdete Gauleitern und RVK's die Verantwortung dafür auf, daß die Zerstörungen »aller Industrie- und Versorgungsanlagen sowie sonstiger Sachwerte... die sich der Feind für die Fortsetzung seines Kampfes irgendwie sofort oder in absehbarer Zeit nutzbar machen« könne, auch wirklich durchgeführt wurden. Die Truppe mußte auf Anforderung dabei zur Hand gehen.
Als Mitte März 1945 im Westen die Weisung erging, weitere Evakuierungen im Hinblick auf die Enge des zusammengeschrumpften Hinterlandes zu unterlassen, bedeutete dies, daß ein Großteil der Bevölkerung in Feindeshand fiel. Allerdings befanden sich unter den Zurückgebliebenen auch getarnte Aktivisten und »Werwölfe«.
Schon Ende November 1944 war dem Personalamtsleiter Hein-

rich N. im vom nahen Feind bedrohten Wassenberg bei Geilenkirchen zufällig ein Bekannter aus Herne, Heinrich A., über den Weg gelaufen. Im vertrauten Gespräch gab sich A., der keine Uniform trug, als Angehöriger eines »Sprengkommandos der NSDAP« zu erkennen. Er und noch ein weiterer Kamerad hätten den Auftrag erhalten, sich vom Feind überrollen zu lassen, um danach im Rükken feindlicher Truppen kriegswichtige Objekte in die Luft zu jagen. Erforderliches Einsatzmaterial, Sprengstoff und so weiter, sei bereits heimlich an sicheren Orten im Bereich des Birgelner Waldes versteckt.

Dieser scheinbare Zivilist und PG war in Wirklichkeit ein Angehöriger des »Werwolf«. –

Hitler hatte schon in seiner Rede auf dem Parteitag 1934 der NSDAP Politischen Leitern die allgemeine Losung zugerufen: »Nicht der Staat befiehlt uns, sondern wir befehlen dem Staat!«. Diese Maxime war dann Wirklichkeit geworden.

Die meisten hauptamtlichen Parteifunktionäre erweckten auch 1945 den Anschein, als glaubten sie tatsächlich noch immer fest an die Unbesiegbarkeit nationalsozialistischer Ideen und Waffen, obwohl die bittere Wirklichkeit sie Lügen strafte. Eine Flut von Durchhalteappellen, heroischen Aufrufen, energischen Widerstandsbefehlen und massiven Drohungen an die Adresse von »Defaitisten und Verrätern« ergoß sich aus den Parteibüros über verzweifelte Menschen in unmittelbar vom Feind bedrohten Gebieten.

Als gegen Ende Januar 1945 der tödliche Vorstoß der Roten Armee eine schnelle Räumung des Kreises Gerdauen in Ostpreußen lebensnotwendig machte, um wenigstens die meisten Menschen noch zu retten, nagelte Gauleiter Koch die angsterfüllte Bevölkerung mit sturen Schanzbefehlen fest:

»Die Heimat ist in Gefahr!... Jedes Dorf eine Festung. Jedes Haus eine Burg!«.

In einem »persönlich/vertraulich« an Bormann gerichteten Brief meinte der Gauleiter von Schwaben am 17. März 1945: »...daß wir aus dieser bedrängten Lage nur dann herauskommen, wenn...wir einen Heroismus aufbringen, wie er bisher in der Geschichte nicht zu verzeichnen war. Es gibt sicherlich genügend Getreue des Führers, die ohne weiteres zur Selbstaufopferung bereit sind...«. Konkret schlug er vor, alliierte Nachschubbrücken über den Rhein »durch 1/2 Dutzend Flieger« im Selbstopfer-Einsatz zerstören zu lassen und dadurch zugleich ein politisches Fanal zu setzen. Allerdings, »...das Reden aber allein von diesem heroischen Einsatz bringt uns keinen Schritt weiter, wenn wir nicht schnellstmöglich Mittel und Wege zu einer praktischen Verwirklichung innerhalb der Partei finden«.

Genau hier lag aber der wunde Punkt.

Es gab zu viele, die sich leicht taten, große Worte in den Mund zu nehmen. Welche NSDAP-Aktivisten, Gau-, Kreis-, Ortsgruppen- und sonstige Politische Leiter griffen schon zur Waffe und taten auch wirklich selbst den letzten, unwiderruflichen Schritt, zu dem andere andauernd angefeuert wurden? Robert Wagner, in Personalunion Gauleiter, Reichsstatthalter und RVK, forderte in einem Geheimbefehl seine Kreisleiter energisch auf, mit dafür zu sorgen, »daß die Partei...ein Vorbild beherrschter Ruhe und Entschlossenheit gibt... Ein Ausweichen oder Zurückweichen gibt es nicht... wir setzen uns nicht ab, wir kämpfen!«. Die Autorität der Führung sei mit allen zu Gebote stehenden Mitteln, notfalls mit der Waffe, gegen jedermann aufrecht zu erhalten; Zuwiderhandlungen bedrohte er mit Standgericht.

Als es aber mulmig wurde, wich man doch zurück, setzte sich ab, rettete sich. In den Boden krallten sich am allerwenigsten die großen Wortführer. Wo eigentlich sie hätten kämpfen und fallen sollen, kämpften und fielen einfache, irregeleitete, vor allem junge Volksgenossen.

Während zum Beispiel ein Großteil der Ostpreußen tatsächlich ausharrte, wie Gauleiter Koch befohlen hatte, der Rache enthemmter Rotarmisten anheimfiel und den Tod oder maßloses Leid auf sich nahm, setzte sich der stimmgewaltige, energische Gauleiter selbst über die Ostsee nach Westen ab – leider ein Beispiel für viele andere Hoheitsträger.

Am 3. April 1945 wurde es schließlich Goebbels zu bunt. Er beklagte sich bitter über beschämende Verhaltensweisen von Hoheitsträgern der Partei. Keiner habe, wie das Volk erwarten durfte, im Kampf seinen Mann gestanden, geschweige denn, daß auch nur ein einziger in seinem Gau vor dem Feind gefallen sei, von Selbsttötungen einmal abgesehen. So etwas füge der Partei schwersten Schaden zu, im Volk schwinde das Vertrauen.

Letztlich gaben auch solche alarmierenden Auswüchse in den

Reihen der mutmaßlich Getreuesten den Anstoß zu jener kompromißlosen, rigorosen »Werwolf«-Bewegung, die jeden Rückweg abschnitt; Dämme sollten durch »Werwolf«-Gesinnung errichtet, bequeme Fluchtwege verbaut werden.
Goebbels schätzte die Stärke jener Aktivsten, denen eine derartige rücksichtslose Kampfauffassung beigebracht werden könnte, auf »etwa zehn Prozent« aller Parteigenossen. Einmal von der »Werwolf«-Gesinnung erfaßt, würden sie »wohl den größten Teil des deutschen Volkes mit sich reißen«. Er selbst kam allerdings für sich persönlich nicht auf die Idee, so zu handeln, wie er anderen abverlangte. Infolgedessen griff der Gauleiter und RVK von Berlin, Goebbels, nicht mannhaft zur Waffe, stellte sich nicht an die Spitze der Berliner Aktivisten. Anstatt daß er, wie Millionen seiner Volksgenossen, stumm und unpathetisch vor dem Feind gefallen wäre, führte er, wie immer, bis zuletzt das große Wort. –
Bevor Goebbels über die Medien den »Werwolf« proklamierte, setzte Bormann, der Pragmatiker, den Parteiapparat in Tätigkeit. In rascher Reihenfolge gab er aus dem Führerhauptquartier exakte Anweisungen an Gauleiter der NSDAP. Unter dem Betreff: »Durchführung von Sonderaufgaben im Rücken des Feindes« befahl er, sofort die »Werwolf«-Werbung in Angriff zu nehmen. Die Gauleiter sollten sich unverzüglich eines zuverlässigen Aktivisten der nationalsozialistischen Bewegung versichern, wobei im Hinblick auf die »große Tragweite der gestellten Aufgabe« als besonders wichtig dessen persönliche Auslese durch Gauleiter selbst hervorgehoben wurde.
Dieser »Werwolf«-Organisator im Range eines Gaubeauftragten müsse ausgezeichnete Menschenkenntnis, nötige Gewandtheit und Verschwiegenheit besitzen. Sein Name sowie seine genaue Adresse habe jeder Gauleiter dem Kurier als geheime Reichssache mit zurückzugeben oder mit dem nächsten Kurierdienst nachzusenden, und zwar an die

»Partei-Kanzlei
z. Hd. des Hauptbereichsleiters Dotzler
Berlin W 8
Wilhelmstraße 63/64«.

Zugleich stellte Bormann den »Werwolf«-Gaubeauftragten die Aufgabe, mit Hilfe von Hoheitsträgern der Partei, »Gliederungsführern und zuverlässigen Mitarbeitern der NSV, DAF und der

NS-Frauenschaft« für den Sondereinsatz geeignete Volksgenossen zu suchen und diese »von Fall zu Fall dem zuständigen Höheren SS- und Polizeiführer unter dem Stichwort ›Werwolf‹ zu melden«.

Von dort werde dann alles weitere in die Wege geleitet. Unter dem Zwang der Kriegslage, schnellstens und verstärkt alle Möglichkeiten auszuschöpfen, um die Angriffskraft der Feinde zu verringern, kämen für diese speziellen Kampfaufgaben nur »entschlossene, tapfere Männer und Frauen jeden Alters« in Betracht, insbesondere, wenn diese in ihrer angestammten Heimat zum Einsatz gelangten. Deshalb sollten vor allem Flüchtlinge angesprochen werden, aber auch solche Volksgenossen, die aus feindbesetzten und feindgefährdeten Gebieten stammten oder die die Verhältnisse dort genau kannten. Als »Werwolf«-Aufgaben nannte Bormann außer den bekannten auch »Erkundung der Verhältnisse im Rükken des Feindes zwecks Vorbereitung von Luftlandeunternehmungen u. a. m.«.

Von den 129 Ausfertigungen dieses »Werwolf«-Rundschreibens 128/45 der Partei-Kanzlei gingen entsprechende Exemplare »nachrichtlich« auch an Reichsleiter und Verbändeführer. Dotzler, der nun in Berlin saß, hatte als Kreisleiter bereits am 23. Januar 1945 Vorschläge zum Aufbau einer Widerstandsorganisation in den »von den Bolschewisten besetzten Ostgebieten« unterbreitet.

Für einen parallel zum »Werwolf« aufgezogenen »Sondereinsatz der Partei-Kanzlei zur Verstärkung der Partei in frontnahen Gebieten« verlangte Bormann am 16. März 1945 von jedem Gau die Gestellung von mindestens fünf bewährten Führungskräften, die als seine persönlichen Abgesandten überall die zerbröckelnde Widerstandsfront stärken sollten. Bald darauf trafen diese Parteigenossen auch tatsächlich ein; sie wurden unverzüglich im Olympischen Dorf in Wusterhausen bei Berlin auf ihre Sonderaufgabe als Durchhalte-Kommissare gedrillt und dann sofort in alle Richtungen losgeschickt.

In ihrem blinden Eifer verursachten sie noch manches Leid. – Einvernehmen von SS und NSDAP in Kleinkrieg-Angelegenheiten geht aus jener geheimen Reichssache hervor, mit welcher sich der Generalinspekteur für Spezialabwehr beim Reichsführer-SS am 20. März 1945 an den HSSPF München wandte. SS-Standartenfüher Tschierschky, Chef des Stabes beim Generalinspekteur, gab zur Kenntnis, daß Bormann per Rundschreiben sämtlichen Gauleitern der NSDAP Anweisungen über die Mitarbeit der Partei in »Werwolf«-Aufgaben erteilt habe. Nunmehr würden unter dem Stichwort »Werwolf« Gaubeauftragte sowie Mitglieder dieser Widerstandsorganisation den zuständigen HSSPF gemeldet werden.

Auerbach kommt a.a.O. allerdings zu dem Schluß, daß die von Goebbels verursachte und von Bormann verstärkte Propagandawelle zum Aufwühlen einer mächtigen »Werwolf«-Bewegung »nichts mit Prützmanns Organisation zu tun hatte«; hier hätten »reale, engumrissene Aufträge« vorgelegen, während dort mit großen Worten politisch auf Spontaneität und Überkochen der Volksseele spekuliert worden sei.

Wie verderblich sich starre nationalsozialistische Gesinnung und »Werwolf«-Hetze auswirken konnten, mögen weitere Beispiele beweisen. –

In Braunschweig machte gegen Kriegsende der Kreisleiter der NSDAP, Berthold H., ein einundvierzigjähriger fanatischer Nationalsozialist, die »Werwolf«-Sache zu seiner eigenen. Seit 1933 hauptamtlicher Führer in der HJ gewesen, diente er als HJ-Adjutant und Mitarbeiter des Stellvertreters des Führers, um ab 1941 nacheinander die Kreisleitungen von Marienburg/Hannover, Hildesheim und schließlich von Braunschweig zu übernehmen. Zuletzt fungierte er zugleich als Gauinspekteur für das Land Braunschweig.

Im Februar 1945 verpflichtete Kreisleiter H. den damals bereits fünfzigjährigen Ortsgruppenleiter August A. mit Handschlag auf ein geheimnisvolles »Rollkommando«, dem ausschließlich alte, bewährte und verläßliche Parteigenossen angehören durften.

A. war, ohne es zu wissen, Angehöriger der »Werwolf«-Organisation geworden.

Als er dann Anfang April 1945 schriftlichen Befehl erhielt, den Forstamtmann Helling abzuholen und zum Kreisbefehlsstand zu bringen, gehorchte er arglos. Aber es machte ihn dann doch stutzig, als er kurz danach vom plötzlichen Tod des Forstamtmannes hörte.

Am 10. April 1945 schließlich, als amerikanische Truppen auf Braunschweig zustießen, fiel es ihm wie Schuppen von den Augen;

Rechte Seite:

Oben: Schimpflicher Tod am Strick – ob Mann, ob Frau, Partisanenlos. Hier: russische Partisanen in Minsk. Dasselbe blühte deutschen »Werwölfen«.

Unten: Britische Fallschirmjäger Anfang Mai 1945 in Lübeck an der Leiche eines »Werwolfs«. Schildaufschrift: »Dieser Mann hat auf britische Truppen geschossen«.

Wir sind Partisanen
und haben auf deutsche
Soldaten geschossen
Мы партизаны,—
стрелявшие по
германским
войскам

Otto Skorzeny, SS- Sturmbannführer, Kommandeur der SS-Jagdverbände; hier beim Verlassen einer »Pfeilkreuzler«-Dienststelle in Budapest, Oktober 1944.

nun wurde ihm klar, was es mit dem »Rollkommando« der Kreisleitung auf sich hatte.
Schon seit den frühen Morgenstunden dieses Tages hielt sich A. in einer Baracke beim Kreisbefehlsstand bereit. Etwas später kamen der SS-Hauptscharführer R. und der Volkssturmmann K., die hier Lebens- und Genußmittel zu erhalten hofften, hinzu. K. verzehrte an Ort und Stelle Konserven, rauchte und trank auch ein paar Schnäpse, aber merkbar betrunken war er nicht.
Etwa um 9 Uhr überbrachte der Kreisorganisationsleiter G. dem A. einen handschriftlichen Befehl des Kreisleiters: »Der Sturmführer O. ist abzuholen und zu erschießen.«
O., ein Landwirt, bekleidete in der SA diesen Rang. Bis 1942 hatte er als Soldat gedient, war mehrmals ausgezeichnet worden, dann jedoch infolge von Verwundungen aus der Wehrmacht ausgeschieden, um ein Gut in Polen zu bewirtschaften. Dort war er beim Vormarsch der Russen abermals verwundet worden. Nun genas er allmählich im Braunschweiger Inselwall-Lazarett. Hier beging O. den folgenschweren Fehler, einem Sanitätssoldaten offen zu befehlen, seine SA-Uniform in die Oker zu werfen.
Von diesem Verstoß gegen die damalige Ordnung erhielt der NSFO des Lazaretts Kenntnis, der den Kreisleiter informierte. H. fackelte nicht lange, sondern ließ O., der bereits vorher durch wehrkraftzersetzende Reden, wie man das nannte, aufgefallen war, festnehmen und ins Gefängnis Rennelberg werfen. Dort trafen nun am 10. April 1945 A., R. und K. gegen 10 Uhr auf Fahrrädern ein. Nach einigem Hin und Her gaben die Gefängnisbeamten, beeindruckt von der SS-Uniform des R., O. schließlich heraus. K. setzte den gehbehinderten SA-Führer auf sein Fahrrad und schob ihn aus der Gefängnisanlage. Als er wegen des beschwerlichen Transports Einwände erhob, weihte A. seine Helfer ein: »Das ist nicht nötig«, sagte er, »das ist ein Verräter, damit wird nicht viel Federlesens gemacht, der wird gleich erschossen.«
Während R. zurückblieb, brachten die beiden anderen Männer den Verwundeten mit vereinten Kräften zum Kreuzkloster-Friedhof. Hier lehnten sie den Mann an einen Steinhaufen. Erst jetzt verkündete A., indem er etwas zurücktrat und seine Pistole zog, O. müsse auf Befehl der Kreisleitung sterben, weil er dem Führer die Treue gebrochen habe und nicht mehr kämpfen wolle; er sei cin Verräter.

Ungerührt von den Beteuerungen des SA-Führers, niemanden verraten zu haben, zielte A. auf die Stirne des vor ihm stehenden Mannes, dem die Augen nicht verbunden worden waren, und drückte ab.
Doch der Schuß löste sich nicht.
A. lud durch, zielte erneut – und mußte abermals absetzen, weil die Waffe wieder versagte.
Schließlich tötete A. den SA-Führer mit K.'s Waffe durch einen direkten Schuß in die Stirn.
Nachdem O. schwer zur Seite niedergebrochen war, legte A. auf die Leiche einen Zettel mit der Aufschrift: »der Werwolf«. –
Als Gauleiter L. den Braunschweiger Kreisleiter H. danach wegen seines nationalsozialistischen Übereifers zum Ausbau der Harzstellung nach Königskrug bei Braunlage abschob, fühlte sich H. tief gekränkt. Nur widerstrebend beugte er sich dem Befehl seines Vorgesetzten, und nur ungern übertrug er Aufgaben zur zivilen Verteidigung seinem Nachfolger, einem zehn Jahre jüngeren Kreisgeschäftsführer.
Schon vier Tage später sah er seine Befürchtungen bestätigt: Der Kreisgeschäftsführer teilt ihm mit, er beabsichtige, Braunschweig kampflos zu übergeben.
H. reagierte auf diese Nachricht sofort, indem er dem Wankelmütigen scharf jede weitere Amtshandlung verbot, ihn als Feigling und Verräter beschimpfte, und kurz darauf mit zehn verläßlichen Begleitern, die der SA-Obersturmbannführer und Kreisstabsführer T. für ihn auch nach militärischen Gesichtspunkten ausgewählt hatte, nachts nach Braunschweig zurückfuhr.
Hier riß er sofort die Kommandogewalt an sich.
Der Bevölkerung teilte er über Drahtfunk mit, der Verteidigungskampf werde unter allen Umständen weitergeführt; Feiglinge, Saboteure, Defaitisten sowie Leute, die es wagen sollten, weiße Fahnen zu hissen, würden gnadenlos vom »Werwolf« mit schimpflichem Tode bestraft.
In der großen Stadt herrschten damals chaotische Zustände. Bürgermeister Dr. Mertens hatte sich im Rathaus selbst entleibt. Beim Luftflottenkommando wurden zwei Soldaten, die in Zivil aufgegriffen worden waren, kriegsgerichtlich verurteilt und hingerichtet. Und eines Tages fand man gegen 18 Uhr den Landrat Dr. B. in seinem Dienstzimmer bei der Kreisleitung im Nußberg mit geöff-

neten Pulsadern im Blute schwimmend auf.
Als H. kurz nach seinem Eintreffen im Kreisbefehlsstand von diesem Selbstmordversuch des Landrats hörte, beschloß er, an Dr. B., der ja ohnehin vom Tode gezeichnet schien, ein Exempel zu statuieren.
Einem eilig herbeigerufenen Volkssturm-Mann erklärte er vor allen Anwesenden laut und deutlich:
»Der Führer hat die Standgerichtsbarkeit auf die Reichsverteidigungskommissare übertragen. Der Reichsverteidigungskommissar hat mich als seinen Stellvertreter eingesetzt. Der Landrat Dr. B. hat feige versucht, sein Leben von sich zu werfen. Ich verurteile ihn zum Tode. Fahren Sie mit ihm irgendwohin vor die Stadt, und erschießen Sie ihn.«
Diesem Befehl wurde Folge geleistet.
Außer dem Fahrer bestiegen noch zwei Volkssturm-Männer den Kraftwagen der Kreisleitung, in dem der schwerverletzte Dr. B. immer noch mit dem Tode rang. In flottem Tempo ging die Fahrt nach Riddagshausen. Hier benutzten sie den gut befahrbaren Messeweg, bogen sodann auf einen breiten Feldweg am nördlichen Ufer des Kreuzteiches ein, bis sie etwa 250 m vom Messeweg entfernt eine Kreuzung erreichten.
Hier hielten sie an, hoben den Schwerverletzten in einer Decke aus dem Wagen, trugen ihn ungefähr zehn Meter weiter und legten ihn schließlich, Füße nach unten, an einer Böschung nieder. Obwohl der Landrat noch Lebenszeichen von sich gab, war er nicht bei Bewußtsein.
Nun befolgte man den Befehl des Kreisleiters und schoß aus kurzer Entfernung in den Hinterkopf des Bewußtlosen.
Dr. B. war sofort tot.
Als einer der Männer sich abwandte, um zum Wagen zurückzugehen, traf er mit einem anderen zusammen, der gerade einen Zettel aus einem Notizbuch herausriß, auf dem »Der Werwolf« geschrieben stand.
Diesen Zettel fand man dann in einem Stiefelschaft an der Leiche. –
In Gagel zeigten sich ebenfalls Auflösungserscheinungen. Kurz vor dem Einmarsch amerikanischer Truppen riß die Bevölkerung, um es nicht zu weiteren, sinnlosen Kämpfen kommen zu lassen, Panzersperren nieder.

Dies bemerkte der Kreisleiter von Osterburg und Kommandeur des dortigen Volkssturm-Bataillons, P., als er mit seiner Ordonnanz, dem Zugführer G., einem alten Parteigenossen, im Kraftfahrzeug den Ort passierte.
Sofort ordnete P. an, die Sperre wieder herzurichten.
Dann schritt er auf den Bauern T. zu, der im Begriff stand, mit seinem Gespann weitere Holzstämme der Panzersperre fortzuschleppen, und stellte ihn zur Rede.
Der Bauer berief sich auf eine Anordnung des Ortsbauernführers.
Aber P. ließ sich nicht überzeugen und erklärte erregt:
»Sie werden standrechtlich erschossen!«
Dabei richtete er seine Pistole auf den Mann; doch ehe sich ein Schuß lösen konnte, fiel T. dem Kreisleiter in den Arm. Nun schoß P. tatsächlich, streifte aber nur den rechten Oberarm seines Opfers, das jedoch die Abwehr verstärkte und P. hart anging.
Als der Zugführer G. die Bedrängnis seines Vorgesetzten bemerkte, zog auch er seine Pistole und gab, sobald ihm die Schußposition bei dem Handgemenge der beiden Männer günstig schien, mehrere Schüsse auf den Bauern ab.
Erst mußte dieser einen weiteren Streifschuß hinnehmen; aber dann erreichte ihn ein tödlicher Treffer. Seitlich in die Brust getroffen, stürzte er tot nach hinten zu Boden. –
Im Gebiet Weser-Ems übertrug der HSSPF Hamburg, Graf Bassewitz, auf Vorschlag der Gauleitung Aufstellung und Leitung der dortigen »Werwolf«-Organisation bereits im November 1944 dem Wilhelmshavener Kreisstabsamtsleiter Fritz L., einem damals 44jährigen »Alten Kämpfer« der NSDAP. Kurz danach absolvierte L. in Potsdam einen »Werwolf«-Schnell-Lehrgang.
Außer militärischen Zielen wurde ihm hier ausdrücklich aufgetragen, deutsche Kollaborateure zu beseitigen sowie Verräter im noch nicht besetzten Raum zu richten. Nach einem militärischen Zusammenbruch sollten »Werwolf«-Angehörige untertauchen, sich keiner unnützen Gefahr aussetzen und »weitere Befehle abwarten«.
Taktische »Werwolf«-Befehle kamen ausschließlich von der Dienststelle HSSPF Hamburg. Vorgesetzter L.'s war zwar auch der Gauleiter und RVK, aber dieser mischte sich kaum in »Werwolf«-Angelegenheiten ein.
Der »Werwolf«-Führer L. richtete, anfangs mit Hilfe des Kreis-

wirtschaftsberaters und des Kreishandwerkermeisters, im Gau »Werwolf«-Nester ein und besetzte sie mit ausgesuchten Männern.

Noch bis Mitte April 1945 belieferte die Dienststelle HSSPF Hamburg die »Werwolf«-Leute L.'s mit Waffen, Munition und Sprengmaterial.

In allen »Werwolf«-Angelegenheiten vertrat den L. seit Februar 1945 der neunundzwanzigjährige Helmut F., ein wegen Schädelverletzung untauglich gewordener Fallschirmjägeroffizier, der bis zu seiner Adjutantentätigkeit Berater des HJ-Bannführers gewesen war; Hitler-Jugend schanzte damals am sogenannten »Friesenwall«.

Auch F. hatte einen »Werwolf«-Lehrgang mitgemacht, allerdings in Hamburg. Von hier brachte er die Weisung mit, im Zusammenwirken mit NSDAP-Kreisleitungen unzuverlässige Personen zu ermitteln, diese zu überwachen und im Falle akuter Gefahr zu beseitigen.

Als Melder diente dem »Werwolf«-Führer L. ein junger Einsatzführer der HJ aus Wilhelmshaven.

Am 2. Mai 1945, Hitler hatte sich zwei Tage vorher erschossen, hielten sich der »Werwolf«-Führer, sein Adjutant und der Melder vorübergehend in Wilhelmshaven auf. Im Befehlsbunker West am Bahnhof Rüstringen übergab eine Sekretärin dem L. einen Zettel des Kreisleiters, der eine handschriftliche Notiz über einen Friseur namens Göken in Aldenburg enthielt, der kürzlich den Hitler-Gruß eines SA-Führers mit den Worten erwidert hatte:

»Im Arsch mit Hitler. Das Aas ist Gottseidank verreckt!«.

Bei der Kreisleitung erhielten die »Werwolf«-Männer zwei weitere Adressen vom Kreisleiter selbst sowie vom Polizeipräsidenten. Aber erst nach dem Abendessen setzte L. seine beiden Begleiter davon in Kenntnis, daß sie »noch drei Männer stellen müßten.« Welcher Sinn hinter diesen Worten steckte, wurde klar, als der »Werwolf«-Führer an den Hitler-Jungen, der gerade 17 Jahre alt geworden war, die Frage richtete, ob er schon einmal den Tod eines Menschen mit angesehen habe.

Die Fahrt ging zunächst zu »Heines Hotel«; hier wohnte der Kriminaldirektor Nußbaum, ein scharfer Regimegegner, der noch vor kurzem geäußert hatte, es sei bald an der Zeit, »Abzeichen und Uniform abzulegen und zur anderen Seite hinüberzuwechseln«.

Diese schwerwiegenden Worte hielt L. dem Kriminaldirektor nun vor, als dieser geöffnet und auf Befehl zögernd die Hände erhoben hatte. Nußbaum versuchte, seine Äußerungen zu bagatellisieren, aber L. schimpfte ihn nur noch mehr einen Verräter und streckte ihn schließlich kurzerhand mit zwei Schüssen aus seiner Pistole nieder.

Nach dieser Tat eilte L. mit dem Hitler-Jungen die Treppe hinunter, rief noch in die Hotelhalle:

»Wenn jemand fragt: Der ›Werwolf‹ war da!«, dann stiegen die beiden wieder in den Wagen.

F. steckte seinem erregten Vorgesetzten eine angerauchte Zigarette zwischen die Lippen, startete das Kraftfahrzeug und fuhr nun nach Aldenburg.

In Aldenburg angekommen, sah F. zufällig den Friseur draußen stehen. L. packte wiederum seine Pistole, um durchzuladen, doch sie hatte Ladehemmung. Darauf nahm L. eine Ersatzpistole aus dem Handschuhfach, stieg aus, schritt auf Göken zu und stellte diesen ohne Umschweife zur Rede.

Der Friseur erschrak, obwohl L. die Pistole versteckt hielt, und versuchte, sich herauszureden. Doch L. erklärte, als Verräter müsse Göken jetzt sterben. Mit diesen Worten zog er die Pistole aus der Manteltasche und feuerte.

Auch Göken starb auf der Stelle.

Nun befahl der »Werwolf«-Führer, nach Voslapp zu fahren, wo angeblich ein Kommunist Listen mit Namen führender Persönlichkeiten angelegt hatte, die er dem Feind mitsamt Skizzen von der Festung Wilhelmshaven bei erster Gelegenheit zuspielen wollte.

Näheres wußte der dortige Ortsgruppenleiter, der nun zustieg und die »Werwolf«-Männer zur Wohnung des Dänisch begleitete. Dort klingelte L.

Als eine Frau öffnete, kam Dänisch zufälligerweise gerade die Treppe herunter. L. sprach ihn an und fragte unverblümt, ob es stimme, daß er Kommunist sei. Der Angesprochene antwortete ausweichend.

Nach weiteren Fangfragen änderte L. plötzlich den Ton seiner Stimme, beschuldigte den Verdächtigten des Verrats, hob wiederum seine Waffe und schoß auch diesen Mann aus nächster Nähe nieder.

17. Kreisleiter Dotzlers »Vorschläge zum Aufbau einer Widerstandsbewegung in den von Bolschewisten besetzten deutschen Ostgebieten« vom 23. Januar 1945.

Nach dem IfZ-Gutachten vom 20. April 1956 über den »Werwolf« erging Himmlers Auftrag an Prützmann im Sommer 1944, spätestens Mitte September 1944, nachdem die Idee bereits seit Frühjahr 1944 erwogen worden war. Aus der Tatsache, daß »Werwolf« und Volkssturm zur gleichen Zeit errichtet wurden, soll eine gewisse Wahrscheinlichkeit dafür sprechen, daß der »Werwolf« »in den verlorenen Gebieten gewissermaßen das Gegenstück zum Volkssturm« habe bilden sollen.
Die Idee, außer militärischen »Werwölfen« entschlossene, tapfere Männer und Frauen jeden Alters, also regimetreue Volksgenossen, Zivilisten, zu aktivieren, scheint zunächst Kreisleiter Dotzler schriftlich vorgeschlagen zu haben, jener Parteifunktionär, der von Bormann als Adressat der »Werwolf«-Meldungen der Gauleiter genannt worden war.
Dessen »Vorschläge zum Aufbau einer Widerstandsbewegung in den von Bolschewisten besetzten deutschen Ostgebieten« gaben den ersten Anstoß zur Verbindung politischer und militärischer Ziele in einer erweiterten »Werwolf«-Bewegung. Bormann leitete die am 23. Januar geschriebenen Vorschläge am 27. Januar 1945 als »lesenswerte Niederschrift über Sabotage hinter der russischen Front« an Himmler (»Mein lieber Heinrich!«) weiter, der den Erhalt jedoch erst am 8. Februar bestätigte (»Mein lieber Martin!«); »das eine oder andere daraus« ließe sich verwerten. Er habe SS-Obergruppenführer Prützmann Kopie gegeben und ihn angewiesen, sich beim Sekretär des Führers zu melden, um »über seinen Sonderauftrag Vortrag zu halten«. »Sonderauftrag« hieß nichts anderes als »Werwolf«; selbst Bormann wußte bis zu diesem Zeitpunkt nicht, was Himmler mit Prützmanns Hilfe inzwischen einge-

leitet hatte. Himmler schickte einen Durchschlag seines Briefes an Bormann Prützmann zusammen mit Dotzlers »Vorschlägen« zu mit der Weisung: »Versuchen Sie bitte möglichst bald einen Termin bei Reichsleiter Bormann zu erhalten«.

Prützmann hielt nun drei Seiten im Din-A-4-Format in der Hand, auf denen Dotzler zunächst riet, im Hinblick auf wahrscheinlich »variable Taktiken der Bolschewisten« keinesfalls eine einheitliche, straffe Organisation anzustreben. Im Gegenteil, Anpassungsfähigkeit müsse alle auszeichnen, fanatische Nationalsozialisten ebenso wie die nationale Geistlichkeit. Dabei könnten Zielsetzungen und Erscheinungsbild durchaus voneinander abweichen; selbst Spannungen innerhalb einzelner Gruppierungen schadeten nichts, sofern nur das Hauptziel unverrückbar bestehen bleibe: antibolschewistischer Widerstand.

Unter dieser Formel habe sich alles zu sammeln, was für einen Widerstand in Betracht käme, von Aktivisten, Kampf- und Sabotagetrupps bis hin zu rein karitativen Organisationen, kurz, »was irgendwie dem deutschen Leben ... dienen ... und was die Bolschewisten schädigen« könne. Die Spitze, »ein kleiner Führungskopf«, sollte nach Meinung Dotzlers aus leitenden, im Kleinkrieg bewährten Persönlichkeiten des SD sowie aus einigen Männern der Partei-Kanzlei gebildet werden; offenbar dachte Dotzler an sich selbst.

Als primäre Aufgaben einer Widerstandsbewegung zählte er in folgender Reihenfolge auf:

Kontaktaufnahme mit versprengten deutschen Truppen;
Auswahl geeigneter Offiziere und Mannschaften für »kampftüchtige Gruppen«, wohl Sabotage- und Störtrupps;
Sammeln und Auswerten von Informationen aus der Bevölkerung über Erfahrungen mit der Besatzungsmacht und Weitergabe von Tips über zweckmäßiges Verhalten;
Beratung der Bevölkerung in allen Existenz- und Lebensfragen;
planvoller passiver Widerstand;
Aufbau eines gut funktionierenden Nachrichtenwesens;
aktive Zersetzung feindlicher Truppenverbände;
Zerstörung aller dem Feinde nützlichen Anlagen und Lager;
Angriffe auf einzelne feindliche Soldaten und Nachschubkolonnen.

Kreisleiter Dotzler meinte schließlich, man solle auch verschiedene katholische Orden zu Hilfe rufen. Beim Reichsführer-SS befinde sich doch eine Anzahl ehemals katholischer Geistlicher, die sicherlich ihr »priesterliches Handwerk« wenigstens noch so weit beherrschten, daß sie, als Geistliche verkleidet, hinter den russischen Linien wirken könnten, ohne groß aufzufallen. Ja, es sollte doch am besten »irgendeiner einen neuen katholischen Orden gründen mit der Zielsetzung, das Christentum vor dem Bolschewismus zu retten«, ganz gleich, ob der Vatikan da mitspiele oder nicht; schließlich existierten »innerhalb der katholischen Welt« viele kleine, aktive Splitter-Religionsgemeinschaften auch ohne Segen des Heiligen Vaters in Rom.

Mit originellen Ideen immer noch nicht am Ende, schlug Dotzler weiter vor, Quäker unter amerikanischen Kriegsgefangenen zu mobilisieren und auch unter den britischen Kriegsgefangenen »geeignete Sektierer« für Hilfsaktionen zu gewinnen. Von all' diesen Gruppen, keineswegs Freunde des Nationalsozialismus, erwartete der Kreisleiter weniger etwas Aktives für das Regime, als vielmehr Beunruhigung der Besatzungsbehörden sowie Kontakte zur deutschen Bevölkerung. Auf solche Weise ließen sich »weiche Stellen« beim Feind entdecken und gleichzeitig Erfahrungen zur Auswertung und Weitergabe zusammentragen.

Als nächste Stufe faßte Dotzler ins Auge, ehemalige Mitglieder der KPD und/oder Rot-Front-Bündler, die sich inzwischen zu »zuverlässigen Nationalsozialisten« gemausert hätten, oder Männer, denen die entsprechende Dialektik ebenfalls vertraut sei, mit täuschend echten Papieren ausgestattet als angeblich aus dem Untergrund auftauchende Mitglieder dieser kommunistischen Organisationen und Angehörige illegaler Antifa-Gruppen in bolschewistische Einheiten und Seydlitz-Verbände einzuschleusen.

Zum Schluß seiner Vorschläge wies Dotzler ausdrücklich auf die Möglichkeit hin, daß »ortskundige, tapfere Frauen« hinter den feindlichen Linien abgesetzt werden könnten, um dort im Sinne der Widerstandsbewegung als Verbindungshalter und Informantinnen zu dienen.

Die »Vorschläge«, selbst für damalige Verhältnisse ziemlich verworren und wirklichkeitsfremd, endeten mit Hinweisen auf »harte, rücksichtslose Methoden der Bolschewisten« und den Zeitfaktor; eine gut funktionierende Widerstandsbewegung ließe sich

»recht schwer« aus dem Boden stampfen.
Das klang schon realistischer.
Prützmann scheinen die »Vorschläge« des Kreisleiters nicht viel genutzt zu haben; nirgendwo gab es Anzeichen dafür, daß von den Ideen, die über normale Kleinkampf-Überlegungen hinausgingen, auch nur eine einzige in die Tat umgesetzt worden wäre.
Bormann setzte Dotzler als Hauptbereichsleiter für »Werwolf«-Fragen in der Partei-Kanzlei ein und mobilisierte per Rundschreiben die Gauleiter der NSDAP. Prützmann ließ alle HSSPF über die Mitwirkung der Partei informieren, verzichtete jedoch darauf, präzise Anweisungen zu geben. Sein Stabschef beschränkte sich in seinen Briefen darauf, in Kenntnis zu setzen – mehr nicht; offenbar eine Pflichtübung.

18. Panikbefehle – Ursachen für »Werwolf«-Taten.

»Werwolf«-Untaten entsprachen dem Chaos, das die darin verstrickten Menschen umgab.
Untrügliche Anzeichen des nahenden Zusammenbruchs Deutschlands spiegelten sich in zunehmender Schärfe gegebener Befehle wider; sie lauteten immer rücksichtsloser.
Zuletzt konnte die oberste Führung nur noch drakonisch befehlen. Ein paar aus der Unzahl sich überstürzender Befehle zur Erzwingung von Kampfkraft und Widerstandsgeist herausgegriffene Beispiele mögen die unmenschliche Gesinnung der Führer erkennen lassen.
»Führerbefehl Nr. 5« vom 28. Februar 1945 stattete Kampf- und Straßenkommandanten mit diktatorischen Vollmachten gegen jeden aus, der es wagte, sich fanatischen Verteidigungs- und Vergeltungsmaßnahmen zu widersetzen. Dann tauchten in deutschen Orten gegen Ende März 1945 überall an markanten Stellen gelbrote Plakate auf, deren grelle Schlagzeile lakonisch androhte:
»Wer plündert, wird erschossen!«
In der Karwoche gab der Deutsche Rundfunk über die Reichssender den sogenannten »Katastrophenerlaß« Himmlers bekannt, wonach auf frischer Tat ertappte Plünderer von jedem deutschen Waffenträger an Ort und Stelle sofort und ohne Zögern zu erschießen waren.
Nachdem sich schon seit Beginn des Schicksalsjahres 1945 im militärischen Bereich Fälle von Befehlsverweigerung und Wehrkraftzersetzung gehäuft hatten, brachte Himmler, um dieser tödlichen Gefahr zu begegnen, einen an Schärfe kaum noch zu überbietenden Gehorsamserlaß heraus, der allen Vorgesetzten seines Machtbereiches rücksichtslosestes Einschreiten abverlangte: Un-

gehorsam bedeutete Tod und – die Strafe sollte nicht nur Befehlsverweigerer vernichten, sondern auch deren Angehörige.
Als dieser Befehl schließlich auch allen Wehrmachtsangehörigen und Polizeibeamten zur Kenntnis gebracht wurde, kursierte er in Kurzform als »Sippenhaftungsbefehl«.
Für die Verteidigung Wiens gab Hitler schließlich Anfang April 1945 den schärfsten Haltebefehl heraus: Wer seine Stellung verlasse, sei auf der Stelle zu töten.
Der sogenannte »Flaggenbefehl« verpflichtete schließlich Politische Leiter der NSDAP, ganz besonders aber die »Widerstandskommissare«, die auf Kreisebene wirkten, sowie andere Waffenträger. Durch Rundfunk und direkte schriftliche oder mündliche Übermittlung hatten Wehrmachtseinheiten, Polizeistellen und die Zivilbevölkerung von dem Flaggenbefehl Kenntnis erlangt, der wie folgt lautete:

»RFSS hat befohlen:

1. Im jetzigen Zeitpunkt des Krieges kommt es einzig und allein auf den sturen unnachgiebigen Willen an, zum Durchhalten.
2. Gegen das Heraushängen weißer Tücher, das Öffnen bereits geschlossener Panzersperren, das Nichtantreten zum Volkssturm und ähnliche Erscheinungen, ist mit härtester Maßnahme durchzugreifen.
3. In einem Haus, aus dem eine weiße Fahne erscheint, sind alle männlichen Personen zu erschießen. Es darf bei diesen Maßnahmen in keinem Augenblick gezögert werden.«

Im Befehlsgehorsam und angesichts verzweifelter Lage befolgten nicht nur politische Fanatiker, sondern auch Wehrmachteinheiten und Soldaten Panikbefehle.
So zum Beispiel der Luftwaffenmajor St., damals als Dreiunddreißigjähriger Verteidiger der Marktbergeler Hohen Steige an der jetzigen B 13.
Major St. erschoß am 12. April 1945 aufgrund des »Flaggenbefehls« den fünfundfünfzigjährigen Müller und Eigentümer der Rummelsmühle bei Seenheim, David G., und setzte dessen Anwesen in Brand, weil aus dem ersten Stock der Mühle ein kleines weißes Handtuch an einem Stab heraushing.
In einem Abschnittsbefehl präzisierte der Kampfkommandant von Ansbach, Oberst Dr. M., zwei Tage nach diesem Vorfall noch

einmal alle in letzter Zeit ergangenen Befehle:

»Der Kampf wird auch bei Durchbruch von motorisierten Einheiten in Richtung Ansbach von den Außenstellen gegen den Nachschub und evtl. Ortsbesetzungen (am) Tag und besonders nachts weitergeführt.

Häuser, die die weiße Fahne zeigen, werden angezündet, die Schuldigen erschossen.

Der Werwolf bekämpft den Feind und richtet den Verräter!«

Vor allem in den letzten Wochen des Krieges kam es nach allgemeiner Auffassung weniger auf Vollmachten an, als vielmehr auf den Schneid einzelner, die sich herausgefordert fühlten, Befehle auch ohne förmliche Befehlsgewalt zu geben und durchzusetzen. In Gießen, soeben erst von alliierten Truppen erobert, drangen zwei Angehörige des »Werwolf«, angeführt von einem SS-Offizier belgischer Nationalität, in das Haus eines deutschen Arztes ein und erschossen diesen mit der Begründung, er habe mit dem Feind kollaboriert.

»Handeln«, hieß die Devise.

Das war nicht neu.

Schon früher hatte es rigorose Befehlsauffassungen gegeben, wie zum Beispiel Kriminalrat und SS-Hauptsturmführer Ba. erfahren mußte, als er zum Leiter des »Kommando Erkelenz« zur Wahrnehmung sicherheitspolitischer Maßnahmen bestimmt worden war. Als er vom HSSPF Gutenberger den Befehl erhielt, ab sofort energisch mit Waffengewalt gegen Plünderer, Deserteure, Saboteure und »ähnliches Gesindel« vorzugehen, bat er sicherheitshalber um schriftliche Bestätigung.

Doch Gutenberger lachte ihn aus: »Geschrieben wird nichts«, erklärte er kategorisch. Im Gegenteil, nun beharre er umso eigensinniger darauf, daß dieser scharfe Befehl nur von Mund zu Mund unter den Beamten kursiere.

»Wir sind die Sieger!«, betonte Gutenberger. Nach dem Sieg krähe sowieso kein Hahn mehr danach, ob nun etwas aufgrund schriftlicher oder mündlicher Befehle oder ohne jeden Befehl passiert sei.

Als dann in der letzten Phase des Krieges allgemeingehaltene Tötungsbefehle, sogenannte »Blancobefehle«, um sich griffen, ging auch noch der letzte Anschein einer Rechtsordnung verloren.

Das Chaos war da.

Befehle nahmen den Charakter von Parolen an.
So zum Beispiel am 23. März 1945, als Bormann aufgrund eines Führererlasses den Gauleitern in unmittelbar vom Feind bedrohten Gebieten befahl, Industrieanlagen, Elektrizitäts-, Wasser- und Gaswerke sowie Lager für Lebensmittel und Bekleidung sofort zerstören zu lassen.
Das Deutsche Nachrichtenbüro sorgte dann am 2. April 1945 für die Verbreitung folgender Verlautbarung Bormanns:

> »Nationalsozialistische Parteigenossen!
> Nach dem Zusammenbruch von 1918 verschrieben wir uns mit Leib und Seele dem Kampf um die Daseinsberechtigung unseres Volkes. Jetzt ist die höchste Stunde der Bewährung gekommen. Die Gefahr erneuter Versklavung, vor der unser Volk steht, erfordert unseren letzten und höchsten Einsatz.
> Von jetzt ab gilt: Der Krieg gegen den ins Reich eingedrungenen Gegner ist überall mit aller Unnachgiebigkeit und Unerbittlichkeit zu führen. Gauleiter und Kreisleiter, sonstige Politische Leiter und Gliederungsführer kämpfen in ihrem Gau und Kreis, siegen oder fallen.
> Ein Hundsfott, wer seinen vom Feind angegriffenen Gau ohne ausdrücklichen Befehl des Führers verläßt, wer nicht bis zum letzen Atemzug kämpft!
> Reißt hoch die Herzen und überwindet alle Schwächen!
> Jetzt gilt nur noch eine Parole: Siegen oder Fallen...!«

Mit »Anordnung 209/45 g. Rs.« gab der Sekretär des Führers zwölf Tage später den Gauleitern einen weiteren Führerbefehl bekannt, nach welchem operativ wichtige Brückenbauwerke nachhaltig und wirksam zu zerstören seien, sobald das OKW die entsprechenden Räume oder Gebietsabschnitte im einzelnen bestimmt habe.
Zum Glück für Überlebende hatte manch' einer den Mut, solche Drohungen wie diese: »Schärfste Strafen... wenn diese Brückenbauwerke nicht zerstört werden« in den Wind zu schlagen.
Dieses Wagnis war noch riskanter geworden, seitdem Goebbels den »Werwolf« auf die »inneren Feinde« hetzte.

19. Der politisch-motivierte »Werwolf« – Entartung durch Propaganda.

Je mehr die Chancen auf einen einigermaßen akzeptablen Ausgang des Krieges schwanden, umso mehr rückte der deutsche Grundsatz:

»Wirkung geht vor Deckung« in den Vordergrund. »Werwolf« bedeutete letztlich nichts anderes, als Steigerung dieses Prinzips bis zur äußersten Konsequenz: der Selbstaufgabe.

Als Dreh- und Angelpunkt nationalsozialistischer Propaganda funktionierte das Reichsministerium für Volksaufklärung und Propaganda, mit Dr. Joseph Goebbels an der Spitze, bis zum Schluß, nicht nur personell verbunden mit der zweiten wichtigen Propagandainstitution, der Reichspropagandaleitung der NSDAP.

Obwohl man hier immer noch versuchte, schlecht artikulierte Agitation aus den Reihen der Parteigenossen vor Veröffentlichungen und Diskussionen umzuformen, steigerte sich diese »unorganisierte Agitation der radikalen Fanatiker«, wie Fritzsche sie bezeichnete, doch gegen Ende des Krieges zu einem einzigen letzten Aufschrei.

Agitation bedeutete für Nationalsozialisten nichts Schlechtes. Sie hatte den Nationalsozialismus von Beginn an lautstark begleitet. Aus allen Bereichen öffentlichen Lebens, aus der Frontstellung gegenüber Rassen, Religionen, Nationen sowie in der Kriegsführung dröhnte sie nun jedoch stärker und stärker heraus, bis sie schließlich alles andere, auch die schwache Stimme der Vernunft, übertönte.

Nach Jahren erbitterten Krieges war das Böse, Gegnerische, auf die Haßgestalt »des Feindes« derart reduziert worden, daß jene nach den Begriffen deutscher Propaganda kriegswütigen, tücki-

schen, verlogenen und verbrecherischen Lebewesen, die über deutsche Grenzen eingedrungen waren, und die sich als »Feind« pauschal personifizieren und charakterisieren ließen, nur noch durch den Einsatz aller Mittel vernichtet werden konnten, selbst illegaler, unmoralischer Mittel.
Dabei gab sich der Gewaltappell zum Schluß des Zweiten Weltkrieges, der den Abwehrwillen »des Guten«, also der eigenen Partei, mit aller Macht mobilisieren wollte, durchaus ehrlich, authentisch, volksbewußt – Goebbels Leistung.
Im Hinblick auf die Entartung des »Werwolf« ist diese Person von entscheidender Bedeutung.
Hitlers langjähriger Luftwaffenadjutant, Nicolaus von Below, nannte am 18. Juni 1952 auf die Frage, wer von allen Männern um den Führer »wohl dauernd den stärksten Einfluß auf Hitler« gehabt habe, den Namen Goebbels. Weder Bormanns Aufstieg und ständige Präsenz im Führerhauptquartier, noch der Hitler an sich unangenehme Ehrgeiz seines Ministers hätten vermocht, Goebbels diesen Platz streitig zu machen, der sich nach Belows Ansicht auf konsequente Treue gründete.
Wenn auch das Vertrauensverhältnis im Verlaufe turbulenter Zeiten ganz natürlich Schwankungen unterlag, hörte Hitler »aber dann nachher in entscheidenden Dingen doch« auf seinen treuen Vasallen, den der Luftwaffenadjutant ein paar Jahre später als den »radikalsten von allen Naziführern« charakterisierte.
Den Gedanken, es sei nun an der Zeit, den totalen Krieg mit allen Mitteln zu verschärfen, hatte außer Ley auch Goebbels bereits ab Herbst 1944 offen ausgesprochen. In ständig steigendem Radikalismus nahm der Minister schließlich den alliierten Vernichtungsangriff vom 13./14. Februar 1945 auf Dresden zum Anlaß, Hitler unter Ausnutzung allgemeiner Empörung zum Austritt Deutschlands aus der Genfer Konvention zu bewegen. Alle Brücken sollten abgebrochen, das deutsche Volk in eine verschworene Schicksalsgemeinschaft zusammengezwungen werden. Derselbe Goebbels ließ aber etwa um die gleiche Zeit notieren, wie sehr ihm die Sprengung der Rheinbrücken »das Herz schwer« mache. Während ihm das Umpflügen deutscher Städte durch eigene Artillerie »tiefste Seelenqualen« bereitete, forderte er im gleichen Atemzug revolutionäres Denken und vor allem revolutionäres Handeln.
»Es ist die Stunde gekommen, um die letzten bürgerlichen Eier-

Rechte Seite:

Oben: Goebbels inspiziert das letzte Aufgebot an Männern und Jünglingen im Osten.

Unten: Hitler im April 1945 – eines der letzten Fotos vor dem Bunker der Reichskanzlei.

Martin Bormann, Leiter der Partei-Kanzlei, unterstützte radikale »Werwolf«-Aktivitäten. In persönlichen Telefongesprächen und in Rundschreiben spornte er Gauleiter und Parteifunktionäre zum »Werwolf«-Einsatz an.

schalen abzustoßen. Halbheiten können jetzt nicht mehr helfen. Jetzt ist die Stunde der ganzen Männer und der ganzen Handlungen gekommen...!«

Obwohl Goebbels eine zeitlang Himmlers unbeirrbare, kalte Konsequenz imponiert hatte, mißbilligte er letztlich dessen Mißgriff nach militärischem Lorbeer; Himmler hätte sich nach dem Attentat mit der Ernennung zum Oberbefehlshaber des Ersatzheeres begnügen sollen, meinte er. Sein Versuch, als OB der Heeresgruppe Weichsel Feldherrnruhm zu ernten, habe ihn nur seinen »guten politischen Ruf« gekostet.

Auf was Himmler sich dabei eingelassen hatte, zeigte sich, als Hitler ihm zornig Ungehorsam vorwarf; Führerbefehle zum Abwehrkampf in Pommern seien nicht exakt befolgt worden, Himmler habe sich als Heerführer von Wehrmacht-Generalen einwickeln lassen und so die geschichtliche Schuld am Verlust Pommerns und eines großen Teiles seiner Bevölkerung auf sich geladen.

Himmlers Gunsteinbuße brachte ihn zwar schnell wieder um den militärischen Rang eines OB HGr. Weichsel, ließ seine Machtstellung ansonsten aber scheinbar unberührt. Nur an Hitler selbst kam er jetzt nicht mehr so gut heran.

Am 7. März 1945 besuchte Goebbels den glücklosen Oberbefehlshaber in dessen Hauptquartier Hohenlychen. Der Minister, in letzter Zeit mehr mit Bormann einer Meinung, empfand trotz allem die »sehr nette, bescheidene und absout nationalsozialistische Atmosphäre« bei Himmler außerordentlich wohltuend; wenigstens hier herrsche noch der »alte nationalsozialistische Geist«. Jedoch hinderten diese anerkennenden Worte den Minister nicht daran, heftige Kritik an Himmlers »Werwolf«-Beauftragtem Prützmann, und indirekt am Reichsführer-SS selbst, zu üben. Goebbels geißelte die schleppende Arbeit des Generalinspekteurs für Spezialabwehr, dem er einfach nicht abnehmen wollte, daß der bisherige dürftige Erfolg beim Aufbau einer militärisch orientierten »Werwolf«-Organisation hauptsächlich in der völligen Passivität der deutschen Bevölkerung in feindbesetzten Gebieten begründet liegen solle.

Goebbels hielt dieses Argument weniger für eine stichhaltige Entschuldigung als für eine faule Ausrede; wenn die Sache energischer angepackt würde, ginge sie auch flott voran, das war seine feste Überzeugung.

Als der »Werwolf« entstand, war Goebbels Reichsminister, Reichspropagandaleiter der NSDAP, Reichsbeauftragter für den totalen Kriegseinsatz, Gauleiter und RVK von Berlin – ein mächtiger, einflußreicher, von Hitler hochgeschätzter Mann.
Anders als Himmler besaß er das Ohr des Führers.
Obwohl »der kleine Doktor« weder physisch noch vom Intellekt her zum Kriegshandwerk neigte, war Gewaltausübung so sehr Bestandteil seiner nationalsozialistischen Existenz, daß der Minister jahrelang in den Zeitschriften »Das Reich« und »Völkischer Beobachter« große Gedanken über das Phänomen des Krieges äußern konnte. Kurz vor Kriegsende reifte sogar der Plan, das gesammelte Material in dem Werk »Das Gesetz des Krieges« zu veröffentlichen – mit einem Vorwort von Generalfeldmarschall Walter Model.
Allerdings enthielt es weniger aktuelle, handfeste, als vielmehr »grundsätzliche Artikel zum Kriege, zu seiner Philosophie und zu seinen Grundthesen«.
Obwohl der gehbehinderte Propagandaminister selbst kaum an höchstpersönlichen Kampf mit der Waffe in der Faust, sondern mehr an flammende Appelle dachte, entschloß er sich am 27. März 1945, »die sogenannte Aktion Werwolf... in großem Stil...(zu) organisieren.« Insgeheim sah er zwar ein, daß es wohl immer erst eine Zeitlang dauern mußte, bis sich ernsthafter Widerstand formierte; außerdem sei die erschreckend schnelle Entwicklung im Westen nicht gerade geeignet, rasche Fortschritte bei der Bildung von »Werwolf«-Formationen zu begünstigen, aber nun müsse endlich etwas geschehen.
Mit einem Seitenhieb auf Himmler und Prützmann meinte er: »Es scheint nicht der richtige Druck dahinter zu stehen.« Auch am Karsamstag, dem 31. März 1945, beklagte Goebbels wieder einmal schleppenden Start und nicht koordinierte Einzelaktionen des »Werwolf«, von dem er weit mehr verlangte, als bis jetzt gezeigt worden war. Unsinn, so etwas im Geheimen machen zu wollen. Nach seiner Ansicht mußten sich unter dem Zeichen des »Werwolf« nicht nur ein paar versteckte »Feldjäger« betätigen, sondern alle Aktivisten, »die mit dem kompromißlerischen Kurs nicht einverstanden« waren.
Wie in der sogenannten Kampfzeit der NSDAP vor der Machtübernahme, so sollte sich auch jetzt wieder – unter ähnlichen Ver-

hältnissen, wie Goebbels meinte – »die politische Minderheit der Unentwegten und Beharrlichen, die ja immer die eherne Spitze am bleiernen Keil des Volkes bilden« im Reich zu einer verschworenen Widerstandsorganisation zusammenschließen und in den bereits feindbesetzten Gebieten zur Tat schreiten, vor der die Welt erbeben sollte. Goebbeln sah im »Werwolf« eine Partisanen-Bewegung, die nicht durch Einzelaktionen, und seien diese auch noch so eindrucksvoll, sondern vielmehr erst durch systematischen, koordinierten und massierten Untergrundkampf ihren Zweck erfüllte.

Mit Hilfe einer »Werwolf«-Zeitung im Stile des vormaligen NS-Kampfblattes »Der Angriff« sowie von starken Rundfunksendern wollte der Minister nun endlich Schwung in die Sache bringen. »Ohne Rücksicht auf innen- oder außenpolitische Hemmungen« sollten die Medien Tag für Tag harte, revolutionäre Kampfparolen aussenden, Getreuen wieder Mut einflößen und Aktionen auslösen.

»Der Feind soll ganz genau wissen, was wir planen und was wir tun«, sagte Goebbels.

Einen Monat vorher, im Februar 1945, noch vor Beginn der Yalta-Konferenz der verbündeten Gegner, hatte der Führer ja schließlich selbst seinen Pressereferenten dazu aufgestachelt, in der Publizistik derart scharfe Formulierungen zu verwenden, daß niemand erst auf den Gedanken käme, zwischen Volk und Führer einen Keil zu treiben, wobei er dem Volk selbst nur die Wahl zwischen Sieg oder Untergang ließ.

Goebbels nahm nun diese absolut radikale Richtschnur als Leitlinie auf.

»Widerstand um jeden Preis« lautete folgerichtig die Überschrift eines seiner Leitartikel, in dem er, wie er in sein Tagebuch notierte, »zum ersten Mal... etwas aus (der)... gemäßigten Reserve herausgetreten« sei; es habe keinen Zweck mehr, um die Dinge herumzureden, die radikale Ausdrucksform sei angebracht, selbst auf die Gefahr hin, daß sie zunächst dem Feinde nütze.

Goebbels Gedanken schweiften zurück in jene Zeit vor 1933, und er faßte den Entschluß, Papier und Sprache auch nun wieder als wahrhaft revolutionäre Kampfmittel einzusetzen.

Tatsächlich hatten schon einmal wirksame Goebbels'sche Propaganda und Agitation zum Gelingen nationalsozialistischer Ideen beigetragen. Als Hitler am 31. Januar 1933 die Macht in Deutschland übernahm, stand Goebbels in dieser Stunde des Triumphs mit in vorderster Reihe und genoß den Sieg.

Seine Schöpfung, das Kampfblatt »Der Angriff«, hatte jahrelang lautstark und stur die nationalsozialistische Sache verfochten und schließlich die Gegner auch niederschreien können. Fortan galt im Innern des voller Schwung und Begeisterung entstehenden Großdeutschen Reiches nur ein Wort – das von Goebbels formulierte Wort des Führers.

Hans Schwarz van Berk, ein Mitarbeiter des Ministers, schrieb aus damaliger Sicht im Vorwort zu dessen »Aufsätzen aus der Kampfzeit«, der eigentliche Schaffensraum für gebieterische Naturen ergebe sich erst recht in politisch fordernden, unruhigen Zeiten. Erst dann öffne sich ein weites Feld für den beherzten Mann, Worte zu sagen, »die sich wie Gebote erheben und Taten beschwören«. Dabei könne man natürlich nicht alles »fein poliert aus dem Futteral nehmen«; Hauptsache bliebe, »daß alles auf Anhieb sitzt und in der Gesamtwirkung einschlägt«. Man spüre, daß ein Mann, »der seine Stoßtrupps ansetzt, im nächsten Augenblick nicht mit umständlicher Gelehrsamkeit einen ausgeklügelten Artikel zurechttüfteln kann«.

Nicht bloß Zustände schildern, sondern im Auftrage der politischen Führung Kräfte mobil halten, dies sei die Aufgabe revolutionärer Schreiberei.

Goebbels war in den Augen Schwarz van Berks ein Meister des Zugriffs; mit dem ersten oder zweiten Satz seiner meisten Aufsätze habe er den Menschen fest in der Hand. So wie Goebbels schreibe, so spreche das Volks selber. »Kalt und heiß müssen die Worte fallen, sie dürfen böse sein und können des Giftes oft nicht entraten. Sie sollen erschrecken und warnen oder wie blanker Stahl ihren unbarmherzigen Schnitt tun. Nur dann«, so meinte der Vorwortschreiber zum Schluß, »versteht sie das Volk, das selber ein gewaltiges Aufgebot von Leidenschaften und Bereitschaften ist.«

Goebbels hatte sein Blatt selbst so gesehen:

> »Der Angriff: ... ein Kampfblatt, ein Aufruf zu Taten, ein Wegweiser in die Zukunft, eine Fanfare des deutschen Aufbruchs, ein Aufschrei gegen die Schmach, eine Drohung der deutschen Jugend gegen ihre Peiniger und Bedrücker, ein Trost

der Armen, eine Fackel der Verzweifelten, ein Signal, ein Wetterleuchten, ein zündender Blitzschlag in der unheilschwangeren Finsternis der Gegenwart.

Das Blatt der deutschen Revolution!«

Tatsächlich – viele der damals von Goebbels und seinen Mitarbeitern hinausgeschrienen Parolen schienen vortrefflich in die düstere Stimmung von 1945 zu passen, als es wieder hieß: Sieg oder Untergang.

Das soll die folgende Auswahl deutlich machen:

»Der Feind steht gegen uns, mächtiger denn je. Wollt ihr ihn bezwingen, dann müßt ihr mutig sein und das Letzte an die große Aufgabe setzen.

Nichts ist unmöglich, wenn Männer wollen!

Menschen haben uns ins Unglück gestürzt, und Menschen werden auch das Unglück wieder bezwingen...!«

»Die Dinge stehen Spitz und Knopf. Die Katastrophe braucht nicht mehr zu kommen. Sie ist schon da. Wir allein haben den Mut, dem Volk die furchtbare Wahrheit zu sagen. Aber wir geben ihm auch die Mittel in die Hand, dem drohenden Zusammenbruch wirksam zu begegnen...«

Schon damals, Ende der Zwanziger Jahre, verbreitete Goebbels ebenso wie im Jahre 1945 die unaufrichtige, irreale Vorstellung, ein Volk könne materielle Übermacht durch bloßen Trotz überwinden:

»Die Freiheit eines Volkes wird nicht bestimmt von der mechanischen Gewalt der Gewehre, sondern von der ideellen Macht des Willens. Nicht die Gewehre erzeugen den Willen, aber der Wille schafft sich Waffen...«

»Der Wert eines Menschen und auch einer Bewegung richtet sich nach der Größe des Unglücks, das über sie kommt, und nach ihrer Fähigkeit, dieses Unglück zu wenden.

Noch nie gab die Geschichte Großes ohne ebenso großen Einsatz. Darum setzen wir alles ein, um alles zu gewinnen... Spreu wird vom Hafer geschieden. Die Starken werden stärker und die Schwachen schwächer und feiger werden. Und wir als die Mutigsten werden wie ein Magnet allen Mut in unseren Kreis hineinziehen...!«

Damals wie 1945 rief »der kleine Doktor« zu leidenschaftlichem Widerstand auf:

»Die nationalsozialistische Idee duldet in ihrem Wesen keine Kompromisse. Je mehr sie durch die unlösbar scheinende Komplikation unseres politischen Lebens zu taktischen Zugeständnissen gezwungen wird, um so leidenschaftlicher muß in ihr der Geist des Radikalismus und der aufrechten kompromißlosen Angriffsgesinnung bewahrt werden...«

»Man muß für seine Sache einstehen, muß sie mit Leidenschaft und Fanatismus vorwärtstragen, darf sich niemals bereitfinden lassen, mit einer Welt, die man bekämpfen und beseitigen will, Kompromisse einzugehen; und am Ende entscheiden die stärksten Nerven und der längere Atem...«

Dazu noch Mystik und ein Schuß Hoffnung – 1931 ebenso wie 1945:

»Es liegt eine fast unverständliche Tragik in der Tatsache, daß unser Volk erst in der bittersten Not zur tiefsten Erkenntnis kommt. Vielleicht aber ruht hier der letzte Sinn alles dessen, was wir schaudernd miterlebt und miterduldet haben...«

Schließlich der aufrüttelnde Appell an die Menschen, sich aufzuopfern:

»Ideen und Staaten existieren nur aus der Todesbereitschaft ihrer Träger. Ein System, dessen Repräsentanten nicht mehr bereit sind, auf seinen Stufen fechtend zu sterben, ist dem Untergang geweiht...

Wer eine Sache verantwortlich trägt, der hat ihr sein eigenes Leben voranzustellen...«

»So sind sie! Nicht alle! Aber viele, viele! Hunderte und Tausende! Helden des Mutes und der Hingabe. Sie haben nichts mehr zu verlieren als das bißchen Leben. Aber sie setzen es verbissen und trotzig ein. Was tun wir alle diesen tapferen Soldaten gegenüber?

Wir wollen es uns fragen jeden Tag und jede Stunde...«

»Der Einsatz an Leben ist auch der einzige und untrügliche Wertmesser für die Ehrlichkeit einer revolutionären Gesinnung und für die Wahrhaftigkeit ihrer Träger. Das eigene Leben einsetzen, dazu ist auch der heldisch gesonnene Mann nur dann bereit, wenn er an die Größe des gesteckten Zieles glaubt und von der Notwendigkeit seiner Durchfechtung blind überzeugt ist...«

Das Volk sollte nicht verzagen; denn aus Schwäche werde Stärke, behauptete Goebbels, aber nur, wenn man dies wirklich wolle:

»Je mehr man uns besudelte, umso trotziger wurden unsere Gesichter, um so stärker unser Wille, den einmal als richtig erkannten Weg zu Ende zu gehen... Wir haben den Terror nicht gesucht, aber als er uns niederknüppeln wollte, da haben wir ihn mit verzweifelten Gesichtern und mit geballten Fäusten empfangen... Wenn der Gegner geglaubt hatte, uns damit vernichten zu können, er irrte sich: wir wurden größer und schlossen uns enger aneinander... In der Verzweiflung richteten wir uns auf und wurden stark. Wenn wir bisher verteidigten,... springen wir jetzt über die Defensive hinaus und greifen an...

Wir kapitulieren nicht!

Wir nehmen nichts zurück!

Wir haben nichts zu bereuen, wir werden weiterkämpfen: Schlagt zu, schlagt zu!

Ihr hämmert nur den Trotz in uns stahlhart. Ihr macht uns ganz groß im Lieben und Hassen.

Wir verzeihen nicht!... Auch wir kennen einmal keinen Pardon...

Wir geben nicht nach! Wir beugen uns nicht! Wir bleiben aufrecht stehen!

Schlagt zu, schlagt zu!

Jeder Schlag hämmert uns härter und trotziger!

Wir kapitulieren nicht!«

So wie Goebbels die Massen meisterhaft aufpeitschen konnte, hatte er auch schon in der Kampfzeit meisterhaft geblufft:

»Je weniger wir waren, desto dicker taten wir, und am Ende haben wir damit gewonnen...!«

Denselben Trick wollte er auch im Jahre 1945 wieder anwenden. Auch damalige Drohungen kehrten wieder:

»Wehe den Volksvernichtern, wenn ein gepeinigtes und bis aufs Blut gequältes Arbeitertum aufsteht im Lande! Es gibt eine Grenze der Opferfähigkeit, und wird die überschritten, dann kann auch aus einem geduldigen Schaf ein reißender Wolf werden. Wir haben gewarnt und gemahnt. Wir haben unsere Stimme erhoben oft und oft, in einer Wüste des Hohns und des Unverständnisses. Was jetzt kommen wird, das mögen die verantworten, die seine Ursachen verschuldeten. Wir waschen unsere Hände in Unschuld...«

Doch am Ende blieb nur noch blanker Haß:

»Mist, Dreck, Betrug und Phrase, alles, alles!
Dieser Pest das Genick abzubrechen, das ist schon ein Leben wert...!«

Hatte jedoch die Aufgabe der Propaganda und Agitation in der sogenannten Kampfzeit darin bestanden, Kräfte zu zersplittern und Aktivitäten gegen schwache und immer schwächer werdende innere Feinde und teilnahmslose, unschlüssige äußere Feinde zu richten, saß Goebbels nun, als der »Werwolf«-Gedanke in den Köpfen spukte, tief unter der Erde, im Bunker einer zerbombten Reichskanzlei. Draußen, im verblutenden Deutschland, herrschte fast schon komplettes Chaos, der deutsche Untergang zog düster herauf. Eine wütende, mächtige Welt setzte von allen Seiten den Fuß auf deutsches Land. Das Volk handelte nur noch mechanisch und wartete stumm vor Angst auf das Ende der Kriegsschrecken. Zu dieser Zeit, unter der Wucht vernichtender Schläge und im Anblick einer unüberwindlichen materiellen und personellen Übermacht zu wagen, reißerische Propaganda als Mittel zur wundersamen Errettung in Betracht zu ziehen, bedeutete Größenwahn oder abgrundtiefe Menschenverachtung, wahrscheinlich beides.

Aber das schien in Deutschland fast niemanden mehr zu berühren. In Abwesenheit Himmlers brachte Goebbels Hitler tatsächlich dazu, einem allgemeinen, politisch motivierten und mit allen Mitteln der Propagandakunst inszenierten »Werwolf« zuzustimmen. Mit Beserkerwut stürzte sich der Minister in die neue Arbeit, ein zusammengeschlagenes Volk mit fast nichts sonst als Worten hochzureißen.

Es sollte seine letzte Arbeit sein.

Zunächst half er kräftig mit, den Reichspressechef der NSDAP und Staatssekretär im RMVP, Dr. Otto Dietrich, auszubooten. Mit Männern wie Dietrich könne er bei einer außerordentlich radikalisierten Propaganda, wie bei der »Werwolf«-Aktion, nichts anfangen. Dafür sei viel besser solch ein Mann wie Julius Streicher, der Gründer und Herausgeber des »Stürmer«, geeignet, oder Robert Ley.

Plötzlich lenkte man aber auch ein.

Worten wie »Banden«, »Partisanen« hatten jahrelang infolge abfälliger Interpretation Vorstellungen von allen möglichen Grau-

samkeiten angehangen, von brutalem Untermenschentum – erwiesenermaßen vielfach zu recht.
Nun befürchtete man nicht ganz grundlos Mißverständnisse, da ja »Werwolf«-Angehörige ähnlich kämpfen würden wie beispielsweise russische Partisanen. Der Gefahr, daß sich nun Angehörige deutscher paramilitärischer Verbände wie Banditen oder Partisanen im negativen Sinne fühlen könnten, versuchte man durch eine Änderung des propagandistischen Zungenschlages zu begegnen. Volkssturm und »Werwolf« waren, von Deutschland aus gesehen, ehrenwerte Kampfformationen. Also sollten von jezt an auch solche Verbände, die sich aus nichtuniformierten Angehörigen der Feindstaaten zusammensetzten, in der Berichterstattung nicht mehr nur geringschätzig und abfällig, sondern vielmehr nüchtern und sachlich behandelt werden.
Nachdem Goebbels nunmehr voll in die »Werwolf«-Sache eingestiegen war, enthüllten offiziell verbreitete »Mundpropaganda-Parolen« und »Redner-Informationen der NSDAP« deutlich die Absicht des Regimes, das ganze deutsche Volk und nicht nur die Soldaten zum Widerstand gegen äußere und innere Feinde aufzupeitschen.
Harte Flüchtlingsberichte aus feindbesetzten Gebieten im Osten und im Westen wurden dazu benutzt, allen klarzumachen, was diejenigen erwartete, die meinten, alles sei halb so schlimm, wenn nur der Krieg zu Ende ginge. Hier war vom »Terror belgischer und französischer« Truppen die Rede, welche von alliierten Besatzungskommandeuren als »Polizei« zur Unterjochung deutschen »Ungeziefers« in besetzten Gebieten eingesetzt würden, von »Sadisten in Arztuniform«, »Verseuchung der amerikanischen Soldateska« mit Geschlechtskrankheiten, »Entrechtung des deutschen Volkes« und ähnlichem mehr.
Im selben Atemzug folgten unmißverständliche Warnungen und Todesdrohungen an die Adresse etwaiger deutscher Kollaborateure und »Liebediener des Feindes«.
Kurze Schlaglichter auf Schwierigkeiten im Lager der Alliierten sollten die verbreitete Hoffnung nähren, die Kriegskoalition stünde kurz vor dem Zusammenbruch.
Schließlich hielt man dem deutschen Restvolk als Vorbilder tapferer Gegenwehr gegen Eroberer vor Augen: Partisanenkampf in Rumänien durch die Eiserne Garde unter Horia Sima, Aufstände

nationalukrainischer Partisanengruppen in Rußland, faschistische Untergrund-Kampfverbände in Italien.

Bereits Ende Februar 1945, vier Wochen, bevor er die »Werwolf«-Kampagne endgültig an sich riß, ließ Goebbels seinen Mitarbeiter Fritzsche durch Dr. Naumann anweisen, »den Aufbauplan einer geheimen Funkzentrale auszuarbeiten«. Naumann begründete diesen Auftrag mit dem Hinweis auf die »Geheimorganisation Werwolf«, einer Art illegaler NSDAP, wie er infolge strikter Geheimhaltung meinte, deren Angehörige über die geplante Funkzentrale in ihrer »Werwolf«-Tätigkeit überall im Lande geführt werden sollten.

So wie die Lage war, dachte man an eine mobile, fahrbare Sendeanlage.

Einen Monat später schwankte Goebbels noch immer, ob er den »Werwolf«-Sender – inzwischen hatte er sich für den sogenannten alten Deutschlandsender, die stärkste deutsche Funkstation in Königswusterhausen, entschieden – nicht doch besser dem Leiter des Reichspropagandaamtes Westmark, Horst Slesina, anvertrauen sollte, weil dieser »auf dem in Frage kommenden Gebiet« schon im Saarkampf erhebliche Erfahrungen gesammelt hatte. Der Minister glaubte fest daran, der »Werwolf«-Bewegung durch regelmäßige, anfeuernde Propaganda »mächtige Impulse ... geben« zu können.

Hitler selbst vor das Mikrophon zu bekommen, war nicht gelungen und gelang auch nicht mehr, so sehr sich der kleine Doktor ins Zeug legte; und gerade von einer zündenden Parole aus dem Munde des immer noch vielseits verehrten Führers hatte sich Goebbels eine kaum zu überbietende moralische Aufrüstung des kriegsmüden Volkes versprochen. »Von hier aus geht ja doch praktisch der Widerstand in der Urform aus«, meinte er.

Doch Hitler wich aus. Er nahm das Wort »Werwolf« öffentlich nie in den Mund.

Umso lautstarker trat nun der Reichsminister für Volksaufklärung und Propaganda in Aktion.

Am Abend des 1. April 1945 (Ostersonntag!) strahlte der »Sender Werwolf« auf der alten Welle des Deutschlandsenders das erste »Werwolf«-Programm in den Äther. Aus Goebbels' Feder stammte jener »außerordentlich revolutionäre Aufruf, in dem ... auf die reguläre Kriegsführung und auf die Außenpoli-

tik...nicht die geringste Rücksicht« genommen wurde.
Andere Rundfunkanstalten übernahmen das »Werwolf«-Programm.
Es geriet ganz nach Goebbels' Geschmack.
Unter dem fanatischen Motto: »Haß ist unser Gebet und Rache unser Feldgeschrei!« wurde die »Werwolf«-Bewegung nun ganz offen proklamiert, und es erging folgende Rundfunkbotschaft:

»Der ›Werwolf‹ ist eine aus nationalsozialistischem Geist geborene Organisation. Er hält sich nicht an die Beschränkungen, die dem innerhalb unserer regulären Streitkräfte Kämpfenden auferlegt sind.
Alle Mittel sind recht, dem Feind zu schaden...
Unsere durch einen grausamen Luftterror zerstörten Städte im Westen, die hungernden Frauen und Kinder längs des Rheins haben uns den Feind hassen gelehrt. Das Blut und die Tränen unserer erschlagenen Männer, unserer geschändeten Frauen und gemordeten Kinder in den besetzten Ostgebieten schreien nach Rache.
Die im ›Werwolf‹ Zusammengefaßten bekennen in der Proklamation ihren festen, unverrückbaren, durch feierlichen Eid bekräftigten Entschluß, sich niemals dem Feinde zu beugen, ihm, wenn auch unter schwierigsten Umständen und mit beschränkten Mitteln, Widerstand über Widerstand entgegenzusetzen, ihm unter Verachtung bürgerlicher Bequemlichkeiten und eines möglichen Todes stolz und beharrlich entgegenzutreten und jede Untat, die er einem Angehörigen unseres Volkes zufügt, mit seinem Tod zu rächen...
Der ›Werwolf‹ hält selbst Gericht und entscheidet über Leben und Tod unserer Feinde, aber auch von Verrätern an unserer Nation, und er besitzt auch die nötige Gewalt, um seine Urteile zu vollstrecken.
Für die Bewegung sind jeder Bolschewist, jeder Brite und jeder Amerikaner auf deutschem Boden Freiwild. Wo immer wir eine Gelegenheit haben, ihr Leben auszulöschen, werden wir das mit Vergnügen und ohne Rücksicht auf unser eigenes Leben tun.
Jeder Deutsche, in welchem Amt und in welcher Tätigkeit auch immer er sich befindet, der sich zur Zusammenarbeit mit dem Feinde erbietet, wird unsere Rache zu spüren bekommen...

Unser Auftrag stammt aus dem Freiheitswillen unseres Volkes und aus der unveräußerlichen Ehre der deutschen Nation, als deren Hüter wir uns berufen fühlen. Wenn der Feind glaubt, daß er mit uns leichtes Spiel haben werde und das deutsche Volk genau so wie das rumänische oder bulgarische oder finnische zu Sklavenherden zusammentreiben könne, um es in die sibirischen Tundren oder in die englischen oder französischen Bergwerke zwangszudeportieren, so soll er wissen, daß ihm auch da, wo die deutsche Wehrmacht nach hartem und schwerem Kampf deutsche Gebiete hat preisgeben müssen, ein Gegner erwächst, mit dessen Vorhandensein er nicht mehr gerechnet hat, der ihm aber umso gefährlicher werden wird, je weniger er Rücksicht zu nehmen braucht auf veraltete Vorstellungen einer sogenannten bürgerlichen Kampfführung, die der Landesfeind nur da anwendet, wo sie ihm zum Vorteil gereicht, aber zynisch außer Geltung setzt, wo sie ihm Nachteile bringen könnte.

Haß ist unser Gebet und Rache unser Feldgeschrei!«

Nach der Sendung äußerte sich Goebbels sehr zufrieden; endlich habe er wieder einmal den alten revolutionären Geist des Nationalsozialismus gespürt. Von nun an sollte der »Werwolf«-Sender den Feinden jeden Abend in die Ohren gellen.

Nun fühlte er sich so stark, daß er allzu gerne auch Prützmanns (Himmlers) militärisch orientierte »Werwolf«-Verbände unter sein Kommando bekommen hätte. Im Hochgefühl des Tages der ersten »Werwolf«-Sendung nahm er sich vor, von Hitler »die dazu nötigen Vollmachten (zu) erbitten«.

Hitlers beschwörende Appelle an Kampf- und Widerstandsgeist kehrten in Goebbels' Parolen wieder. Deshalb schätzte der Führer, wie Goebbels mit Genugtuung vermerkte, dessen »Werwolf«-Arbeit außerordentlich; genau so müsse man es machen, verkündete der Führer den Teilnehmern an der Lagebesprechung vom 3. April 1945, »um ein Volk nicht in die Verzweiflung hineinfallen zu lassen«.

Doch – was war der »Werwolf« anderes, als eine Folge dieser Verzweiflung?

Himmler hielt überhaupt nichts von dem Ton, den der Propagandaminister da ohne Rücksicht auf geheim operierende Prützmann-»Werwölfe« angeschlagen hatte. Am meisten brachte ihn jedoch die jetzt pausenlos wiederholte Phrase vom »ewigen Kampf, selbst im Falle einer militärischen Niederlage« auf. Ganz im Gegenteil!

Nach Himmlers fester Überzeugung durfte das deutsche Volk niemals in Versuchung geführt werden, daran zu zweifeln, daß es der deutschen Wehrmacht gelingen würde, den Feind im Felde aufzuhalten.

»Das ist doch kompletter Wahnsinn!«, schrie Himmler im Beisein Schellenbergs. »Wenn ich so 'was mit Wenck erörterte, wär' ich ja der größte Defaitist in ganz Deutschland...!« Und er beschimpfte zugleich höchste Generalstabsoffiziere, die alle in größter Sicherheit weit hinten Planspiele für die Nachkriegszeit entwickelten, anstatt mit der Waffe in der Faust nach vorne zu eilen und zu kämpfen – was er selbst allerdings auch nicht tat.

Goebbels' radikale Zieländerung beim »Werwolf« sowie die tägliche »Werwolf«-Agitation verursachten in den Reihen »echter« »Werwolf«-Trupps erhebliche Unruhe. Bisher hatte man sich »nur« damit abfinden müssen, einem verlorenen Haufen von Soldaten anzugehören, der weit hinter der Front monatelang unter ständiger persönlicher Bedrohung in spartanischen Verhältnissen zu leben und zu kämpfen hatte, bis man früher oder später doch einmal durch Feinde oder infolge von Verrat aufgespürt wurde und in Gefangenschaft geriet.

Nun jedoch, nach rücksichtsloser Verfälschung ursprünglicher Aufgabenstellung und nach mißbräuchlicher Ausweitung des Decknamens »Werwolf« auf jedermann, der sich zum »Rächer deutscher Ehre« aufwarf, drohte auch militärischen »Werwölfen« ein schimpfliches Ende am Strick.

Vergeblich war Speers Order an den Generaldirektor der Berliner Elektrizitätswerke, Dr. Richard Fischer, der »Werwolf«-Sendestation Königswusterhausen den Strom zu sperren, um sie auf diese Weise ein für alle mal zum Schweigen zu bringen. Weder Goebbels noch seine Leute ließen sich beirren. Im Gegenteil, ihr Eifer wuchs.

Dr. Naumann faßte in einem an alle RPA-Leiter gerichteten Fernschreiben vom 4. April 1945 energisch nach. Unter der Schlagzeile: »Jetzt scheiden sich die Geister« stellte er die Behauptung auf, alle aktivistischen Kämpfer seien nach der Gründung des «Werwolf« auf den Plan getreten, und zwar nicht nur in den feindbesetzten Gebieten, sondern überhaupt in ganz Deutschland. Allerdings dämpfte er gleich selbst allzu starken Optimismus, indem er zugab, es sei wohl kaum zu hoffen, daß »das deutsche Volk schon in den nächsten Tagen in seiner überwiegenden Mehrheit zu Werwolf-Kämpfern werden würde«. Ja, er ließ sogar leichten Tadel gegenüber einer labileren Bevölkerung im Westen anklingen, knüpfte jedoch sogleich die Erwartung daran, auch der Westen werde schließlich doch dem »leuchtenden Beispiel kämpferischen Widerstandsgeistes« des Ostens nicht nachstehen wollen.

Als Erwiderung auf offenbar vorhandene Bedenken gegen eine »Werwolf«-Bewegung, das deutsche Volk eigne sich nicht zum Partisanenkrieg, führte Naumann als Gegenbeweise Bauernkrieg und Freikorpskämpfe an – in Deutschland sei sehr wohl ein Volks- und Partisanenkampf möglich. Aber er scheute sich nicht, auch auf eigene, frühere Fehleinschätzungen bei den Untergrundbewegungen in Polen, Frankreich usw. zu verweisen; letzten Endes hätten die »strengen Repressalien« die Widerstandskräfte dieser Länder nur gesteigert. Damit erledige sich das zweite Argument der Gegner einer »Werwolf«-Bewegung, der Feind werde zu Repressalien provoziert, von selbst. Und die »außenpolitische Konception«, die mancher Feigling durch die »Werwolf«-Bewegung bedroht sehe, bestehe im Gegenteil gerade in einem entschlossenen und fanatischen Widerstand. Tapfere Haltung, die imponiere dem Feind, nicht jedoch »feige Unterwürfigkeit«.

Jetzt zeige sich, wer echter Nationalsozialist sei und wer zu den Lauen und Müden gehöre. Es gebe keine Kompromisse, auf gar keinen Fall eine »Neuauflage der Stresemann-Politik«. Obwohl die Lage ernst und schwer sei, bestehe immer noch die Möglichkeit, den Krieg für Deutschland zu entscheiden. Einziger Ausweg sei bedingungsloser Widerstand, als dessen Symbol der »Werwolf« gelte. Feindlichen Besatzungstruppen müsse durch »unterirdische Terrorherrschaft«, wie Naumann sich ausdrückte, die Hölle bereitet werden.

Entschlossener, fanatischer Widerstand beeinflusse die außenpolitische Konzeption wesentlich günstiger als das Hissen weißer Fahnen.

Keine Hand dürfe sich den Feinden leihen.

»Tributeintreibern und Verrätern« werde die »Werwolf«-Bewegung ohne Zweifel »ihr verbrecherisches Werk« verleiden. Naumann rief zum Schluß seine Mitarbeiter dazu auf, »mit ganzer Kraft« die Propagandatrommel für die »Werwolf«-Bewegung zu rühren.

Am 7. April 1945 gab der Rundfunkkommentator tiefes Eindringen feindlicher Kräfte als Folge personeller und materieller Überlegenheit der Gegenseite zu und sagte, der Feind sei jetzt »im Begriff, sein gegen Deutsche und Deutschland gerichtetes Vernichtungsprogramm auszuführen«.

Dann wies er auf die Möglichkeit spontaner Racheakte und Verzweiflungstaten einfacher Leute aus dem Volke hin und warnte:

> »Niemand sei überrascht, wenn dieser Wunsch starker Herzen, vergewaltigte Menschen zu rächen, nicht einmal der kurzen Pause vorübergehender Erholung bedarf, sondern daß er plötzlich und unversehens mit ungestümer Flamme hervorbricht und sogar aktiv wird.
>
> Niemand sei überrascht, wenn hier und dort in den unbesetzten Gebieten Zivilpersonen am Kampf teilnehmen, oder selbst wenn nach vollzogener Besetzung der Kampf von Leuten in Zivil fortgesetzt wird, das heißt, wenn ohne Vorbereitung, ohne Organisation, dem reinen Selbsterhaltungstrieb entsprungen, jenes Phänomen ins Leben gerufen wird, das wir ›Werwolf‹ nennen«.

Ein paarmal meldete sich jetzt der »Werwolf« auch in Zeitungen zu Wort; die »Werwolf-Proklamation an das deutsche Volk« wurde meistens kommentarlos veröffentlicht oder mit spärlichen Worten eingeleitet.

Im »Völkischer Beobachter«, Süddeutsche Ausgabe, umfaßte dieser Artikel nicht mehr als drei kleine Spalten; er fiel, vom Inhalt abgesehen, kaum auf.

Am 15. April 1945 brachten deutsche Zeitungen eine Zwanzig-Zeilen-Notiz über »jetzt schon ernste Folgen der Werwolf-Bewegung«, von welcher nun sogar der militärische Mitarbeiter der nationalspanischen Zeitung »Alcazar« wissen wollte. Erstmalig war hier von einer, tatsächlich fiktiven, »Erhebung des deutschen Volkes im Rücken der alliierten Truppen« die Rede. Militärische Bereitstellungen und Nachschublinien der Anglo-Amerikaner seien durch »deutsche Freiheitskämpfer ernstlich gefährdet«. Den Alliierten sei deshalb »sehr daran gelegen, den Kampf so schnell wie

möglich zu Ende zu bringen«, ein Fingerzeig auf deutscherseits erstrebte Friedensverhandlungen mit den westlichen Alliierten. Erwähnt wurden in diesem spanischen Zeitungsartikel auch angeblich immer größer werdende »Risse im alliierten Banner«, also zunehmende Zwistigkeiten unter den verbündeten Feinden Deutschlands, ebenfalls ein Wunschgedanke deutscher Führer.
Eine 14-Zeilen-Notiz im »Völkischer Beobachter« vom 24. April 1945 berichtete schließlich unter der Überschrift: »Werwölfe ständig am Feind« über eine Meldung eines angeblichen »Freiheitssenders der Deutschen im besetzten Gebiet ›Werwolf‹«, derzufolge immer noch neue Trupps entschlossener Kräfte zu den »zäh kämpfenden Gruppen des Werwolfs« stießen.
Nicht ausgeschlossen wurde allerdings in dieser Meldung auch die Möglichkeit einer Vereinigung russischer und alliierter Truppen mitten in Deutschland; doch selbst dann blieben nach der zitierten Meldung des »Werwolf-Senders« »große Kräftegruppen und wohlversorgte Gebiete im Reich und in Europa zurück...(um) dem Feind die Antwort« auf seine gegen das deutsche Volk gerichtete Vernichtungspolitik zu geben.
Aber so spärlich die groß angekündigten Ergebnisse einer revolutionären »Werwolf«-Propaganda auch erschienen, die Walze drehte sich selbst nach dem Tode Goebbels' weiter. Hitlers Flucht vor der Verantwortung in den Selbstmord am 30. April 1945, jenes hastige, pietätlose Beiseiteschaffen seiner Leiche mittels Benzin und Feuer, wurden dem deutschen Restvolk gegenüber nicht nur verschwiegen, sondern ganz im Gegenteil in einen »Opfertod des Führers« verfälscht.
Im Interesse eines immer noch zu entflammenden, allgemeinen Widerstandswillens verbreitete man die Lüge vom gefallenen Führer:
»...Er lebte, kämpfte, fiel und starb für uns«, stand unter seinem Bild in den wenigen Tageszeitungen, die noch erscheinen konnten. Im Großdeutschen Rundfunk stimmte getragene Musik die Hörer auf Trauer, aber auch auf Rache ein. So sollte Hitler, ganz im Sinne Goebbels'scher Propaganda, als Mythos über sein umrühmliches Abtreten von der Weltbühne hinaus den Rest widerstandsfähiger Menschen aufpeitschen, um so den Zusammenbruch noch ein wenig hinauszuzögern – sinnlos. Nicht lange danach erloschen die Stimmen.

Heimatwacht – Zivilabwehr im Osten 1944.

Russische Kollaborateure erlernen von deutschen Soldaten das Kriegshandwerk. – Nicht selten verschwanden solche Russen mit ihren Waffen – um als Partisanen das Erlernte gegen ihre Lehrer anzuwenden.

Es meldete sich niemand mehr zu Wort.
»Werwolf«-Sender verstummten ebenso, wie auch sonst niemand mehr da war, der Zeitungen oder Flugblätter mit scharfmacherischen Parolen hätte herstellen oder verteilen wollen, geschweige denn, danach zu handeln.

Linke Seite:

Einer der ausländischen Vorläufer des Deutschen Volkssturms: Arbeitermilizen in Moskau – ebenso spärlich ausgerüstet wie später der Volkssturm.

20. Der Deutsche Volkssturm im Verhältnis zum »Werwolf«.

Die schrille »Werwolf«-Fanfare, von Goebbels eingestimmt, hatte jedoch, bevor sie endlich schwieg, beträchtliche Unruhe in die Reihen einer anderen, großen Organisation getragen, die auch erst aus der Not geboren worden war und deren Aufgabe ebenfalls darin bestand, den Heimatboden zu schützen.
Sicherlich nicht grundlos hatte Himmler am 18. Oktober 1944, als der Deutsche Volkssturm aufgerufen wurde, in einer Rede in Ostpreußen die aufgebotene Million alter Männer und Jünglinge mit »Werwölfen« verglichen.
Vielfach wußten Angehörige des Deutschen Volkssturms nicht, wie sie sich verhalten sollten, als alles zusammenbrach. So konnte es nicht ausbleiben, daß einige sich tatsächlich mit dem inzwischen entfesselten »Werwolf« identifizierten und sich zu Handlungen hinreißen ließen, die mit Zielen und Auffasungen einer Heimat-Miliz nichts mehr zu tun hatten.
Der Deutsche Volkssturm, durch Führererlaß vom 25. September 1944 zum 18. Oktober 1944, dem Jahrestag der Völkerschlacht bei Leipzig, aufgeboten, rief alle Männer von 16 bis 60 Jahren zu den Waffen, sofern sie bisher wegen kriegswichtiger Aufgaben oder mangels Tauglichkeit vom allgemeinen Wehrdienst freigestellt gewesen waren.
Keitel äußerte bei seinen Vernehmungen in Nürnberg Zweifel, ob der Gedanke eines Volkssturms von Hitler oder von Bormann stammte. Eine Beteiligung militärischer Stellen stritt er ab.
Am stärksten applaudierte Gauleiter Koch, der damals gerade mit Sorge an die erwartete Oktober-Offensive der Russen dachte.
Als Hitler dann sowohl Bormann als auch Himmler mit der Aufstellung und Führung des Deutschen Volkssturms betraute, den

Leiter der Partei-Kanzlei, um klarzustellen, daß die Partei imstande war, eine von revolutionärem, fanatischem Abwehrwillen erfüllte Organisation auf die Beine zu bringen, den anderen als Oberbefehlshaber des Ersatzheeres, um militärische Ausrüstung, Ausbildung und militärischen Einsatz zu gewährleisten, da schaffte er zwar die Voraussetzungen dafür, daß bei der Verwendung bewaffneter Zivilisten den Erfordernissen der H. L. K. O. genügt wurde, aber er zwängte den Volkssturm gleichzeitig in eine fatale Zwitterstellung:
Ohne eigene Innenorganisation mußten Partei und notgedrungen auch Wehrmacht herhalten und aushelfen. Infolgedessen kam Personalunion bei Partei- und Volkssturmämtern häufig vor.
Aufstellung, Organisation und vielfach auch Einsatz von militärisch gegliederten und, der Not gehorchend, mit mehr oder weniger tauglichen Waffen ausgerüsteten Volkssturmverbänden fiel in den Aufgabenbereich von Gauleitern der NSDAP in deren Funktion als Reichsverteidigungskommissare. Diesen standen sogenannte Gaustabsführer des Volkssturms zur Seite, die in der Lage sein mußten, als »gläubige, fanatische und darum entschlossene Nationalsolialisten, frontbewährte Truppenführer und richtige Organisatoren« nach den Weisungen der Gauleiter die Aufstellung der befohlenen Einheiten und die Auslese geeigneter Führerpersönlichkeiten schnellstens vorzunehmen. Gaustabsführer sollten ihrer Vorbildung entsprechend militärisch bewährte Revolutionäre sein, eine Art Polit-Offiziere mit Betonung der militärischen Seite.
Weit mehr als eine Million Mann rückten zum Volkssturm ein. Mit Merkmalen militärischer Verbände, wenn auch improvisiert, ausgestattet, verkörperte der Deutsche Volkssturm als letztes Aufgebot wehrfähiger Männer eine Territorialmiliz, eine militärische Notorganisation, vergleichbar etwa mit englischen »Home Guards«, wie man sie damals zur Abwehr befürchteter deutscher Invasionstruppen aufstellte oder mit russischen »Volkswehren«, wie sie in Leningrad und vor Moskau in den Kampf geworfen wurden. Tatsächlich besaßen Volkssturm-Einheiten in aller Regel nur einen geringen, an ganz bestimmte Voraussetzungen geknüpften Wert im Kampf. Keitel sah in diesen bewaffneten Zivilisten lediglich ein Defensivmittel, ein »letzes Aufgebot von Männern zur Verteidigung ihrer Wohnstätten«.

Die Frage war nur, wie sie ihre Aufgabe erfüllten.
In einem gemeinsam herausgegebenen Befehl vom 28. März 1945 regelten, in dieser Reihenfolge, Der Reichsführer-SS, Himmler, Der Chef des Oberkommandos der Wehrmacht, Keitel, sowie Der Leiter der Partei-Kanzlei, Bormann, die Verwendung des Deutschen Volkssturms.
Um den Schutz der bedrohten engeren Heimat und zugleich eine Fortsetzung kriegswichtiger ziviler Tätigkeiten zu gewährleisten, hatten Volkssturmangehörige des »I. Aufgebots«, die geringere Anzahl, im weiteren Bereich, Angehörige des »II. Aufgebots« mit dringlicheren zivilen Aufgaben im näher zu ihren Arbeitsplätzen gelegenen Kriegsbereich zeitlich begrenzt oder im Wechsel eingesetzt zu werden. Zeitweise Freistellungen je nach Lage blieben ebenso möglich und erlaubt wie dauernder Einsatz im Notfall.
Als Hauptverwendungsarten »in der Tiefenzone und im rückwärtigen Gebiet«, also keinesfalls in vorderster Linie, wurden aufgezählt:

Ortsverteidigung,
Sicherungsbesatzung in rückwärtigen Stellungen und Festungen,
Sicherung von Panzersperren,
Objektschutz,
Bau- und Schanzarbeiten,
Verwendung in bodenständigen Nachschubdiensten,
Räumungs- und Begleitkommandos zur Rückführung von Menschen oder zur Bergung und Verlagerung kriegswichtiger Güter,
Panzerjagdkommandos, die aus Freiwilligen zu bilden und beweglich zu machen waren,
Spreng- und andere Spezialkommandos.

Einheiten des Volkssturms sollten im allgemeinen nur geschlossen unter dem Kommando ihrer Führer zum Einsatz kommen. Bei taktisch notwendig werdender Aufgliederung hatte der Einheitsführer in den Stab des übergeordneten Truppenteils aufgenommen zu werden; ihm oblagen auch weiterhin »truppendienstliche Erziehung und Betreuung seiner Volkssturmsoldaten«. Geschlossene Überführung in die Wehrmacht blieb untersagt. Auffüllung von Verbänden des Feldheeres sei nicht Aufgabe des Volkssturms. Bei der Auflösung von Volkssturmeinheiten waren Volks-

sturmsoldaten, sofern sie nicht zur Feldverwendung taugten und ihren Arbeitsplatz infolge Feindbesetzung verloren hatten, anderen Volkssturmeinheiten zuzuführen.
Von »Werwolf« war nirgendwo die Rede.
Während westliche Alliierte den Kombattantenstatus der Angehörigen des Volkssturms nach der H. L. K. O. ohne weiteres akzeptierten und infolgedessen Volkssturmmänner wie Soldaten behandelten, machten Sowjetsoldaten nur allzu oft kurzen Prozeß mit ihnen: Sie erklärten Volkssturmmänner für zivile Saboteure, nichtmilitärische Waffenträger und Banditen und brachten sie an Ort und Stelle um.
Wie dicht manchmal Aufgaben von Volkssturm und »Werwolf«, so wie es die obersten Führer der NSDAP wünschten, beieinander lagen, mögen zwei Beispiele belegen.
Als amerikanische Panzerkeile am 30. März 1945 auf die Weser zustießen, unter anderem auch auf den Raum Warburg, wehten im Dorf Welda erste weiße Fahnen. Frauen gingen daran, Panzersperren einzureißen, der Bürgermeister versuchte, eine Handvoll Soldaten von der Sinnlosigkeit ihrer Verteidigungsabsichten zu überzeugen, und selbst der Zellenleiter H. der NSDAP unterstützte bei der Kreisleitung den Wunsch der Einwohner, weiteres Blutvergießen und noch größere Zerstörungen zu vermeiden.
Doch Kreisleiter S. verschloß sich getreu seinen Anweisungen allen vernünftigen Argumenten und verstieg sich kraft seiner Funktion als Volkssturmführer und Widerstandskommissar zu dem Befehl, Bürgermeister F., Zellenleiter H. sowie jeden, der die weiße Fahne hisse, erschießen zu lassen.
Welda sei kompromißlos zu halten.
Mit dem Vollzug des Erschießungsbefehls wurde ein früherer Kreisobmann der DAF, ein Alter Kämpfer, jetzt Stabsmitglied im Range eines Kompanieführers, beauftragt. Mit ihm fuhr der fünfzigjährige SA-Obersturmbannführer L. nach Welda.
Inzwischen war aber der Bürgermeister telefonisch gewarnt worden. Um sein Leben bangend, stand er gerade im Begriff, beim Landrat Hilfe zu erbitten, als die beiden Männer mit dem Tötungsbefehl eintrafen. Der eine unterbrach sofort die Telefonverbindung und nahm den Bürgermeister fest.
Als der Kompanieführer nun mit eigenen Augen sah, daß in Welda an sehr vielen Häusern weiße Tücher wehten, sprang er

beim ersten Haus erregt vom Wagen, eilte mit entsichertem Gewehr auf den Hauseigentümer zu und schoß diesen nach kurzem Wortwechsel aus der Hüfte heraus nieder.
Der Bürgermeister, diesen Vorfall mit Entsetzen verfolgend, konnte bei der folgenden Gegenüberstellung zum Glück beweisen, daß er keinen Befehl zur Einstellung der Verteidigung gegeben hatte und so sein Leben retten.
Etwas später setzte sich ein paar Hundert Kilometer weiter östlich mitten in der Nacht ein Trupp von sieben jungen Volkssturm-Unterführern auf vier Motorrädern ohne großes Aufsehen zu erregen in Marsch, um außerhalb des Dorfes Schandelah »Werwolf«-Urteile an dem dortigen Bürgermeister und einem ortsansässigen Arzt zu vollstrecken.
Durch tragischen Irrtum, eine Folge der Hektik jener Zeit unmittelbar vor dem totalen Zusammenbruch Deutschlands, waren diese beiden Männer in den damals tödlichen Verruf geraten, im Angesicht des herandrängenden Feindes die Beseitigung von Panzersperren angeordnet zu haben.
In der »Braunschweiger Tageszeitung« hatte der Gauleiter noch am 6. April 1945 zu »fanatischem Einsatz«, »äußerster Einsatzbereitschaft« sowie »erbarmungslosem Einsatz aller Mittel« aufgerufen und Widerstand gegen »unsere gerechte Sache«, Überlaufen zum Feind sowie das Zeigen weißer Fahnen mit dem Tode bedroht.
Alle Angehörigen des Kommandos, das nun vom Gefechtsstand im Forsthaus Cremlingerhorn die kurze Strecke von etwa zwei Kilometern nach Schandelah fuhr, waren bis vor kurzem noch Teilnehmer an einem Lehrgang für nicht mehr voll kriegstaugliche HJ-Führer an der Akademie für Jugendführung in Braunschweig gewesen, wo man den »Werwolf«-Gedanken pflegte und förderte. Auf Befehl der Reichsjugendführung hatte der Akademieleiter, Bannführer S., aus Lehrpersonal und Lehrgangsteilnehmern sowie Hitler-Jungen und Lehrlingen der Volkswagenwerkstatt Braunschweig zwei Volkssturm-Bataillone mit »Panzerjagdgruppen« aufgestellt.
Innerhalb des »Panzerjagdbataillons S.« hatte HJ-Bannführer Z. zwar von der Reichsjugendführung den »Werwolf« betreffende Befehle erhalten, wußte damit aber nichts rechtes anzufangen. Der Bataillonsadjutant W. gab jedoch Wissen und Kenntnisse

weiter, nachdem er an »Werwolf«-Lehrgängen teilgenommen hatte, unter anderem auch über den Umgang mit Sprengstoffen in Form von Bekleidungsgegenständen, »die eigens zur Anwendung für Zwecke des ›Werwolf‹ gedacht waren«.
Vom »Werwolf«-Geist sollte ja gerade die Hitler-Jugend erfaßt werden.
Kurz vor dem Einsatz seiner Kompanie in Schandelah ließ HJ-Bannführer G. in einem Schuppen der Gastwirtschaft Niemann in Weddel sechs LMG 34, entsprechende Ersatzteile, 16 ungarische Karabiner, 3 Panzerfäuste, Zeitzündschnur sowie einige volle Munitionskisten in Lappen einwickeln und vergraben, um für künftige »Werwolf«-Einsätze gerüstet zu sein.
Die jungen Männer wußten, daß die Idee des »Werwolf« inzwischen den Kampf mit allenMitteln bis zur letzten Konsequenz, der Selbstaufopferung, einschloß, sowie eine Disziplinierung eigener Landsleute unter dem Motto: »Tod den Verrätern!«.
Der nun von Cremlingerhorn ausgehende Trupp bestand aus jungen Junkern mit fester nationalsozialistischer Gesinnung. Der Geist des Widerstandes bis zum Letzten entsprach ihrer nationalsozialistischen Erziehung ebenso wie ihr unerschütterlicher Glaube an einen Endsieg.
Während starkes Artilleriefeuer aus Richtung Braunschweig herübergrollte und wie ein Wetterleuchten den Horizont erhellte, hielt die Motorradkolonne am Bahnübergang in Schandelah. Zu Fuß holte man zuerst den Bürgermeister heraus, bog dann nach links ins offene Feld ab bis zu einem etwa dreihundert Meter weiter weg ausgehobenen Panzerdeckungsloch.
Hier tötete der einundzwanzigjährige Standartenjunker B. den Bürgermeister aus nächster Nähe mit einem einzigen Pistolenschuß in den Hinterkopf.
Die anderen beseitigten den Leichnam, indem sie ihn in das enge Panzerdeckungsloch hineinzwängten und etwas Erde mit Grassoden darüberdeckten.
Ins Dorf zurückgekehrt, gingen die Männer nun in die Wohnung des Arztes, nahmen auch diesen fest und führten ihn ohne Umschweife zu einem Waldstück, das die Straße nach Cremlingerhorn säumte.
Dort wurde nun auch der Arzt erschossen.
Über den Getöteten scharrte man nur ein wenig Laub.

Am nächsten Morgen meldeten die jungen Männer ihrem Kompanieführer diese »Werwolf«-Taten, in dem festen Glauben, Gutes, dem deutschen Volk Nützliches getan zu haben. –
Wie diese Beispiele zeigen, gingen gelegentlich Volkssturm und »Werwolf« ineinander über. Die Goebbels'sche Definition des »Werwolf« brachte es fertig, daß Volkssturmmänner sich zeitweise aus eigenem Antrieb heimlich in »Werwölfe« verwandelten, als solche zuschlugen, um danach wieder Volkssturmdienst zu tun, als wäre nichts gewesen.
In den letzten Wochen des Zweiten Weltkrieges konnte jeder Deutsche ein verkappter »Werwolf« sein.
Aber es gab Gliederungen, die von vornherein in den Verdacht gerieten, besonders wild und anfällig für »Werwolf«-Geist gewesen zu sein.
Dazu gehörte vor allem die HJ.
Dazu gehörten aber auch die alten Kampfformationen der NSDAP, SS und SA.
Welche Rolle spielte die SA denn nun tatsächlich im »Werwolf«? Höchste und höhere SA-Führer hatten ihre Organisation wirklich jahrelang für die Trägerin des Wehrwillens des deutschen Volkes gehalten, wobei die Betonung auf Verteidigungswille und -Kraft lag, also mehr auf Sich-wehren, Abwehr.
Krieg gegen äußere Feinde wurde als Sache der Wehrmacht angesehen. Kleinkrieg konnte allerdings schon eher in das Aufgabengebiet der SA fallen; die Kampfzeit der NSDAP vor der Machtübernahme war nichts anderes gewesen. In diesen harten Jahren hatte sich die SA als militante Wehrorganisation mit allen möglichen Gegnern herumgeschlagen, und nicht ohne Grund munkelte man damals von geheimen Machenschaften zwischen offizieller Reichswehr und SA. Immerhin waren es Reichswehrinstrukteure gewesen, die aus einsatzwilligen, jungen SA-Männern schlagkräftige Hilfstruppen herangebildet hatten. Auch geheime Waffenlager der SA entstanden und wurden geduldet, und mit Wissen des damaligen Ministers Noske erlangten SA-Männer Zugang zu reichhaltigen Magazinen der Reichswehr.
Der Ruhrkampf scheint für die SA ebenso wie für den »Wehrwolf«-Kampfbund von 1923 ein entscheidender Wendepunkt gewesen zu sein: Ab hier wurde ihre Militanz legitim.
In den Schriften der Hochschule für Politik von 1938 wurde »der

Ruhreinbruch der Franzosen« als Grund für die »Umstellung der SA« von einer politischen Kampftruppe »auf einen Wehrverband« angegeben. Damals standen SA-Männer der NSDAP Schulter an Schulter mit gleichgesinnten Männern des »Wehrwolf«-Kampfbundes von 1923.
Nach 1933, als sich die Machtverhältnisse zugunsten der Nationalsozialisten verschoben hatten, zog man gelegentlich SA-Männer zu Polizeihilfsdiensten und Staatsnotdiensten heran, wobei sie je nach Einsatz auch bewaffnet worden waren. Einsatzführung lag aber nie bei Dienststellen der SA oder NSDAP, sondern stets bei polizeilichen oder militärischen Dienststellen.
Kurz vor Ausbruch des Zweiten Weltkrieges regelte ein Führererlaß die Organisation von SA-Wehrmannschaften; in diesen Formationen sollten Soldaten nach Ableistung ihres Wehrdienstes zusammengefaßt und in Übung gehalten werden, so wie es früher bei Kriegervereinen üblich gewesen war.
Als das düstere Jahr 1945 über Deutschland heraufzog, hatte der Krieg wirklich wehrfähige Angehörige der SA kaum noch übriggelassen. Was aus irgendwelchen Gründen immer noch nicht oder nicht mehr den grauen Rock des Soldaten trug, war spätestens am 18. Oktober 1944 zum Waffendienst im Deutschen Volkssturm gerufen worden.
»Wilde Sachen« hatten SA-Leute in der Kampfzeit der NSDAP zwar mitgemacht, und nicht zu knapp, aber das waren damals in der weit überwiegenden Mehrzahl junge, unverbrauchte, von Idealen beseelte Burschen gewesen.
Im Jahre 1945 existierte diese schwungvolle SA längst nicht mehr. Was sich darbot, war eine verbürgerlichte SA, verkörpert fast nur noch von Kriegsinvaliden, Kranken, Alten und UK-Gestellten. So wenig wie diese Männer den Mitgliedern damaliger, revolutionärer SA-Stürme ähnelten, so verschwindend gering war auch das Echo, welches »Werwolf«-Aufrufe in Formationen der SA-Resttruppe fanden.
In Wahrheit spielte die SA als Gliederung im »Werwolf« überhaupt keine Rolle. Häufiger war allerdings schon ein Engagement im sogenannten »Freikorps Adolf Hitler«, einer weiteren Totgeburt des deutschen Unterganges.

21. *»Freikorps Adolf Hitler« und andere Freikorps 1945; »Fasanenjagd« und »Werwolf«-Jäger.*

Am Ostersonntag, dem 1. April 1945, mittags, erschien Reichsorganisationsleiter Ley bei Goebbels, dessen Gedanken soeben um den »Werwolf« und dessen erste Rundfunksendung kreisten, die noch am Abend desselben Tages ausgestrahlt werden sollte. Der »erhebliche Krach«, der sich dann bei dieser Gelegenheit nach Goebbels' Worten entlud, wird wohl hauptsächlich dadurch ausgelöst worden sein, daß Ley mit einem von Hitler bereits unterschriebenen Erlaß zur Gründung eines »zehntausend Aktivisten von Partei und Volkssturm« umfassenden »Freikorps Adolf Hitler« zu Goebbels kam, der gerade für sich selbst einen derartigen Führererlaß in bezug auf den »Werwolf«, auch den militärischen, erhoffte.

Leys Freikorps mußte bei der Begrenztheit von Personen und Mitteln wie ein Konkurrenzunternehmen erscheinen. Nach außen richteten sich die Bedenken des Ministers allerdings nur gegen die Strohnatur des Reichsorganisationsleiters, dem er zwar große Begeisterungsfähigkeit nicht absprach, an dessen Zugkraft er jedoch erheblich zweifelte, wenn es darum ging, den Leuten »das Letzte« abzuverlangen. Die Sorge, Ley könne sich möglicherweise ungeschickter und nicht ernsthafter Sammlungspraktiken bedienen, teilte mit Goebbels auch Bormann.

Goebbels' massive Einwände verfehlten nicht ihre Wirkung. Ley zog sich folgsam zurück, um seinen Erlaß neu zu formulieren. Anstelle großspuriger Proklamationen über alle deutschen Sender, wie Ley sie ursprünglich im Sinn gehabt hatte, verbreitete Goebbels nun selbst die Idee einer Aufstellung von »Freikorps Adolf Hitler« in seinem täglichen Rundruf an die Gauleiter des Reiches. Als Reichsorganisationsleiter und Führer der DAF verfügte

Dr. Ley, dem man Triebhaftigkeit und Hang zum Alkoholmißbrauch nachsagt, über eine relativ große Machtfülle innerhalb der NSDAP. Die DAF war zwar eine Gliederung der Partei, behielt jedoch finanzielle, personelle und organisatorische Selbständigkeit. Mit Millionen von Mitgliedern und einem Heer spezieller Funktionäre in der Dienststellung von Politischen Leitern reichte Leys Arm weit hinein in alle Betriebe und Ortsgruppen, den er auch ganz im Sinne einer totalen Kriegsführung benutzte.
Überall versuchten auch Funktionäre Leys, Durchhaltewillen zu erzeugen. Sie appellierten an Arbeiter in zerbombten Rüstungsstätten, organisierten Hilfsmaßnahmen und versuchten, unter der Bevölkerung geräumter oder zu räumender Gebiete Stimmung für das Regime zu machen, wie zum Beispiel jener Gauobmann der DAF, der im Viktoria-Hotel in Memel mitten in die Untergangsstimmung versammelter Flüchtlinge mit dem Aufruf hineinplatzte, jetzt gemeinsam mit der Wehrmacht »die Heimat bis auf den letzten Mann zu verteidigen«.
Leys Gedanken hatten sich, als alles in Scherben zu fallen drohte, darauf gerichtet, im »Freikorps Adolf Hitler« eine Elite freiwilliger Kämpfer aus den Reihen der Partei-Amtsträger und Aktivisten innerhalb des Deutschen Volkssturms zusammenzufassen, mit fanatischem Kampfgeist zu erfüllen und dem Feind entgegenzuwerfen, und zwar mit nichts weiter ausgerüstet als mit Panzerfaust, Sturmgewehr und Fahrrad.
Für die einzelnen Kriegsschauplätze wurden Anfang April 1945 als »Freikorps Adolf Hitler« dann auch tatsächlich vier Panzer-Jagdverbände, so die offizielle Wehrmachtbezeichnung, aus dem Boden gestampft. Ley besorgte mit Hilfe von Parteigenossen Aufstellung und Organisation; Führung und Einsatz lagen jedoch in den Händen kompetenter Heeresdienststellen, oder sollten wenigstens in deren Händen liegen.
So unterstanden

der Panzer-Jagdverband Heuberg der Heeresgruppe C,

der Panzer-Jagdverband Munster der Kampfgruppe Panzerdivision von Clausewitz,

der Panzer-Jagdverband Döberitz dem AOK 12, wie auch

der Panzer-Jagdverband Hohenfeld, dessen Zuführung nach Torgau-Eilenburg erfolgte.

Im Kampf teilten sich die Verbände der Freikorps auf in acht bis

zehn Mann starke Gruppen; für den Einsatz rechnete man mit etwa 600 bis 800 derartiger Gruppen.
Am Beispiel des Panzer-Jagdverbandes Heuberg läßt sich das Schicksal dieser Truppe und seine zeitweise Verwendung als politisch motivierte »Werwolf«-Einsatzgruppe bis zur Auflösung verfolgen.
Tatsächlich fanden sich noch genügend Wehrbereite, allerdings mehr die ganz Alten oder die viel zu Jungen, aber auch Hitler-Jugend, SA und bisher UK-gestellte Partei- und Volksgenossen. In Oberbayern gelang es, ein paar Hundert Mann zusammenzutrommeln. Gauleiter und RVK Giesler bestimmte zu ihrem Anführer den damals fünfzigjährigen Kulturreferenten und Schriftsteller Hans Zöberlein, im militärischen Rang Hauptmann der Reserve.
Zehn Tage vergingen mit militärischen Einweisungen auf dem Truppenübungsplatz Heuberg in Württemberg. Durch weiteren Zulauf aus Schwaben und Württemberg nun auf etwa 600 Mann verstärkt, versuchte die jetzt als »Schwabenzug« benannte Einheit des »Freikorps Adolf Hitler« im ersten scharfen Einsatz bei Freudenstadt vordringende marokkanische Truppen aufzuhalten.
Ohne Erfolg.
Vielmehr mußten die Schwaben zurückweichen, und als Bayern erreicht war, zog Giesler die Männer aus dem Kampf an der Front, um sie zur besonderen Verwendung als »Gruppe Hans« in seiner Nähe zu behalten.
Was unter »besonderer Verwendung« verstanden werden mußte, zeigte sich gegen Ende April 1945, als Angehörige der »Gruppe Hans« unter dem Zeichen des »Werwolf« in Penzberg Henkersarbeit zu verrichten hatten.
Erstaunlich früh, nämlich bereits bevor der Deutsche Volkssturm allgemein aufgeboten wurde, hatte die Gauleitung Westfalen Süd der NSDAP ein »Freikorps Sauerland« zusammengestellt, und zwar aus Parteigenossen und Angehörigen der SA. Jede Kreisleitung hatte ein paar Mann gemeldet. Alle trugen braunmelierte Uniformstücke; die Bewaffnung bestand aus Gewehren, Maschinenpistolen und leichten MG's.
Beim Kampf um Berlin hoffte schließlich auch General Mohnke, der Kommandeur der Leibstandarte Adolf Hitler, mit der raschen Aufstellung eines Freikorps noch etwas retten zu können.

Am 24. und 25. April kursierten in der Stadt immer wieder neue, eindringliche Aufrufe, sich zum »Freikorps Mohnke« zu melden. »Bringt Waffen, Ausrüstungsgegenstände und Lebensmittel mit. Jeder deutsche Mann wird gebraucht!«

Aber während Mohnkes Freikorps gegen Russen kämpfte, richtete sich der Tatwille anderer Freikorps gegen den »inneren Feind«, gelegentlich auch in der Gestalt des »Werwolf«, wie Ereignisse im Zusammenhang mit der regimefeindlichen Widerstandsbewegung »Freiheitsaktion Bayern« (FAB) beweisen.

Etwa um dieselbe Zeit, als amerikanische Truppen kurz vor Augsburg und Landsberg standen, gelang es der seit längerem bestehenden FAB am Samstag, dem 28. April 1945, sich mit Hilfe einer in München stationierten Dolmetscherkompanie der Wehrmacht des Reichssenders München zu bemächtigen.

Ab 2 Uhr in der Frühe strahlte dieser Sender plötzlich alarmierende Nachrichten aus: Der Krieg sei zu Ende; Reichsstatthalter General Ritter von Epp handele bei den Amerikanern bereits Waffenstillstandsbedingungen aus. Der Polizeipräsident von München habe sich der FAB gebeugt und sei zurückgetreten. Bekannte Münchener Nazi-Größen seien verhaftet, beziehungsweise in die Flucht geschlagen worden.

Unter dem Stichwort »Fasanenjagd« solle nun das bayerische Volk tatkräftig mithelfen, noch nicht geflohene örtliche NS-Machthaber dingfest zu machen; nur so könnten unangenehme Störungen der Friedensverhandlungen vermieden werden.

An Ortsbürgermeister aus früherer Zeit richtete sich die Aufforderung, NS-Machthaber in den Gemeinden abzusetzen und deren Stelle einzunehmen. Beamte, Arbeiter und Angestellte von Verkehrsbetrieben sowie Fabrikarbeiter wurden aufgerufen, der Arbeit fernzubleiben. Arbeiter und Angestellte der Versorgungsbetriebe sollten Anlagen und Vorräte vor Vernichtung schützen. An die bayerische Polizei erging der Aufruf, den Gehorsam zu verweigern; die Beamten sollten sich zum Dienst für eine neue Regierung bereithalten.

Das ganze bayerische Volk solle schließlich spontan weiße Fahnen hissen.

An die Soldaten der Wehrmacht appellierte der Sprecher der FAB, nutzlosen Kampf zu beenden; der Krieg sei aus. Und an Unschlüssige richtete sich die Warnung:

»Wer jetzt noch Nazis hilft, wird als Kriegsverbrecher angesehen und danach behandelt«.

In München, der »Hauptstadt der Bewegung« des Nationalsozialismus, ging Kampfgeist im wesentlichen nur noch von Gauleiter und RVK Paul Giesler aus; militärische Stellen funktionierten nicht mehr zuverlässig im Sinne des Regimes.

Giesler, der in seiner Machtfülle auch noch die Ämter des bayerischen Ministerpräsidenten und des bayerischen Innenministers bekleidete, hatte erst unlängst den Polizeipräsidenten von München und HSSPF, Friedrich Karl Freiherr von Eberstein, abgesetzt, weil dieser sich seit Anfang März 1945 standhaft weigerte, 25 000 Insassen des Konzentrationslagers Dachau auf die befohlene Weise töten zu lassen.

Entgegen den Meldungen der FAB hatte sich Ritter von Epp nicht engagiert. Deshalb ließ er sich auch ohne weiteres im Pkw des Gauleiters vom Schornerhof bei Starnberg nach München bringen. Hier wurde er zwar zunächst für verhaftet erklärt, auf Intervention von Generalfeldmarschall Kesselring jedoch alsbald wieder nach Salzburg entlassen.

Nicht Epp, sondern vielmehr dessen Verbindungsoffizier der Wehrmacht, Major Caracciola, erwies sich als treibende Kraft der Widerstandsbewegung. Der Major wurde noch am selben Tag zwischen 17 und 18 Uhr im Hof des Zentralministeriums an der Ludwigstraße 28, in dessen Bunker Giesler seinen Gefechtsstand hatte, von einem Peloton des Volkssturms erschossen.

Tatsächlich war der Aufruf der FAB nicht ungehört verhallt. Insbesondere in Münchens Arbeitervierteln zeigten sich bald nach dem Appell der FAB viele weiße Fahnen. Zahlreiche Fremdarbeiter verließen ihre Betriebe und strömten in die Stadt. Besonders im Westend entstand derart starke Unruhe, daß Giesler einen kommunistischen Aufstand befürchtete.

Auf seinen Befehl hin durchkämmten Männer der oben bereits erwähnten »Gruppe Hans«, die etwas später in Penzberg blutige Spuren hinterlassen sollte, Westend, beseitigten überall weiße Tücher und verteilten Wurfzettel des »Werwolf Oberbayern«. Unter dem Zeichen der Wolfsangel bedrohte der »Werwolf« alle Liebediener des Feindes sowie deren Sippen mit dem Tode; gefordert wurde unverbrüchliche Gefolgschaftstreue.

Gegen Auflösungstendenzen infolge des FAB-Aufrufes hatte

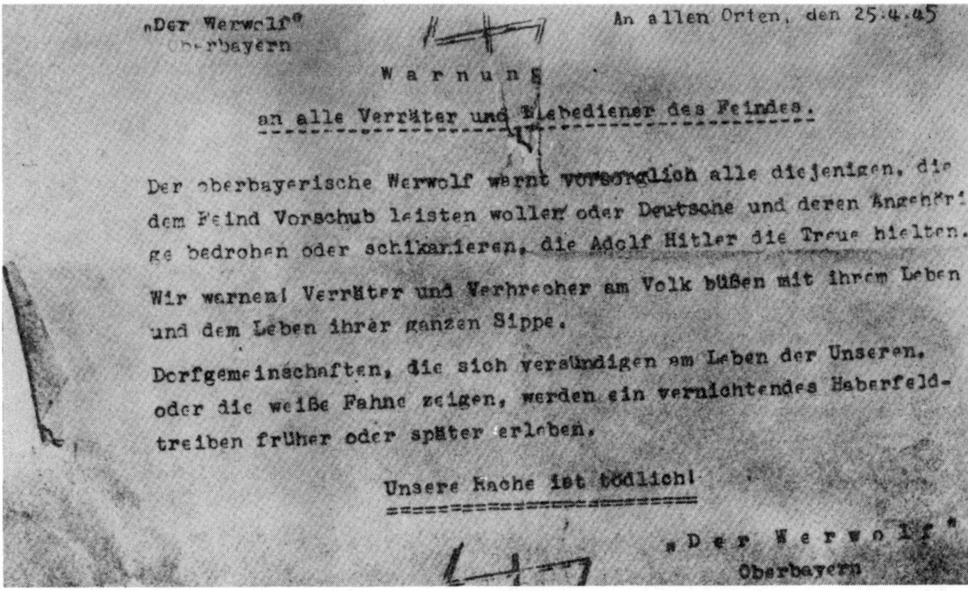

„Der Werwolf“
Oberbayern

An allen Orten, den 25.4.45

Warnung

an alle Verräter und Liebediener des Feindes.

Der oberbayerische Werwolf warnt vorsorglich alle diejenigen, die dem Feind Vorschub leisten wollen oder Deutsche und deren Angehörige bedrohen oder schikanieren, die Adolf Hitler die Treue hielten.

Wir warnen! Verräter und Verbrecher am Volk büßen mit ihrem Leben und dem Leben ihrer ganzen Sippe.

Dorfgemeinschaften, die sich versündigen am Leben der Unseren, oder die weiße Fahne zeigen, werden ein vernichtendes Haberfeldtreiben früher oder später erleben.

Unsere Rache ist tödlich!

„Der Werwolf“
Oberbayern

Flugblatt des »Werwolf«-Oberbayern, dem auch die Penzberger Morde anzulasten sind.

auch eine Volkssturmeinheit einzuschreiten, die am 2. April 1945 vom Gauleiter als »Sturmabteilung Freikorps Adolf Hitler« aufgestellt worden war. Männer dieser »Sturmabteilung« erhielten ebenfalls den Befehl, Ausländer zu internieren und Menschenmassen aufzulösen.
Als drei Männer dieser Einheit versuchten, einen Rentner wegen Hissens einer weißen Fahne am Kiliansplatz mit einem Jalousiengurt an einem Verkehrszeichen aufzuknüpfen, riß beim Hochziehen der Gurt. Daraufhin schenkten Soldaten dem alten Mann das Leben.
Zur selben Zeit befreite man gerade einen Angehörigen der SA, den angeblich ein Wirt im Eiskeller seines Betriebes eingesperrt hatte. Nun wurde der Wirt ergriffen, um ebenfalls kurzerhand an einem Verkehrsschild Ecke Kazmair-/Anglerstraße mit einem abgeschnittenen Jalousiengurt aufgehängt zu werden. Doch der Wirt konnte sich herausreden und entkam.
Innerhalb einer knappen Stunde unterzeichnete Gauleiter Giesler, der sich ein paar Tage später selbst durch Freitod richtete –

obwohl Hitler ihn in seinem politischen Testament als Reichsminister des Innern in der Regierung Dönitz vorgesehen hatte – rund einhundertfünfzig Todesurteile.
Der Polizeipräsident von Augsburg hatte ebenso wie andere den Befehl erhalten, im Bereich der 407. Infanterie-Division, die in der Stadt lag, mit allen Mitteln für Ruhe und Ordnung sowie Sicherheit im rückwärtigen Armeebereich zu sorgen, also Plünderungen zu verhindern und etwaige Unruhen niederzuschlagen.
Daraufhin hatte er unter anderem auch ein »Werwolf«-Kommando zusammengestellt, zu welchem drei speziell im Nahkampf ausgebildete Soldaten der Wehrmacht gehörten. Dieser Gruppe kam der Fall des Kaufmanns Andreas W. zu Ohren, der aufgrund des Aufrufs der FAB am 28. April 1945 von der Rathaustreppe in Mering aus Soldaten und Passanten zum Widerstand gegen weiteren Krieg und die NSDAP aufgefordert hatte. Dieser mutige Bürger mußte, als er ganz allein blieb, allerdings schon bald vor dem in Erscheinung tretenden Volkssturm-Kompanieführer Wi. die Flucht ergreifen.
Schließlich war der Kaufmann aber doch gefangengenommen worden; nun saß er beim Divisionsstab hinter Schloß und Riegel. Es kostete einige Mühe, bis die Wehrmacht ihren Gefangenen an das »Werwolf«-Kommando des Polizeipräsidenten herausgab. Dieser fällte schließlich das Todesurteil.
Den Erschießungsbefehl erhielten Oberfähnrich B., einer der drei Nahkampfspezialisten, und D., der Adjutant des Polizeipräsidenten. Diese fuhren nun mit dem Verurteilten im Pkw in Richtung Steinach. Als der Kaufmann bat, seine Notdurft verrichten zu dürfen, hielt der Wagen an, und die beiden »Werwolf«-Leute stiegen mit aus.
Plötzlich versuchte der Gefangene über die Straße hinweg in freiem Gelände zu entkommen. B., der mit einer Maschinenpistole bewaffnet war, entfernte sich nun ebenfalls vom Wagen und nahm die Verfolgung auf. Dreimal rief er: »Halt!«; doch als der Flüchtling weiterlief, schoß B. eine Garbe hinterher. Der Kaufmann verhielt kurz, griff sich ans Bein, setzte dann aber seine Flucht fort.
Schließlich streckte ihn die zweite Garbe aus der Maschinenpistole des Oberfähnrichs nieder.
Als der tapfere Kaufmann tot aufgefunden wurde, stellte man Ein-

Auch in Rußland hieß es in der Stunde der Not: Volk ans Gewehr! Arbeitermilizen beim Abtransport.

»Chef Hans«, Hans Zöberlein, Anführer jenes »Werwolf«-Kommandos, das am 28./29. April 1945 in Penzberg blutige Spuren hinterließ.

schüsse in der Schläfe, im Bauch und am Bein fest. In die Rocktasche des Erschossenen hatte B. einen Zettel mit der Aufschrift gesteckt:
»Wer seinem Volk untreu wird, fällt durch uns Werwölfe!«
Die weitaus folgenschwerste »Werwolf«-Aktion im Zusammenhang mit der Niederwerfung des FAB-Widerstandes geschah jedoch in Penzberg.
Sie forderte viele Menschenleben.
Hier, in einer kleinen Bergarbeiterstadt mit starker Linksorientierung, fühlte sich der ehemalige, bis 1933 im Amt gewesene SPD-Bürgermeister Hans Rummer vom Aufruf der FAB unmittelbar angesprochen.
Spontan alarmierte er einige Gesinnungsfreunde.
Bereits kurz nach 6 Uhr gelang es Rummer, unterstützt von Sebastian Reithofer und Franz Biersack, das Penzberger Bergwerk stillzulegen. Hier beschafften sie sich auch einen Pkw. Inzwischen hatten Wachtmannschaften des Gefangenenlagers ihren Vorgesetzten gemeldet, das Stichwort »York« sei gefallen. »York« bedeutete für die Polizei: »Feindannäherung, akute Panzergefahr«; für die Soldaten der Gefangenen-Lagerwache jedoch: »Übergabe der Wache an den Volkssturm und allmähliches Absetzen nach Mittenwald«.
Die Wehrmacht reagierte zunächst gelassen.
Deshalb blieb für die Aufständischen sowohl im Russenlager, in dem etwa 200 Offiziere gefangen gehalten wurden, als auch im Lager der gefangenen Franzosen in der Eile der gewünschte Erfolg aus; von den Militärwachen wurden sie offenbar nicht ernst genommen.
Aber dann gelang es Hans Rummer doch, Teile des Volkssturms auf seine Seite zu bringen. Nun fühlte er sich stark genug, den bisherigen Bürgermeister V. vor die Tür zu setzen. Noch in der Nacht zuvor hatte der Ortsgruppenleiter R. im Keller des Penzberger Rathauses Akten der NSDAP verbrannt.
Im vermeintlichen Besitze der Macht veranlaßten die Männer der FAB nunmehr Sonderzuteilungen in Form von Tabakwaren an die Bevölkerung. Weitere Aktivitäten stoppte dann allerdings die Wehrmacht.
Zunächst griffen Offiziere und Soldaten des Werferregiments 22 ein, das soeben erst dem Kessel von Buchloe entronnen und im

Nachtmarsch vom Ammersee her bis nach Penzberg gelangt war. Unter den stark strapazierten, übermüdeten Soldaten befanden sich, wie überall in der Wehrmacht, sowohl linientreue, engagierte Nationalsozialisten, wie zum Beispiel hier im Werferregiment 22 Hauptmann K., ein Träger des Goldenen HJ-Abzeichens, als auch Offiziere, die sich nur der herrschenden Ordnung verpflichtet fühlten.

Vom Rathausfenster aus forderte einer der Offiziere etwa 250 herumstehende Zivilpersonen auf, Straßen und Platz sofort zu räumen; nach zehn Minuten werde geschossen.

Daraufhin lief die Menge auseinander.

Nachdem der Regimentskommandeur die Ordnung wieder hergestellt hatte, postierte er am Haupteingang des Rathauses, in dem nun die Männer der FAB gefangen saßen, eine Offizierswache. Als dann auch noch über die männliche Bevölkerung Ausgangssperre verhängt wurde, ergriffen viele Einwohner von Penzberg aus Furcht um ihr Leben und wohl auch in Vorahnung kommender Ereignisse über Gärten und Seitenwege die Flucht aus der Stadt. Mittlerweile war die Kunde von den Penzberger Vorgängen Gauleiter Giesler zu Ohren gekommen. Dieser, ein nationalsozialistischer Führer mit rücksichtslosem, scharfmacherischem politischen Kurs, befahl dem Kommandeur des Werferregiments:

»Rummer und seine Leute werden umgelegt!«

Zugleich setzte er den Offizier davon in Kenntnis, daß unter dem Decknamen »Gruppe Hans« ein »Werwolf«-Trupp in Räuberzivil nach Penzberg geschickt werde; das Regiment sei entsprechend zu informieren.

Als erster kehrte jedoch Oberstleutnant O., der Regimentskommandeur, nach Penzberg zurück.

Bereits um 17.30 Uhr starben, verurteilt wegen Hochverrats und Wehrkraftzersetzung, an einen Baum gefesselt, nacheinander sieben Männer aus Penzberg, die dem FAB-Aufruf vom Morgen desselben Tages gefolgt waren, unter den Salven eines acht Mann starken Erschießungskommandos der Wehrmacht.

Die Leichen wurden an Ort und Stelle beerdigt.

Etwa eine Stunde nach diesen Erschießungen traf die angekündigte »Werwolf«-Hundertschaft auf drei Lastkraftwagen, mit »Chef Hans« in einem alten Pkw Olympia an der Spitze, in Penzberg ein.

Hinter dem Tarnnamen »Chef Hans« verbarg sich der fünfzigjährige SA-Brigadeführer und Hauptmann der Reserve Hans Zöberlein, ein Alter Kämpfer der NSDAP, Träger des Blutordens, den zwei Kriegsromane berühmt gemacht hatten. Jetzt gehörte er dem Münchener Stadtrat an, er leitete die Kulturabteilung. Für Giesler war er der richtige Mann zur strikten Durchführung eines brutalen Strafgerichts: Giesler wollte sämtliche »Rädelsführer der KPD« hängen sehen.
Verbreitung von Furcht und Schrecken waren wesentlicher Teil der Ordnungs- und Sicherungsfunktionen der »Gruppe Hans«. Ihre Mitglieder, darunter sowohl sehr junge als auch alte Männer, traten teils in Zivil, in Tarnanzügen oder Windjacken, sowie auch mit neuen Uniformstücken bekleidet in Erscheinung. Armbinden mit der Aufschrift »Deutscher Volkssturm« und »Deutsche Wehrmacht« kennzeichneten sie als Angehörige einer paramilitärischen Truppe.
Alle waren mit modernen Schnellfeuergewehren, Sturmgewehren 45, und MP's bewaffnet. Sie kamen von ihren Standorten Groß- und Kleinhadern, wo sie dem Leiter des dortigen Polizeireviers bereits genug Scherereien gemacht hatten. Doch vorgesetzte Dienststellen – Polizeipräsidium, Gauleitung, Wehrmachtkommandantur, stellvertretendes General-Kommando VII. AK – blieben taub gegenüber Beschwerden wegen um sich greifender »Lebensmitteldiebstähle« der »Gruppe Hans«.
In dieser Gruppe dienten auch einige Penzberger; ihnen fiel in dem nun folgenden Drama eine besondere Rolle zu.
Erst auf der Fahrt waren die Angehörigen der »Gruppe Hans« von ihrem Anführer als »Werwölfe« vergattert worden. Mitgeführte Wurfzettel mit der Aufschrift »Werwolf Oberbayern« und dem Zeichen der Wolfsangel, wie sie bereits am Morgen in München unter die Leute gebracht worden waren, ließen keinen Zweifel an den Absichten dieser Sondereinheit der Gauleitung aufkommen. Zöberlein verlangte von seinen Männern absolute Gefolgschaft; Ungehorsam werde unweigerlich mit dem Tode bestraft.
Im Penzberger Rathaus traf er zuerst den Bürgermeister, den Ortsgruppenleiter, einen SA-Truppführer sowie Oberstleutnant B., einen Offizier, der vom OKW zur Sicherung des geordneten Rückzuges deutscher Truppen mit Sondervollmachten ausgestattet worden war.

Weil der Bürgermeister einen Aufstand für möglich hielt, stellte man nun mit Hilfe der Penzberger »Werwölfe« eine Liste mit Namen von »unzuverlässigen Personen« zusammen. Im Vorzimmer des Bürgermeisters entstanden Pappschilder mit der Aufschrift: »SS-Werwolf Oberbayern«, welche den Gehenkten umgebunden werden sollten.

Aus einem langen Luftschutzseil schnitt man ein paar handfeste Stricke zurecht.

Anhand der Namensliste, die inzwischen aufgrund der Einwohnerkartei mit Adressen ergänzt worden war, fertigte Zöberlein einzelne Zettel an, die er an mehrere, jeweils acht bis zehn Mann starke Verhaftungstrupps ausgab.

Jeder dieser Trupps führte halblange Stricke mit sich.

Augenzeugen sahen, wie »Werwolf«-Leute gegen 21 Uhr im Bürgermeisterzimmer »Schnaps wie Wasser tranken«. Es herrschte reges Kommen und Gehen; mit Zetteln in der Hand machten sich immer wieder welche auf, um Verhaftungsbefehle auszuführen. Ortskundige Polizisten dienten als Führer.

In der Heimstättensiedlung kam es um 21.45 Uhr zu einer regelrechten Schießerei, in deren Verlauf eine tödliche Kugel den Bergmann Josef K. traf. Als bei der Wohnung Hörmann nicht sofort geöffnet wurde, warfen die Häscher kurzentschlossen eine Handgranate hinein und schrien:

»Hörmann raus! Wir räuchern dich aus!«

Die Bitte der »Werwolf«-Führer um Waffenhilfe zur Brechung des Widerstandes in der Heimstättensiedlung wurde von der Wehrmacht abgeschlagen. Dennoch brachten »Werwolf«-Kommandos der »Gruppe Hans« in dieser Nacht in Penzberg unter Verwendung des schimpflichen Henkerstrickes schließlich doch acht Menschen ums Leben, darunter zwei Ehepaare:

Gegen 22 Uhr knüpften sie Franz Biersack und Gottlieb Behlolawek am Balkon des Hauses Reithofer neben dem Rathaus sowie Johann Summerdinger an einem Baum gegenüber auf. Bäume in der Gustavstraße, beim Staltacherhof sowie in der Karlstraße dienten als weitere Galgen. Frau Agathe Fleißner ließ sich, obwohl sie garnicht auf der Verhaftungsliste stand, freiwillig mit ihrem Mann festnehmen; sie starb wie er – am Strang. Ein Verhafteter kam, als der Strick riß, unverhofft in der Dunkelheit davon. Einem anderen, Franz Schwab, gelang die Flucht aus dem Rathaus,

allerdings verwundeten ihn nachgesandte Schüsse schwer.
Allen Getöteten war ein Schild »SS-Werwolf Oberbayern« umgehängt worden.
Als Wehrmachtoffiziere ihr Mißfallen an diesen Aktionen ausdrückten, entgegnete Zöberlein:
»Die Wehrmacht erschießt, der Werwolf hängt«.
Erst gegen 2 Uhr nachts rollte am 29. April 1945 der letzte Lastwagen des »Werwolf«-Kommandos zurück nach München-Groß- und Kleinhadern. Hier wurde die »Gruppe Hans« sofort durch Gauleiter Giesler von weiteren Sonderaufträgen entbunden.
Nach diesem schrecklichen Tag, an dem fünfzehn Menschen ihr Leben lassen mußten, weil sie dem Aufruf der FAB mehr oder weniger aktiv Folge geleistet hatten oder weil sie als Sympathisanten denunziert worden waren, mußte am darauffolgenden Sonntag-Vormittag der Penzberger Volkssturm in den »Oberlandlichtspielen« antreten.
Trotz allem, was geschehen war, und ungeachtet dessen,daß der Einmarsch amerikanischer Truppen fast täglich bevorstand, fielen in der Ansprache eines Offiziellen noch Drohungen: Der »Werwolf« habe zugeschlagen, und er werde weiter zuschlagen!
Giesler fuhr am 1. Mai 1945 mit Frau und Schwiegermutter hinaus in den sogenannten Märchenwald bei Ramsau, wo sich das Ehepaar vor fünfundzwanzig Jahren kennengelernt hatte.
Alle drei nahmen Gift.
Während die Schwiegermutter des Gauleiters daran starb, fielen Giesler und Frau zunächst nur in Ohnmacht. Allerdings fand man sie beide zwei Tage später an derselben Stelle, offenbar durch Schüsse getötet, vor.
Am 2. Mai 1945 besetzten amerikanische Truppen den Ort Penzberg. Sechs Tage später trat die bedingungslose Kapitulation des nationalsozialistischen Regimes in Kraft.
Zöberlein und seine »Werwölfe« hatten sich nach dem Penzberger Blutgericht als normale Volkssturmeinheit nach Süden abgesetzt. Bei Menterschweige im Isartal vergruben sie Waffen im Wald, bei Sauerlach vernichteten sie ihre Ausweispapiere, ließen sich in Zivil von der Front überrollen und zerstreuten sich schließlich, ohne weitere »Werwolf«-Aktivitäten abgesprochen zu haben, in alle Winde.
Langlebigkeit verzweifelter Wehrgedanken selbst nach der Kapi-

tulation und gegen den Willen noch verantwortlicher Führer und Kommandeure geht aus einer Bekanntmachung hervor, die der Chef des Generalstabes der Heeresgruppe G nach Abstimmung mit der Besatzungsmacht am 12. Mai 1945 verbreiten ließ:

»Mir ist gemeldet worden, daß teilweise die Absicht bestehen soll, Freikorps zu bilden.

Ich warne im Interesse der in solchen Organisationen aufgehenden Teilnehmer, deren Vernichtung nur eine Frage der Zeit ist. Ich warne vor allem im Interesses des deutschen Volkes, da eine derartige Handlungsweise zur völligen Vernichtung des deutschen Volkes führen würde.

Ich appelliere an das Ehrgefühl jedes Einzelnen, das jeden Eigennutz ablehnt und nur das Interesse unseres Volkes wahrt«.

Vereinzelt aufgestellte Freikorps, insbesondere das »Freikorps Adolf Hitler« und andere, nicht von militärischen, sondern von politischen Führern zusammengetrommelte Widerstandsverbände, waren das Resultat immer noch wirksamer nationalsozialistischer Durchhalte-Propaganda. Die Männer, die sich da in den dunklen Tagen des deutschen Untergangs mehr oder weniger aus freien Stücken zusammenrotteten, folgten denselben Parolen wie politisch motivierte Angehörige des »Werwolf«, ja, manchmal verwandelten sich Freikorps- oder Volkssturmmänner zeitweise in »Werwölfe«, wenn es um die Bekämpfung des »inneren Feindes« oder um die »Rächung deutscher Ehre« ging. Dieselbe Erscheinung, wie sie bei Jagdverbänden, Volkssturm, Hitler-Jugend und Freikorps in Einzelfällen nachgewiesen wurde, nämlich ein gelegentliches Aufflackern von »Werwolf«-Gesinnung mit entsprechenden Auswüchsen, zeigte sich auch noch bei anderen Organisationen und staatlichen Institutionen, bei Beamten und beruflichen Staatsdienern.

Selbst wenn man sich inzwischen daran gewöhnt hat, alles, was unter der Bezeichnung »Werwolf« geschah, über einen Kamm zu scheren: Mit den ursprünglichen Absichten militärischer Kleinkriegführung hatten derartige »Werwolf«-Aktionen nichts zu tun.

22. *Insbesondere der politisch-fanatische »Werwolf« wandte sich gegen »innere Feinde«.*

Verfolgte der Prützmann-»Werwolf«, wie inzwischen bewiesen, wenigstens anfänglich überwiegend militärische Ziele »im Rücken des äußeren Feindes«, richtete sich der politisch-fanatische »Werwolf« Goebbels' eindeutig und fast ausschließlich gegen den sogenannten »inneren Feind«.

Schon nach einem Erlaß Himmlers vom 20. Februar 1942 wurden »reichsfeindliche Bestrebungen, insbesondere ... Zersetzungspropaganda, Sabotageakte ... mit schärfsten Maßnahmen« bekämpft. Reichsfeindliches Verhalten zog in der Regel »Sonderbehandlung«, Tod durch den Strang, nach sich.

Wegen des von der nationalsozialistischen Führung proklamierten Notstandes im Kriege rückten ohnehin begrenzte individuelle Rechte im überwiegenden Interesse des Staatsschutzes noch weiter in den Hintergrund; legitime sachliche Aggression ging auf hastig autorisierte Gruppen – Einsatzkommandos, Alarmeinheiten – über.

Im nationalsozialistischen Autoritätssystem dienten exzessive Strafen dazu, Vorschriftsübertretungen vorzubeugen. Der Terrorgehalt einer übertriebenen Bestrafung sollte sich voller Absicht über den Bestraften hinaus insbesondere anderen potentiellen Übeltätern dauerhaft und möglichst abschreckend einprägen. So brachte eine im Verlaufe des Krieges immer unduldsamer gewordene Judikatur zwecks Warnung, Drohung, Einschüchterung und Abschreckung einen an Umfang zunehmenden Katalog verdächtiger Menschengruppen hervor:

Feindhörer, Defaitisten, Reaktionäre, Schieber, Zersetzer, Rassenschänder, Volksschädlinge, Schwarzhändler, Saboteure, politisch Unzuverlässige, jüdisch Versippte, Konfessionelle, Liberale,

Freimaurer, Bibelforscher, Doppelzüngler, Feiglinge, Egoisten, Verschwörer und andere mehr.
Himmler wollte, wie er einmal wörtlich sagte, verhindern, »daß diese Leute uns unser anständiges Volk ... vermiesen«. Er nannte auch Verhinderungsmittel:
»Soweit es notwendig ist, wird brutal und gnadenlos durchgegriffen ... Es genügt ... wenn ich ... einen packe und ihm den Kopf vor die Füße lege. Dann sind nämlich die anderen ... still. Dann sagen die ganzen Muttis: Um Gottes willen, bring Dich nicht um, mache uns nicht unglücklich ... Gut, dann ist ja der Zweck erreicht.«
Nach dem Schock des für Hitler glimpflich ausgegangenen Attentats vom 20. Juli 1944 stellte man in Befehlen und Weisungen klar, daß die Bekämpfung innerer Unruhen in den Aufgabenbereich des RFSS und Chefs der Deutschen Polizei »und demgemäß (auch) der HSSPF« falle. Himmler stellte für derartige Einsätze »Alarmeinheiten« zur Verfügung, und zwar letztlich den politisch unbedingt zuverlässigen Reichsverteidigungskommissaren, allerdings nur »über die HSSPF«, die also auch hier wieder das entscheidende Wort zu sprechen hatten.
Allgemeine Hysterie der Führung in Deutschland gegen Schluß des blutigen Ringens hatte zur Folge, daß der Täterkreis, den schwerste Strafen bedrohten, ständige Erweiterung erfuhr: Deserteure kamen hinzu, Kriegswirtschaftsverbrecher, Verdunkelungsverbrecher, Plünderer, Denunzianten. Infolgedessen bekamen staatliche Sicherheitsorgane immer mehr zu tun.
Hitler hatte zur Durchsetzung revolutionärer Ideen von Beginn an freie Hand gebraucht und beizeiten dem Reichsinnenminister Frick den Einfluß auf Polizeikräfte entzogen mit dem Hinweis: »Himmler macht das besser allein.«
Als dieser 1936 seinen Titel erweitern durfte und nun RFSS »und Chef der Deutschen Polizei« geworden war, ging die Polizeigewalt ganz auf ihn über – und er nahm sie auch ohne Zögern fest in den Griff.
Als Oberbehörde richtete er ab Sommer 1939 das Reichssicherheitshauptamt (RSHA) ein, zunächst unter Heydrichs Führung, nach dessen Ermordung ab 1943 unter Kaltenbrunner.
Kriminalpolizei und Geheime Staatspolizei (Gestapo) waren Unterabteilungen der Sicherheitspolizei (Sipo). Im allgemeinen Sprachgebrauch sowie in Befehlen und Verordnungen wurde aber

immer nur die Bezeichnung »SD« benutzt, als Abkürzung für »Sipo und SD«.
Dieser sogenannte Sicherheitsdienst (SD) ging ursprünglich aus den Gliederungen der NSDAP hervor und war eigentlich eine Nachrichten- und Meinungsforschungsstelle gewesen; nun arbeitete er jedoch als Kontroll- und Zusatzorgan der Gestapo, unter Himmler.
Im Gegensatz zum SD war die Gestapo als eine bereits bestehende staatliche Institution lediglich ins Dritte Reich übernommen worden, sie wurde im Sinne der neuen Doktrin umgekrempelt. Hitlers Auftrag an die Gestapo hatte sofort gelautet, »Feinde der Partei und des nationalsozialistischen Staates sowie alle gegen beide gerichteten zersetzenden Kräfte aller Art zu überwachen und unschädlich zu machen«. Dienststellen der NSDAP, Gliederungen und angeschlossene Verbände waren verpflichtet, Vorgänge politisch-polizeilichen Charakters unbedingt weiterzumelden, damit Organe der Gestapo möglichst rasch und durchgreifend schädliche Umtriebe bekämpfen konnten.
Je mehr Feinde sich das nationalsozialistische Regime im In- und Ausland schaffte, umso größer wurde der Bedarf an Gestapo-Mitarbeitern. Rudolf Bilfinger, Oberregierungsrat und Sachbearbeiter für Rechtsfragen sowie Polizeirechtsfragen im RSHA, erklärte vor dem Internationalen Militärgerichtshof in Nürnberg das Anschwellen des Gestapo-Apparates damit, daß während des Krieges nicht mehr kriegsverwendungsfähige Angehörige der Waffen-SS grundsätzlich zum Dienst in der Gestapo verpflichtet wurden; hinzu kamen große Scharen notdienstverpflichteter Männer und Frauen aus allen möglichen Kreisen und Berufen. Mit Befehl RFSS vom 31. Juli 1944, dem eine Führeranordnung zugrunde lag, hatte Himmler mit einem Federstrich den gesamten Zollgrenzschutz dem Dienstbereich Kaltenbrunners einverleibt. Im Jahre 1945 gehörten der Gestapo etwa 40 000 – 50 000 Mitarbeiter, der Kripo ungefähr 15 000 und dem SD 3000 an; beim letztgenannten Dienst kamen allerdings noch Tausende von nebenamtlichen SD-Angehörigen und Vertrauenspersonen hinzu. In enger Zusammenarbeit mit dem Amt III – Inlandsnachrichtendienst – konnten mit Hilfe dieses gewaltigen Apparates fast alle Arten von Gegnerschaften gegen das nationalsozialistische Regime aufgedeckt und bekämpft werden.

Gestapo-Behörden waren Staatsorgane, deren Angehörige normalerweise in öffentlich-rechtlichen Beamtenverhältnissen standen und infolgedessen Aufgaben des Staates, nicht Aufgaben der Partei erfüllten.
Die vom heutigen Standpunkt aus gesehen unheilvolle Überdrehung sowie der üble Ruf der Gestapo hingen eng mit der Person Heinrich Himmler zusammen, dessen beharrlich verfolgte Idee von einem monolithischen, festgefügten Block aus Allgemeiner SS, SD, Gestapo, Sipo und Waffen-SS sowie allen ihren Untergliederungen jeden einzelnen dieser Zweige gründlich veränderte. Als neuer Chef der Deutschen Polizei begann Himmler sofort damit, die Staatspolizei mit nationalsozialistischem Gedankengut zu durchdringen; sie mußte von nun an »SS-fähig« sein, das hieß, den nach nationalsozialistischen Maßstäben hohen Ansprüchen an persönlichen, charakterlichen und ideologischen Eigenschaften genügen.
Schulung und Nachwuchsförderung oblagen nun SS-Dienststellen. Was hier geschah, beschrieb Dr. Werner Best, der spätere »Werwolf«-Führer beim HSSPF Rhein-Westmark, in seinem damals staatlich geförderten Buch »Die deutsche Polizei« wie folgt:

> »Einerseits wurden Fachbeamte der bisherigen Polizei und andererseits Angehörige der SS herangezogen. Die Neueinrichtungen nahmen mit dem kompromißlosen Kampfgeist der SS die Bekämpfung der Volks- und Staatsfeinde zur Sicherung der nationalsozialistischen Führung und Ordnung auf.«

Natürlich unterlagen Angehörige der Gestapo in Zielsetzung und Arbeit geltenden Gesetzen. Allerdings wurden diese Gesetze im Laufe des Krieges extensiver und willkürlicher angewendet, zumal mehr und mehr auch polizeifremde Tätigkeiten vorkamen, wie zum Beispiel verschärfte Vernehmungen und – Tötungen. Während des Krieges stand die gesamte deutsche Polizei unter Militärstrafrecht. Befehlsverweigerungen wären mit aller Härte kriegsgerichtlich verfolgt und geahndet worden.
Hinter der Westfront arbeiteten 1944/1945 Gestapo-Kommandos gemeinsam mit Zollgrenzschutzbeamten in einem Nachrichtendienst, der auch Befehle und Weisungen des HSSPF West weiterleitete; eine Einrichtung, die im Hinblick auf den militärisch orientierten »Werwolf« besondere Bedeutung gewann. Kommandozentralen dieses »Frontläuferdienstes« befanden sich in

Erkelenz, Düren, Jülich und Schleiden. Sämtliche Erkenntnisse lagen Tag für Tag in einem Bericht dem HSSPF West, Gutenberger, dem Leiter des »Werwolf«-West, vor.
Der Frontläufer H., der dem »Werwolf«-Kommando angehörte, welches am 25. März 1945 den Oberbürgermeister von Aachen tötete, galt als besonders tüchtig und erfahren. Nicht weniger als dreißigmal hatte er den Auftrag erfüllt, als Kenner der Grenzverhältnisse Agenten, Saboteure, Agitatoren und »Werwölfe« über die feindlichen Linien hin und her zu bringen und dabei Orden erworben, unter anderem auch die Nahkampfspange, eine außergewöhnliche und seltene Auszeichnung für einen Beamten.
Frontläufer arbeiteten fast nur in Zivil; deshalb schwebten sie andauernd in Gefahr, als Spione erschossen oder aufgeknüpft zu werden.
Hin und wieder setzten auch ortsfremde Stellen Frontläufer ein, ohne sich vorher mit den zuständigen örtlichen Stellen abzusprechen, worunter dann nicht nur die sachliche Aufklärungsarbeit litt, sondern, was schwerer wog, das Ansehen von Sipo und SD bei der Armee. So konnte es nicht ausbleiben, daß die Wehrmacht, um den Überblick nicht zu verlieren, zeitweise niemanden mehr durch die Front durchließ.
Um derartigen Übelständen, auf die sich auch »Werwölfe« gefaßt machen mußten, abzuhelfen, wurden in einer Arbeitsbesprechung von Abwehrspezialisten der Wehrmacht, der Stapo, der Feldpolizei und des SD am 6. November 1944 in Rosenau als hauptsächliche örtliche Auftraggeber für Frontläufer im Westen ermittelt: Militärische Stellen, Frontaufklärungskommandos, Stapo-Stellen, SD-Abschnittsdienste, Gauleitungen der NSDAP und HSSPF West, letzterer gleichzeitig »Werwolf«-Verantwortlicher. Anmeldungen zur Inanspruchnahme von Frontläufern waren grundsätzlich an OB West und Armee zu richten. Nichtmilitärischen Frontläufereinsätzen mußte die Staatspolizei zustimmen. Ausweise mit Lichtbild und Fingerabdruck sollten dem Heer Kontrolle und Identifizierung erleichtern, gefälschte, ausländische Kennkarten den Frontläufern auf ihren Gängen zu mehr Beweglichkeit verhelfen.
Berichten erfahrener Frontläufer zufolge eignete sich besonders die Gegend um Kerkrade dazu, verkappte »Werwölfe« mit ordnungsmäßigen oder gut gefälschten Papieren über die Grenze

nach Holland zu schicken. Allerdings sollten sie möglichst niederländisch klingenden Dialekt sprechen können. Wie man inzwischen wußte, ließen die Amerikaner solche Personen nach oberflächlicher Kontrolle ungehindert passieren.

Aufgabenstellung, ideologische Ausrichtung und Handlungsweisen ließen Angehörige der Gestapo für »Werwolf«-Aufgaben, ganz besonders, wenn diese sich gegen den »inneren Feind« richteten, prädestiniert erscheinen. Wirkliche Verknüpfungen traten jedoch kaum zutage; entweder kamen sie nicht vor, oder die Akteure erwiesen sich als Meister ihres Fachs, zu dem ja auch Verschwiegenheit gehörte.

Unter den gerichtsbekannten Tötungsfällen betrifft im Zusammenhang mit »Werwolf«-Aktivitäten nur einer die Tat eines Angehörigen der Gestapo.

Kurz vor dem Zusammenbruch im Westen Deutschlands erging an Z., einen damals 38 Jahre alten Innendienstbeamten der SS, der unter anderem Regierungsrat der Gestapo, Kommandeur der Sipo in Bialystock, und schließlich nominell Kommandeur der Sipo und des SD Westmark in St. Wendel gewesen war, der Befehl, Widerstandsgruppen des »Werwolf« im Schwarzwald, und zwar besonders in der Schluchsee-Gegend aufzustellen und zu führen. Ehe am 21. April 1945 französische Truppen Freiburg im Breisgau besetzten, begab sich Z. mit einigen Angehörigen der Kommandostelle der Badener Sipo von St. Peter aus über das Grenzkommissariat Waldshut zu einem »Werwolf«-Versteck, einer Hütte im Schwarzwald, die Z. vorher gemeinsam mit dem Befehlshaber der Sipo, Dr. P., ausgesucht hatte.

Schon bald von den Franzosen aufgestöbert, flohen die »Werwolf«-Männer tiefer in die Wälder; jeder besaß gefälschte Kennkarten.

Ein paar Tage, bevor dies geschah, war der Versuch Z.'s, zwei oder drei »Werwölfe« in die Freiburger Sicherheitspolizei einzuschleusen, am schroffen, ablehnenden Verhalten des Polizeimajors Restorff, dem Leiter der örtlichen Schutzpolizei, gescheitert. Dadurch kam der Plan zu Fall, über getarnte »Werwolf«-Männer nach erfolgter Feindbesetzung im Rahmen einer Aktion, die sich »Bundschuh« nannte, und die höchste Stellen angeordnet hatten, ein geheimes Nachrichtennetz zwischen »Werwolf«-Gruppen zu bilden und aufrecht zu erhalten.

Wegen dieser schwerwiegenden »Befehlsverweigerung« mußte Major Restorff noch in den letzten Tagen des Krieges sterben. Über eine Befehlskette, deren wichtigstes Glied der »Werwolf«-Führer Z., bildete, blieb der Hinrichtungsbefehl schließlich an einer kleinen Charge, dem Angestellten der Gestapo, K., hängen. Dieser transportierte gerade als Fernschreibspezialist weisungsgemäß sein Gerät in einem großen Pkw nach Süden ab; nun mußte er den verurteilten Polizeimajor nebst Bewachern mitnehmen. Zwischen Ammer- und Starnbergersee scherte K. auf Anweisung aus einer langen Fahrzeugkolonne aus und lenkte sein Fahrzeug in einen Weg, der in den sogenannten Mischenrieder-Wald führte. Hier tötete K. den Polizeimajor auf kurze Distanz durch einen Pistolenschuß in den Hinterkopf.

Die Leiche wurde am Ort vergraben. –

Die Allgemeinheit und selbst höchste Militärpersonen wußten nicht so recht über den SD Bescheid. Keitel und viele andere höchste Offiziere wollen den SD lediglich für ein politisches Exekutivorgan gehalten haben.

Als Hitler nach der katastrophalen Bombardierung Dresdens schäumend vor Rache auf der Stelle Tausende von gefangenen alliierten Fliegern durch den SD erschießen lassen wollte, beklagte Kaltenbrunner nach Aussagen Kollers bitter, daß die eigentlichen Aufgaben des SD andauernd verkannt würden; der SD sei doch keine Hinrichtungsorganisation, geschweige denn, daß er ohne weiteres Kriegsgefangene umbringe!

Dr. Albath, Inspekteur der Sicherheitspolizei und des SD mit Sitz in Düsseldorf, teilte am 16. Februar 1945 den Herren Leitern der Staatspolizei(leit)stellen Düsseldorf und Köln mit, beim HSSPF West sei im Zusammenhang mit einer »Sonderaktion beim Vorrücken der Anglo-Amerikaner« eine Anzahl zuverlässiger Parteigenossen und SS-Männer bereit, sich vom Feind überrollen zu lassen, um danach als Schadenstifter im feindbesetzten Hinterland zu operieren.

Dr. Albath meinte den »Werwolf«.

Die Leiter der Stapostellen sollten nun in ihren Bereichen nach beherzten, ortskundigen Männern ausschauen und dann jeweils etwa fünf Mann aus dem linksrheinischen Gebiet namhaft machen, ohne daß diese jedoch jetzt schon von ihrem bevorstehenden Einsatz erführen.

Köln meldete daraufhin pflichtgemäß fünf Kriminalbeamte, alle Anfang Dreißig und bis auf einen mit Familie. Der Leiter der Kölner Stelle benutzte dabei jedoch die Gelegenheit, einen eigenen Vorschlag zur wirksameren Durchführung der »Sonderaktion« zu unterbreiten.

Dieser Plan hing eng mit Person und bisherigem Auftrag des mitbenannten einunddreißigjährigen SS-Oschafü und Kriminal-Assistenten B. zusammen. Dieser hatte nämlich bereits Befehl erhalten, als Führer einer Schar von zwei deutschen, je einer italienischen und französischen sowie einer »sehr starken russischen Gruppe« in feindbesetztem Gebiet zurückzubleiben, um dort zu spionieren, Informationen zu sammeln und zu übermitteln. Alleine für den »N(Nachrichten)-Apparat« standen bereits 45 Männer, ein Dolmetscher sowie einige V-Leute, »die die Westsprachen beherrschten« zur Verfügung, alles in allem erprobte und zuverlässige Leute, die nicht nur zu nachrichtendienstlicher Tätigkeit, sondern ebenso gut zur Durchführung von »Terror- und Sabotageaufträgen«, also zum »Werwolf«, taugten.

Wenn dafür gesorgt würde, daß diese überwiegend fremdländischen hauptamtlichen Agenten und V-Leute genügend Waffen und Sprengmittel erhielten, könne B. seinen bisherigen Auftrag ohne weiteres auf Aktivitäten im Rahmen der befohlenen »Werwolf«-Aktion ausdehnen. Neueste Nachrichten könnten dann an Ort und Stelle ohne Zeitverlust und Umschweife ausgewertet werden und rasche, gezielte und gutsitzende Schläge gegen den Feind auslösen.

Daß die Aktivisten in der Mehrzahl Ausländer seien, bringe zwei weitere Vorteile mit sich: Der Feind würde sie nicht zum Arbeitseinsatz aus den Frontgebieten evakuieren, wie es mit der deutschen Bevölkerung schon geschehen war, und – deutsches Blut werde geschont.

Doch für Prützmann kam eine Verwendung von zivilen Ausländern als »Werwölfe« nicht in Betracht. Ausländer blieben suspekt, denn inzwischen traten immer mehr Fremdarbeiterbanden in Erscheinung, besonders im Ruhrgebiet, eine ernst zu nehmende Bedrohung. Übergriffe solcher Trupps richteten sich nicht nur darauf, sich selbst zu versorgen und Beute zu machen, sondern sie folgten feindlicher Strategie, indem sie planvoll die allgemeine Sicherheit im deutschen Hinterland untergruben.

Über Rundfunk, durch Agenten und Flugblätter hatten die Alliierten, vor allem die Sowjetunion, Landsleute zu Sabotage- und Racheakten aufgestachelt. Deutsche Arbeitgeber sollten geschädigt, ja sogar umgebracht, die Zivilbevölkerung terrorisiert werden. Jeder Russe, jede Russin hatten von nun an Gewaltakte gegen Deutsche als Legitimation für patriotisches Verhalten bei der bald zu erwartenden Rückkehr in die Heimat nachzuweisen.
In Köln unternahm eine solche Bande einen regelrechten Angriff auf die Leitstelle der Gestapo; dabei kamen einige Beamte, darunter der Dienststellenleiter, ums Leben. In Essen erbeutete ein Fremdarbeitertrupp sogar ein leichtes Flakgeschütz. Plündernde und einbrechende Gruppen von entsprungenen Ostarbeitern versetzten auch die Duisburger in Angst und Schrecken. Fast jede Nacht, zumeist während des Fliegeralarms, wurden Lager und Geschäfte ausgeräumt und Gegenwehr rücksichtslos mit Waffengewalt gebrochen. Alleine einer 20 Mann starken Gruppe wies man, als sie im März 1945 ausgehoben worden war, fünf Morde an Deutschen nach.
Bandenunwesen mitten in Deutschland sowie alarmierende Anzeichen von Kriegsmüdigkeit verschärften die Reaktion noch mehr. »Kurzen Prozeß machen«, »renitente Elemente zu Paaren treiben«, oder einfach »umlegen«, so lauteten die Parolen, als der »Werwolf« fanatisiert wurde.
Viele verängstigte Volksgenossen hielten es für richtig, wenn angesichts unmittelbarer Bedrohung sogenannte Banden aber auch Volksverräter und unzuverlässige Elemente ausgemerzt wurden. Unter dem Druck allgemeiner Unsicherheit schwoll das Sicherheitsverlangen derart an, daß gelegentlich bemerkte Ungerechtigkeiten oder Bestrafungen Unschuldiger nicht in die Waagschale fielen. Gerade auf solche Leute, »die Ordnung liebenden Elemente«, baute Goebbels.
Als feindliche Truppen immer weiter in das Reichsgebiet eindrangen und das Bandenunwesen in Deutschland zunahm, faßte man Staatspolizei und Kriminalpolizei örtlich in der neuen Dienststelle »Kommandeure der Sicherheitspolizei« zusammen. Für das von Goebbels und seinen Parteigängern verursachte Kesseltreiben gegen »innere Feinde« brachten Angehörige der Sicherungsdienste mancherlei Voraussetzungen mit. Innere Feinde blieben dieselben, für Sicherheitsdienste wie für »Werwolf«; ein allmähliches

Ineinanderübergehen schien selbstverständlich, eine Frage der Zeit. Da beide Organisationen ohnehin von einer Person, Himmler, beherrscht wurden, war Arbeitsteilung untereinander kein Problem. War beim Prützmann-«Werwolf« anfangs nur von Störaktionen im Rücken des Feindes die Rede gewesen, kam ab 1945, nachdem regionale »Werwolf«-Führer in Potsdam gewesen waren, die »Betreuung innerer Feinde« hinzu, worunter hauptsächlich deutsche Defaitisten, Verräter und Kollaborateure zu verstehen waren.

Bevor Dr. Oppenhoff als Kollaborateur getötet wurde, sprengten »ehrbewußte deutsche Volksgenossen (Werwölfe)«, wie die Gaupropagandaleitung Düsseldorf schrieb, das Haus des ehemaligen Lehrers V. in Mützenich, Kreis Monschau, in die Luft. V., Gegner des nationalsozialistischen Regimes, hatte sich nach dem Einmarsch alliierter Truppen der Militärregierung als Bürgermeister zur Verfügung gestellt. Mitsamt dem Haus wurde auch das amerikanische Stabsquartier zerstört.

Goebbels selbst war sich nicht zu schade, Heinrich Vogelsang als »Werwolf«-Opfer zu benennen, nachdem dieser von der feindlichen Besatzungsmacht zum ersten kommissarischen Bürgermeister von Rheydt, der Heimatstadt des Reichsministers, bestellt worden war. Aber diesesmal klappte es nicht, den »Verräter niederzulegen«, wie Goebbels es nannte.

Doch Aktivisten und Fanatiker gab es noch genug, in den Reihen der Sicherheitsdienste ebenso wie bei Parteifunktionären, Volkssturmleuten und »Werwölfen«, ja sogar in der Wehrmacht.

Kurz nach seiner Ernennung zum stellvertretenden Bürgermeister von Meßstetten bei Balingen wurde Heinrich D. eines Abends durch ein paar vermummte Männer, deren Identität nie entdeckt wurde, getötet. Es waren »Werwölfe« gewesen, die Himmlers pauschales Todesurteil gegen »verräterische« Bürgermeister nun auch in diesem Ort vollstreckt hatten.

Am Ostersonntag, dem 1. April 1945, besetzte eine amerikanische Vorhut kurz das Dorf Oberwittstadt, zog dann jedoch weiter. Im Ort tauchten nun vereinzelt weiße Fahnen auf. Die Leute dachten, der Krieg sei aus.

Trotz oder vielleicht gerade wegen dieser dramatischen Ereignisse versammelten sich Gläubige in der Kirche, wo Pfarrer Alois Beichert kurz über die Auferstehung des Herrn predigte, eine ver-

hängnisvolle Predigt, weil sie offenbar nicht von allen richtig verstanden worden war, wie sich bald zeigen sollte.
Denn noch war deutscher Widerstandswille nicht ganz erloschen. Vielmehr regten sich Stimmen, die meinten, das Dorf müsse so rasch wie möglich wieder deutsch werden.
Tatsächlich wagte es dann abends ein etwa fünfzehn Mann starker Trupp von Soldaten und »Werwölfen« in Zivil, mit einem Personenkraftwagen von Merchingen her ins Dorf zurückzukommen. Diese Männer richteten sich sofort auf Verteidigung ein, brachten Maschinengewehre in Stellung und fragten dann als erstes nach dem Pfarrer.
Am Pfarrhaus stellten sie den Geistlichen wegen seiner Predigt zur Rede. Dabei kam es zu Handgreiflichkeiten, die sich schnell zur Bluttat steigerten.
Plötzlich löste sich ein Schuß, und der Geistliche brach tödlich verletzt auf der Schwelle seines Hauses zusammen.
Der ihm zugedachten Schmach, mit zerrissenem Unterleib nun auch noch gehenkt zu werden, entging er nur durch den Umstand, daß in der Hast kein Strick zur Hand war.
Erst am anderen Tag erlag Pfarrer Alois Beichert seinen schweren Verletzungen.
In den Verdacht, diese Bluttat angezettelt zu haben, geriet der nationalsozialistische Bürgermeister des Ortes, der, nachdem er geflohen war, in einem nächtlichen Gespräch gegenüber einer Oberwittstädterin die Bemerkung hatte fallen lassen: »Wir haben unseren BDM-Mädchen und HJ-Jungen gesagt: Ein Dorf wie Oberwittstadt müßt ihr an allen vier Ecken anzünden«.
In einem offensichtlich rasch hingetippten, hektographierten Flugblatt stieß »Der Werwolf Oberbayern« unter dem flüchtigen Zeichen der Wolfsangel die Drohung aus:
»Unsere Rache ist tödlich!«
Und er warnte »vorsorglich alle Verräter und Liebediener des Feindes«, die vielleicht daran dächten, dem Feinde Vorschub zu leisten und treue Gefolgsleute Hitlers oder deren Angehörige zu »bedrohen oder (zu) schikanieren«; darauf stehe Tod, auch Tod der »ganzen Sippe« des Betreffenden.
Zugleich stellte »Der Werwolf Oberbayern« »ein vernichtendes Haberfeldtreiben...früher oder später« solchen Dorfgemeinschaften in Aussicht, die sich »am Leben der Unseren« versündig-

ten oder die dem Feind weiße Fahnen zeigten.
Die Kopfleiste des Flugblattes enthielt die Angabe: »An allen Orten« vor dem Datum des 25. April 1945; dies sollte wohl Allgegenwärtigkeit einer Vielzahl verkappter »Werwölfe« vortäuschen und zu ängstlicher Vorsicht mahnen.
Viele Deutsche hielten einen starken, gefährlichen, ja lebensgefährlichen »Werwolf« durchaus noch für möglich, ohne eine derartige Entwicklung zu billigen.
Aber nicht nur Deutsche, sondern auch Alliierte ließen sich durch starke Worte des »Werwolf« bluffen.

23. *Wichtiger als Berlin: Der angebliche »Werwolf«-Schlupfwinkel »Alpenfestung«.*

Vorsicht und Verantwortungsbewußtsein ließ selbst dem Oberbefehlshaber der westlichen Alliierten den angeblichen »Werwolf«-Schlupfwinkel »Alpenfestung« wichtiger erscheinen als das Prestigeziel Berlin.

Bereits Anfang September 1944 hatte das Office of Strategic Services (OSS) in Zürich die Vermutung geäußert, die Deutschen könnten sich möglicherweise im Gebiet Bayern/Österreich einigeln und von hier aus die Welt noch längere Zeit in Atem halten. Einige Anzeichen schienen darauf hinzudeuten.

So ließ im Dezember 1944 die Münchener NSDAP durch ihren Abschnittsleiter Hecht aufgrund befristeter Notdienstverpflichtungen Tausende von Arbeitskräften aus der Rüstungsindustrie, der gewerblichen Wirtschaft, dem Landvolk sowie aus den Reihen holländischer Hilfskräfte aufbieten, die im Rahmen eines »Sondereinsatzes Südost« den Bau einer Grenzstellung im Süden und Osten der Steiermark einschließlich der Untersteiermark bewerkstelligen sollten – keine ungewöhnliche Schanzaufgabe; denn im Osten, Westen und Norden geschah ähnliches (Ostwall, Westwall, Friesenwall).

Bereits am 28. November 1944 lief die Organisation in München über Parteidienststellen an. Sogenannte Tausendschaftsführer, Parteigenossen und Parteifunktionäre sowie Führer von NSDAP-Gliederungen, brachten ein Heer von Arbeitskräften in fünf Eisenbahntransporten zu den Einsatzorten Burg-Eisenberg, Strem, Jennersdorf und Ratkersburg. Angesichts weitreichender organisatorischer Maßnahmen und Informationsverpflichtungen gegenüber Ämtern, Bezirkskommandos, Dienststellen und Firmen schien eine Geheimhaltung unmöglich, sodaß V-Leute alli-

ierter Geheimdienste ohne Schwierigkeiten Einzelheiten erfahren konnten; zumindest kannten sie den Inhalt des überall herumgereichten »Merkblatt über den Einsatz im Gau Steiermark (Südosteinsatz)«.
Als erste ausländische Zeitung verbreitete am 15. Dezember 1944 der links orientierte New Yorker »Daily Worker« die Befürchtung, Hitler könne es gelingen, mit seinen besten Leuten in die Alpen zu entwischen. Nachdem dann auch noch angesehene Journalisten und Autoritäten in aller Öffentlichkeit meinten, »Hitlers Anhänger in der Ostschweiz könnten durchaus einen letzten Widerstand begünstigen und ermöglichen«, gingen sowohl SHAEF unter Leitung des britischen Generals Kenneth Strong als auch Geheimdienstler der 12. Armee unter Leitung von Brigadegeneral Sibert daran, ernsthaft zu prüfen, was an derartigen Behauptungen wahr sein könne.
Dann blies »Colliers«, einer vermeintlichen Sensation auf der Spur, in der Januarausgabe 1945 in dasselbe Horn wie der »Daily Worker« und berichtete ausführlich über eine gigantische Untergrundorganisation, welche von den Nationalsozialisten in Bad Aussee, also ganz in der Nähe von Hitlers Obersalzberg, aufgebaut worden sei. Den offenbar aus erster Hand informierten Journalisten zufolge hatte man beste SS-Leute sowie eine Hitler-Jugend-Elite für einen gnadenlosen Partisanenkampf gedrillt. Das »Werwolf«-Hauptquartier (tatsächlich benutzte man hier, im Januar 1945, die Originalbezeichnung »Werwolf«!) würde entweder innerhalb einer »Alpenfestung« liegen, vielleicht aber auch in einem »neutralen Land«, womit natürlich nur die Schweiz gemeint sein konnte, die immer noch befürchten mußte, wegen ihres Festungssystems, des Rèduit Nationale von Hitlers Truppen überrannt zu werden, wenn in Deutschland alle Stricke rissen.
Allen Dulles, Chef des OSS, der lange Zeit in Bern residierte, bevor ihm der rasche Vormarsch alliierter Truppen erlaubte, sein Hauptquartier in Wiesbaden einzurichten, ventilierte Anfang März 1945 erneut den Gedanken einer letzten deutschen Ausflucht. Obwohl General Strong die Ansichten seiner Kollegen vom Geheimdienst der 21. Armeegruppe Montgomerys kannte, die weder an eine »Alpenfestung« noch an einen von langer Hand vorbereiteten Untergrundkampf der Nationalsozialisten glaubten, nahm er die mögliche Gefahr keineswegs auf die leichte Schulter.

Alliiertes Trauma »Alpenfestung«, »Werwolf«-Fluchtburg – hier das deutsche Merkblatt zum Volksaufgebot für den Bau einer Grenzstellung im Süden des Reiches, das sicher in die Hände des gegnerischen Geheimdienstes gelangte.

Merkblatt

für den Einsatz im Gau Steiermark (Südosteinsatz)

„Der Führer hat als vorsorgliche Maßnahme den Bau einer Grenzstellung im Süden und im Osten der Steiermark einschließlich der Untersteiermark befohlen.

Der Aufbau ist mit den Mitteln eines Volksaufgebotes durchzuführen.

Zur Erfüllung des Führerauftrages wurden Sie im Wege einer befristeten Notdienstverpflichtung aufgerufen.

Dem Aufruf ist unbedingt Folge zu leisten.

Eine Nichtfolgeleistung wird als Verrat an der Heimat und an der kämpfenden Front mit schwersten Strafen belegt.

In Durchführung Ihrer Aufbietung haben Sie folgendes zu beachten:

1. Die Gehalts- und Lohnempfänger erhalten ihre Bezüge einschließlich aller Sozialbeiträge durch ihren bisherigen Arbeitgeber weiter. Dieser erhält auf Antrag Rückersatz bei dem zuständigen Kreiskassenleiter der NSDAP. Eine Abmeldung bei den Sozialversicherungen darf nicht erfolgen. Nach Beendigung dieses Arbeitseinsatzes treten Sie wieder an Ihren alten Arbeitsplatz.

   Selbständige Berufstätige können über den zuständigen Bürgermeister Gewährung eines Familienunterhalts nach den geltenden Bestimmungen beantragen.

2. Alle aufgerufenen Arbeitskräfte stehen in Gemeinschaftsverpflegung und erhalten außerdem ein Tagegeld von 2.— Reichsmark.

3. Die von Ihnen beizustellende Ausrüstung zum Arbeitseinsatz hat folgendes zu enthalten: Wetterfeste Kleidung, Schuhe oder Stiefel, Reservewäsche, 2 Decken, Regenmantel oder Zeltplane, Waschzeug, Putz- und Nähzeug, Kochgeschirr (Menageschale oder Eßgefäß), Eßbesteck, nach Möglichkeit Feldflasche oder Thermosflasche, Trinkbecher.

   Im Hinblick auf die fortgeschrittene Jahreszeit und den örtlichen Verhältnissen ist warme Kleidung geboten. In Ihrem Privatbesitz befindliche Arbeitsgeräte, wie Schaufel, Spaten, Sägen, Hacken, sind mitzunehmen.

4. Sie haben Marschverpflegung für 5 Tage mitzunehmen.

   Sie haben unter Vorweis der Notdienstverpflichtung bei der zuständigen Kartenstelle die Lebensmittel-Abmeldebescheinigung G mit einem fünftägigen Vorgriff zum Zwecke der Beschaffung der vorgeschriebenen fünftägigen Marschverpflegung einzuholen.

5. Die in der Notdienstverpflichtung genannte Stellungszeit ist pünktlichst einzuhalten.

6. Wir weisen besonders darauf hin, daß die Abmeldung bei den zuständigen Wehrbezirkskommandos bzw. Wehrmeldeämtern und bei der Polizei (Bürgermeistereien) sofort zu erfolgen hat.

Die aufgebotenen Arbeitskräfte werden zu Einheiten (Zehner- und Hundertschaften) formiert.

Den Befehlen Ihrer Führer und Vorgesetzten haben Sie unbedingt Folge zu leisten und durch Pflichterfüllung, Kameradschaft und Disziplin höchstmögliche Arbeitsleistung zur Erfüllung des Führerauftrages beizutragen."

Seine besorgte Einstellung verdeutlichte der SHAEF-Intelligence-Summary vom 11. März 1945: Neueste Aufnahmen und Informationen ermöglichten nun, besser die tatsächlichen Absichten des Gegners in bezug auf einen fanatischen Endkampf in der Alpenregion einzuschätzen. Abgesehen von der deutschen Politik, die ganz offensichtlich auf eine Sicherung des Alpengebietes hinziele, hätten Luftbildauswertungen mindestens zwanzig Stellen enthüllt, an denen erst kürzlich Erdbewegungen stattgefunden hätten, und hinzu kämen noch zahllose natürliche Höhlen, hauptsächlich im Bereich Feldkirch, Kufstein, Berchtesgaden und Golling. Hier seien auch von eigenen Spionen Einrichtungen für Personal, Vorräte und sogar unterirdische Fabrikationsstätten entdeckt worden; neue Barackenstädte habe man bei Innsbruck, Landseck sowie in der Nähe von Hitlers Berghof entdeckt.
Wörtlich hieß es weiter:

> »Hier, hinter einem natürlichen Wall und verteidigt durch möglicherweise in der Erfindung begriffene, wirksamste Geheimwaffen, könnten die Kräfte, die Deutschland bis hierher geführt haben, überleben, um Vorbereitungen für ein Wiederkommen zu treffen. Hier würden dann in bombensicheren Fabriken Waffen produziert; Lebensmittelvorräte und Ausrüstungsgegenstände könnten hier in riesigen Höhlen untergebracht werden, und hier könnte auch eine besonders ausgesuchte Garde junger Menschen für einen Untergrundkampf ausgebildet werden – eine komplette Partisanenarmee könnte von diesem sicheren Versteck aus geführt und versorgt werden, mit dem Ziel, Deutschland von Besatzungsmächten zu befreien«.

Wahrhaftig! Der »Werwolf« schien bedrohliche Ausmaße anzunehmen!
Immer auf dem Sprung, jede Gelegenheit zur Verwirrung des Gegners zu ergreifen, ließ Goebbels ab Mitte Januar 1945 durch einen eigens zu diesem Zweck gebildeten Sonderstab knappe und wegen ihrer Glaubwürdigkeit gutsitzende Meldungen über eine imaginäre »Alpenfestung« ausstreuen, die in Wirklichkeit nicht existierte.
Von den Alliierten aus gesehen mußte es beunruhigen, daß bei solchen Meldungen immer mehr deutsche Führungsstellen nach Süden verlegten. Es häuften sich Berichte über das Verhalten von Familien prominenter Partei- und Wehrmachtführer: alle strebten

den Alpen zu. In diesem Raum befanden sich auch mittlerweile namhafte SS-Führer wie Eichmann, Dr. Höttl, Müller, Schwendt, Skorzeny, Stroop und Kaltenbrunner, letzterer aufgrund von Himmlers Vollmachten Sicherheitschef innerhalb der Südregion und höchste Autorität für dortige SS- und Polizeiführer.

Im April 1945 will Stroop, HSSPF Rhein-Westmark, von sich aus Initiativen ergriffen und pausenlos mit allen möglichen »verläßlichen« Führern von Partei und SS konferiert haben, wobei die Gedanken ausschließlich um Möglichkeiten einer Verteidigung im Alpenraum kreisten. Noch kurz vor dem Zusammenbruch versammelten sich einige von ihnen in der Nähe von Taxenbach. Das Ergebnis lautete negativ; man stimmte überein, daß weiterer Widerstand sinnlos sei.

Erstaunlich lange hielt sich in Kreisen verblendeter Nationalsozialisten das Gerücht, der »Führer des gesündesten, noch jungen Teils unseres Volkes beginne (nun) einen Untergrundkampf...«. Dabei hatte Prützmann längst resigniert.

Reste des SS-Jagdverbandes Süd-Ost rückten trotzdem gemeinsam mit Angehörigen der SS-Kampfgruppe »Donau« (Jagdeinsatz Donau) von Wien aus in die Alpenregion ein, wo sie zu versprengten Teilen anderer SS-Jagdverbände stießen, mit denen sie auf Befehl des ebenfalls bereits am Königssee einquartierten Oberkommandos Süd gemeinsam ein »Alpenschutzkorps« unter Skorzenys Kommando bildeten, besser gesagt: bilden sollten, denn die Truppenstärke eines Korps wurde nie erreicht.

Hitler, Göring, Bormann, Speer und weitere Prominente des Dritten Reiches besaßen schon seit Jahren Refugien im Berchtesgadener Land.

Hatten dort nicht jahrelang verdächtige Bauarbeiten stattgefunden?

Wie, wenn sich nun plötzlich herausstellte, daß in dem von Deutschen beherrschten Alpenraum insgeheim wirklich so etwas ähnliches entstanden war wie das Schweizer Rèduit Nationale?

Selbst General Bedell Smith, Eisenhowers Stabschef, ein besonders guter Kenner der deutschen Wehrmacht, weil er lange Zeit als Militär-Attaché in Berlin gelebt und beobachtet hatte, nahm den Verdacht ernst. Immerhin hatte man soeben erst ein Dokument erbeutet, aus dem sich ergab, daß sich tatsächlich eine »Werwolf«-Organisation im Aufbau befand. Als dann auch noch ein

»Werwolf«-Befehlsstand in Süddeutschland ausgehoben werden konnte, war Smith noch mehr davon überzeugt, daß es nun aber wirklich höchste Zeit sei, schleunigst mit den Deutschen fertig zu werden, damit nicht noch in allerletzter Minute »ein weitgespanntes Netz von Widerstandsnestern« entstünde, die, wie er wörtlich sagte, »leicht unsere Absichten durchkreuzen könnten«.
Aufgrund von Gefangenenaussagen kamen auch General Bradley und dessen Leute im Hauptquartier der 12. Armeegruppe zu dem Schluß, daß in dem besagten Gebiet zweifellos eine deutsche Guerilla-Organisation entstehe, und zwar »unter Führung von ›Werwölfen‹, gesteuert von Berchtesgaden«. Dieselbe düstere Prophezeiung machte Bradley einigen amerikanischen Senatoren gegenüber, als diese die Truppe besuchten.
Alleine General Patton, der bärbeißige Haudegen, hielt die Idee für Spinnereien irgendwelcher nervös gewordener Hengste vom Generalstab.
Alles in allem blieb insbesondere General Strong wegen der andauernden Berichte über außergewöhnlich starke Vorbereitungen für einen zukünftigen »deutschen Maquis«, wie er sich ausdrückte, beunruhigt.
Solche Nachrichten des Geheimdienstes erreichten Eisenhower in einer Phase gravierender Überlegungen.
Er sann unter anderem gerade über Möglichkeiten nach, seine Oberbefehlshaber Patton und Bradley zu beschwichtigen, deren Erbitterung nach dem Fiasko in den Ardennen umso mehr wuchs, als es nun schien, als erreiche ausgerechnet Montgomery, der nach ihrer Ansicht in kritischer Situation nicht genug getan hatte, über den Nordflügel als Erster Berlin – und somit den Siegeslorbeer! Blieb jedoch die ohnehin in Trümmern liegende, weitgehend entvölkerte Reichshauptstadt nicht mehr Angriffsziel Nummer 1 der westlichen Alliierten, sondern vielmehr die offenbar weit wichtigere, mutmaßliche nationalsozialistische Fluchtburg in den Alpen, dann blieb Montgomery hinter amerikanischen Generalen zurück: Ein Sieg über die »Alpenfestung« würde infolgedessen an amerikanische und nicht an britische Fahnen geheftet.
Der Oberkommandierende ließ letzte Zweifel fallen, als er ein Fernschreiben des Generalstabschefs der USA, General Marshall, gelesen hatte: dieser schien ihn in der Absicht, nach Süden vorzustoßen, zu bestärken.

Obwohl Eisenhowers ausgezeichnet funktionierende Luftaufklärung, objektiv gesehen, kaum wirklich überzeugende Anhaltspunkte für die Existenz einer »Alpenfestung« liefern konnte, sondern eigentlich nur Massen von Flüchtlingen und fliehenden Truppen meldete, die ganz natürlich in die Alpentäler strömten, und selbst Tolbuchin und Malinowski abwinkten, ließ Eisenhower seine Truppen, nachdem das Ruhrgebiet umklammert worden war, nach Süden schwenken, um durch die Armeegruppen 12 und 21 einen gewaltigen Hauptstoß in Richtung Österreich zu führen. Als wichtigstes Ziel galt nun tatsächlich die Eroberung suspekter Gebirgsregionen im Süden, der mutmaßlichen Hochburg des »Werwolf«.

Eisenhowers Fernschreiben, welches Churchill von dieser Entscheidung in Kenntnis setzte, schlug in London wie eine Bombe ein.

Berlin mußte nun den Russen in den Schoß fallen.

Auf deutscher Seite machten erst ab April 1945 Schlagworte wie »Festung Alpen«, »Alpenfestung« oder auch »Reichsfestung Tirol« die Runde.

In einer Vortragsnotiz des WFSt über eine Besprechung mit Staatssekretär Dr. Stuckert, dem Generalbevollmächtigten für die Reichsverwaltung, am 18. April 1945, wurde unter anderem auch Gauleiter Hofers Vorschlag über eine, wie er geschrieben hatte, »Reichsfestung Tirol« mit gebotener Skepsis erörtert. Abgesehen davon, daß eine genaue Abgrenzung des gemeinten Gebietes fehle, sei die »Verpflegung für Truppe und Einwohner« in diesem ohnehin schon starken Zuschußgebiet in keiner Weise gewährleistet. Eine Bevorratung für etwa zwei Monate erfordere Mengen von mindestens 25000 Tonnen, also ungefähr 50 Güterzüge – und dabei sei Oberitalien als Lieferant inzwischen ausgefallen!

Trotz dieser Zweifel prüfe jedoch das Reichsministerium für Rüstung und Kriegsproduktion zur Zeit die Einrichtung behelfsmäßiger Fertigungsstätten für Infanteriemunition und Panzerfäuste innerhalb einer solchen »Festung Tirol«.

Das LXXXII. Armeekorps erhielt sogar Befehl, sich in die »Alpenfestung« in Marsch zu setzen. In einer Anordnung vom 24. April 1945 – »Führerbefehl betr. Alpenfestung« – wurden die Alpen schließlich als eine »durch Gelände und im Süden auch durch Ausbau starke ... Kernfestung« bezeichnet; diese sei als

»letztes Bollwerk fanatischen Widerstandes vorgesehen«.
Hitler hatte den von alliierten Geheimdiensten geworfenen Ball aufgenommen.
Am 14. April 1945 hatte Stroop, HSSPF Rhein-Westmark, in einem letzten Gespräch mit Himmler, der ihn quer durch das verblutende Deutschland von Wiesbaden zu sich nach Prenzlau zu einer Lagebesprechung beordert hatte, berichtet, auf seinen Befehl hin seien soeben »ein paar Hundert junger Werwolf-Kämpfer«, darunter Vierzehnjährige, auf dem Marsch nach Süden, in Richtung »Alpenfestung«. Himmler stimmte lebhaft zu und ließ sich die Gelegenheit nicht entgehen, »wichtige Ratschläge für den Einsatz des Werwolf« in der »Alpenfestung« zu geben.
Als sich Vorstellungen konkretisierten, dachte man an ein befestigtes Gebiet von 350 Kilometer Länge, etwa in der Ausdehnung von Bregenz bis Bad Aussee, sowie 75 Kilometer Breite, mit Füssen, Traunstein und Salzburg im Norden, Glurns, Bozen, Cortina d'Ampezzo und Lienz im Süden; diese südliche Linie mußte allerdings schon bald bis zum Brenner zurückgenommen werden, nachdem die deutschen Truppen in Italien die Waffen streckten. Wenn Nachkriegsberichte die deutsche »Alpenfestung« als Fiktion bezeichnen, ist dies nicht ganz berechtigt, zumindest was den südlichen Teil des Gebirges betrifft; denn hier, in den Dolomiten und im südlichen Vorarlberg waren unter Ausnutzung geschleifter österreichischer Forts und Stellungen sowie italienischer Festungsanlagen aus dem Ersten Weltkrieg beachtliche Werke entstanden, zu deren Verteidigung konkrete Befehle vorlagen. Im übrigen Bereich konnte die deutsche Führung allerdings nur noch in aller Hast Munitions- und Versorgungsdepots einrichten, zu wenige, um längeren Widerstand gewährleisten zu können. OB West sah folgerichtig in der »Alpenfestung« ein mehr psychologisches Mittel zum Zeitgewinn. Aus scheinbar fester Position heraus und mit möglichst vielen Truppen hinter sich hätte man, nach Meinung Kesselrings, besser mit den Siegermächten verhandeln können.
Formell zum Oberbefehlshaber in der sogenannten Alpenfestung hatte Hitler kurz vor seinem Tode in Berlin den linientreuen Generalfeldmarschall Ferndinand Schörner (»Heldenklau«) ernannt. Allerdings ließ sich dieser erst am 9. Mai 1945, nachdem die deutschen Streitkräfte bereits kapituliert hatten, in einem

»Fieseler Storch«, Fi 156, von Leutnant Plock von Josefstadt in den Sudeten nach Mittersil in Tirol fliegen, wo er Generaloberst Guderian anzutreffen hoffte. Doch Guderian saß bereits in Gefangenschaft.
Ein paar Tage noch gelang es dem fiktiven »OB der Alpenfestung«, in Zivil verborgen zu bleiben, dann wurde auch er entdeckt und von amerikanischen Dienststellen an die Russen ausgeliefert.
– »Alpenfestung« und »Werwolf« – beides schillernde Begriffe für trügerische Hoffnungen auf deutscher Seite, allerdings auch erstaunlich stark wirkende Alpträume für die Alliierten, insbesondere deren Führer.
Aber alle Hoffnungen zerrannen und die Alpträume hatten ein Ende, als das Chaos des Zusammenbruchs nun wirklich über Deutschland hereinbrach.

24. *Ende des »Werwolf«.*

Zwischenfälle weit hinter der Front schienen den Alliierten, abgesehen von Befürchtungen hinsichtlich der »Alpenfestung«, zu bestätigen, daß es der »Werwolf«-Organisation tatsächlich gelungen war, im ganzen Reich genügend Partisanengruppen aufzustellen und zu aktivieren. Es häuften sich Meldungen über zerschnittene Leitungen, Straßensabotage, beschossene Fahrzeugkolonnen, Brandstiftung in Magazinen und Lagern und sogar von spurlos verschwundenen Soldaten, die leichtsinnig genug gewesen waren, sich zu weit von der Truppe zu entfernen.
Besonders Nachschubeinheiten waren betroffen.
Nur ein einziges mal, am 10. April 1945, erwähnte auch der Wehrmachtbericht kurz den »Werwolf«, allerdings ohne ihn beim Namen zu nennen: »Im Rücken des Feindes verbliebene Kampftruppen überfallen die amerikanischen Versorgungskolonnen und fügen durch diese Kleinkriegstaktik dem Gegner hohe Verluste zu«.
Selbst Montgomerys bevorzugter Verbindungsoffizier, der fünfundzwanzigjährige John Poston von den 11. Husaren, der schon seit der Zeit in Nordafrika einer von »Montys Augen und Ohren« gewesen war, geriet in eine »Werwolf«-Falle – und kam darin um. Er galt nicht nur als tapfer, sondern schon als tollkühn, auch deshalb, weil er häufig Abkürzungen benutzte, die nicht absolut feindfrei waren.
Dies kostete ihn schließlich auch das Leben.
Denn als er wieder einmal über einsame Wege fuhr, um schneller ans Ziel zu gelangen, geriet er in den Hinterhalt eines kleinen, aus lauter Jugendlichen bestehenden »Werwolf«-Trupps. Die Jungen eröffneten sofort das Feuer auf den Jeep. Poston versuchte zwar

noch, ein paar über den Haufen zu fahren, wurde dann jedoch tödlich getroffen.
Man fand ihn verblutet im Straßengraben.
Doch von einzelnen Aktionen abgesehen, traf ein mehr oder weniger künstlich erzeugter, deutschem Wesen fremder Haß, nur dazu gedacht, als Instrument nationalsozialistischer Durchhaltepolitik die Herzen aufzuwühlen und Verteidigungskräfte bis zum Äußersten freizusetzen, überall im Lande auf überdeutliche Anzeichen einer schnell um sich greifenden Kriegsschlußpsychose.
Die von der Führung beabsichtigte und erhoffte Gewaltepidemie blieb aus.
Was in Deutschland noch lebte, verhielt sich in der überwiegenden Mehrheit passiv und erwies sich infolge von Kriegsmüdigkeit und Apathie immun gegen Virulenz ideologisch motivierter Gewaltanwendung.
Rheinische Großstädte fielen, obwohl zum Beispiel in Köln Gauleiter Grohé die Stadt stark abwehrbereit gemacht hatte, ohne wesentliche Umstände in feindliche Hand. Vergeblich fieberten fanatische Parteiführer in Berlin dem Fanal eines weithin sichtbaren, politisch verwertbaren und ernsthaften Widerstandes entgegen.
Während Goebbels in dem Argwohn, die westliche Bevölkerung, der er allerdings selbst entstammte, sei wohl doch nicht so standfest wie die Deutschen im Osten, mangelnden Widerstandswillen weichgewordener Volksmassen mit scharfen Worten geißelte, sah Slesina, RPA-Leiter Westmark, den Hauptgrund dafür, daß die Leute mittlerweile ein »Ende mit Schrecken... einem Schrecken ohne Ende« vorzögen, mehr in jahrelangen, zermürbenden Luftbombardements alliierter Luftstreitkräfte. Alarmierender noch als die Haltung von Zivilisten, ohnehin überwiegend Frauen und Greise, waren allerdings Berichte über ein Nachlassen der Kampfmoral deutscher Truppen; mit jedem Kilometer deutschen Bodens, der vom Feind erobert wurde, sank der Mut bisher tapfer und verbissen kämpfender Soldaten rapide ab; wehrmüde geworden, gingen sie nun im Westen zu Tausenden in Gefangenschaft.
Und an der Ostfront hielten sich deutsche Landser entfesselte Rotarmisten nur solange vom Leib, bis sie hoffen konnten, nicht von Russen, sondern vielmehr von westlichen Alliierten in Empfang genommen zu werden.

Der propagierte Volksaufstand, genannt »Werwolf«, blieb aus. Im Osten vereitelte eine brutale, nie gekannte Kampfführung des Gegners von vornherein alle Ansätze zu organisiertem Widerstand.

Ein Major der Wehrmacht schilderte nach unfreiwilligem, zehntägigen Aufenthalt hinter den feindlichen Linien nördlich von Bunzlau die dort zurückgebliebene Zivilbevölkerung als »grundsätzlich vollkommen verstört, kraftlos«. Überstandene Schrecken und panische Angst vor neuen Übergriffen habe »die Leute völlig willenlos und gleichgültig werden lassen. Organisation irgendeines spontanen Widerstandes sei nicht zu erwarten.« Trotz erstaunlich schwacher Besatzung wage niemand im besetzten Gebiet gegen die Russen aufzumucken; zu tief stecke allen das Entsetzen in den Knochen.

Andererseits berichtete SS-Obersturmführer Girg, der Anfang Januar 1945 mit 24 Freiwilligen vom SS-Jagdverband Friedenthal in russischen Uniformen auf Beutepanzern weit ins russisch besetzte Gebiet vorgestoßen war, um Störaufträge auszuführen, von der »Treue und (dem) Opfermut der deutschen Bevölkerung« dort. Er lobte besonders deutsche Frauen, die kein Risiko gescheut hätten, um dem Kommando-Trupp zu helfen.

Über Stimmung und Haltung der zurückgebliebenen deutschen Bevölkerung in besetzten Ostgebieten hieß es in einem Bericht zwei Monate später:

> »Stimmung und Haltung ... waren ... durch allgemeine Hoffnungslosigkeit, Angst um Leben und Besitz und durch Verbitterung gegen die nationalsozialistische Führung bestimmt. Es scheint, als gäbe es in keinem Ort der besetzten Ostgebiete noch Männer, welche sich mit dem Leben für die Ehre und das Ansehen ihres Volkes oder ihrer Familie einzusetzen bereit wären und so durch ihr Beispiel die übrigen Volksgenossen mitreißen könnten. Die Furcht um Besitz und Leben geht so weit, daß sich die Rotarmisten bereits über die unterwürfige Haltung der Deutschen lustig machen. Die Mutlosigkeit läßt viele den Freitod wählen, ohne überhaupt einen Versuch zur Meisterung der Not gemacht zu haben. Es darf allerdings nicht übersehen werden, daß durch die Abstellung der tauglichen Männer zu Wehrmacht und Volkssturm und durch die systematische Vernichtung der letzten Führungskräfte durch die Bolschewiken

sich unter den zurückgebliebenen deutschen Männern kaum noch starke Persönlichkeiten befinden. Zu der Resignation der deutschen Bevölkerung trug auch das Verhalten einzelner Ortsgruppenleiter und sonstiger Politischer Leiter bei, welche beim Anrücken der sowjetischen Truppen sich und ihre Familien in Sicherheit brachten, ohne sich um die ihrer Führung anvertrauten Volksgenossen zu kümmern«.

Kein Zweifel, der deutsche Osten war verloren, der Westen nicht minder. Es wurde Zeit, ein unrühmliches Kriegsende ins Auge zu fassen.

Am 24. April 1945 begleitete der oberste »Werwolf«-Führer, Prützmann, den Reichsführer-SS nach Lübeck, wo in der schwedischen Botschaft Friedensgespräche mit Folke Graf Bernadotte stattfanden.

Doch unabhängig von Himmlers halbherzigen Versuchen, zu einem Friedensschluß zu gelangen, nahm Prützmann über die dänische Untergrundbewegung eigene Verhandlungen mit den Briten auf. Er war von Gauleiter Kaufmann ins Vertrauen gezogen worden, der nach Verhandlungen mit anderen Leitern benachbarter Gaue ebenfalls nach Möglichkeiten suchte, einigermaßen akzeptable Arrangements für den norddeutschen Raum zu erreichen. Kaufmann hielt gleichzeitig Kontakt mit Speer, wodurch sich die kuriose Situation ergab, daß der Reichsminister, der am meisten befürchten mußte, von fanatischen »Werwölfen« liquidiert zu werden, und der alles daransetzte, »Werwolf«-Aktivitäten zu stoppen, indirekt mit dem Haupt der »Werwolf«-Organisation kooperierte – ohne es zu wissen.

Nach der dramatischen Schilderung Fritzsches über das offizielle Ende des »Werwolf« in Berlin soll sich Bormann, den er immer noch für den Chef des »Werwolf« hielt, am späten Nachmittag des 30. April 1945 im verwüsteten Garten der Alten Reichskanzlei eindringlichen Argumenten des Rundfunkmannes schließlich doch geöffnet haben.

Vorausgegangen war ein kurzer Wortwechsel zwischen Fritzsche und Staatssekretär Dr. Naumann. Fritzsche hielt den für 21 Uhr angesetzten Ausbruchsversuch unter Bormanns Führung für hellen Wahnsinn; Gebot der Vernunft sei im Gegenteil sofortige Kapitulation. Er, Fritzsche, sei entschlossen, mit Marschall Schukow Verbindung aufzunehmen.

Als Naumann bat, damit doch wenigstens noch bis nach dem beabsichtigten Ausbruch zu warten, will Fritzsche zu Konzessionen bereit gewesen sein, allerdings unter der Bedingung, »daß keine Aktion des Werwolf mehr ausgeführt werden« dürfe. Mit Naumanns spontanem Einverständnis, eine auf drei Monate befristete Zusage zu geben, will Fritzsche sich nicht begnügt haben; vielmehr verlangte er Bormanns persönlichen und für immer geltenden Befehl.

Fritzsche berichtete dann weiter, wie er seine Forderung schließlich durchsetzte. Bormann habe in seiner und Naumanns Gegenwart ein paar Zivilisten und Männer in Uniformen der Waffen-SS herbeigerufen und verkündet:

»Der Werwolf ist aufgelöst«.

Weitere Aktionen sowie die Vollstreckung von Todesurteilen seien zu unterlassen.

Dasselbe wiederholte der Chef der Partei-Kanzlei am Abend noch einmal einer seiner Sekretärinnen, Else Krüger, gegenüber. Sie schilderte, wie Bormann sich am Abend des 1. Mai 1945 – Goebbels war bereits tot – vor dem aufgeschobenen Ausbruchsversuch im Bunker der unmittelbar vor der Eroberung durch russische Truppen stehenden Reichskanzlei mit Handschlag von ihr verabschiedete.

Bei ein paar Abschiedsworten sei er plötzlich auf den »Werwolf« zu sprechen gekommen. Sie solle seinen Befehl, sämtliche »Werwolf«-Aktionen einzustellen, weiterleiten. Niemand vom »Werwolf« solle ab jetzt Todesurteile vollstrecken. Es sei aus.

Mit dem gewaltsamen Kappen der Befehlsstränge aus Berlin entwickelten hohe Funktionäre der NSDAP hier und da auch eigene Initiativen.

Etwa um die gleiche Zeit, als Bormann in Berlin verschwand, jedenfalls jedoch vor dem offiziellen »Werwolf«-Verbot der neuen Reichsregierung, ließ der Gauleiter im Gau Weser-Ems und kurz darauf, als er Oberster Reichsverteidigungskommissar für den Nordraum geworden war, auch hier den Untergrundkampf des »Werwolf« von sich aus beenden.

Die Nachricht von Hitlers Tod ging am 1. Mai 1945 zwischen Musik von Wagner und Bruckner um 21.30, 21.42 und 21.57 Uhr im Vorspann zu Dönitz' Rundfunkansprache und Tagesbefehl an die Wehrmacht über alle deutschen Reichssender.

Von Selbstmord kein Wort.
Im Gegenteil sprach Dönitz, als Nachfolger offenbar selbst nicht richtig im Bilde, von Heldentod und ehrte den toten Führer in »tiefster Trauer und Ehrfurcht« mit großen, bewegten Worten.
Dann verkündete er als neues Staatsoberhaupt und Oberster Befehlshaber der Wehrmacht seinen Willen zur Fortsetzung des militärischen Kampfes gegen den bolschewistischen Todfeind, um noch möglichst viele »Familien des deutschen Ostraumes vor... Versklavung und... Vernichtung« zu retten. Nur sofern dieses Hauptziel gefährdet sei, sollte auch im Westen noch verteidigt und gekämpft werden.
Dönitz bat das Volk um Vertrauen, Ordnung, Disziplin und Pflichterfüllung, damit Leiden gemildert und der Zusammenbruch verhindert werden könnten. Die Soldaten hielt er an den Fahneneid gebunden. Nur vorbehaltlose Befehlsbefolgung verhüte Chaos und Untergang.
Obwohl »Werwölfe« nicht unmittelbar angesprochen worden waren, schien doch festzustehen, daß im Westen des Reiches fanatischer Widerstand den Sinn verloren hatte.
Dem Urteil Graf Schwerin von Krosigk zufolge entsprach die propagandistisch geschürte Idee eines Kampfes bis zum letzten Mann, deren Verwirklichung eine verbissene Fortsetzung des ungleichen Kampfes bis zur Ausrottung bedeutet hätte, nicht der soldatischen Auffassung von Dönitz.
Wie Oberstleutnant Manfred von Poser und Gross Naedlitz sagte, setzte sich auch Speer im Kabinett Dönitz sofort für die »Aufhebung des Werwolf-Befehls ein«.
Tatsächlich hatte Speer bereits vierzehn Tage vorher, am 16. April 1945, in Hamburg den Gauleiter Kaufmann dazu bewogen, die schwergeprüfte Stadt kampflos zu übergeben und sinnlose Zerstörungen auf keinen Fall zuzulassen.
In derselben Nacht fuhr er mit Oberstleutnant Baumbach in das Hamburger Funkhaus und besprach dort eine Schallplatte mit einer vorbereiteten Rede an das deutsche Volk.
Unter Punkt 5 kam er dabei auch auf den »Werwolf« zu sprechen. Als Reichsminister und, wie er behauptete, »im Einvernehmen mit den obersten Kommandodienststellen der Wehrmachtteile« ordnete Speer an:

»Die Tätigkeit des Wehrwolf und ähnlicher Organisationen ist sofort einzustellen. Sie gibt dem Gegner berechtigten Anlaß zu Repressalien, und sie schädigt außerdem die zur Erhaltung der Volkskraft notwendigen Voraussetzungen«.

Gesendet wurde dieser eindeutige Text allerdings nicht; man erfuhr erst in Nürnberg davon.

Als Dönitz sich wenige Tage nach Hitlers Tod dazu durchgerungen hatte, den Kampf generell zu beenden und einen Bevollmächtigten ins Hauptquartier Eisenhowers zu Verhandlungen zu entsenden, erließ er am 5. Mai 1945 um 8 Uhr das endgültige Verbot des »Werwolf«. Unmittelbar danach entstand dann noch eine neue, kurzlebige geschäftsführende Reichsregierung.

Etwa zu derselben Zeit, als Dönitz den »Werwolf« verbot, leistete im Segeberger Forst eine Gruppe von Männern der Waffen-SS, verstärkt durch jugendliche »Werwölfe«, der 11th Armoured Division erbitterten Widerstand. Eine Aufforderung, sich zu ergeben, wurde zurückgewiesen. Selbst als Dönitz befahl, die Waffen zu strecken, verweigerten sie den Gehorsam. Und als das deutsche Oberkommando die eigene 8. Fallschirmjägerdivision gegen sie einsetzte, gaben sie sich lieber selber den Tod, als daß sie kapitulierten.

Ihre Leichen lagen überall im Wald verstreut.

Himmlers Adjutant Brandt soll den Befehl des neuen deutschen Staatsoberhauptes, laufende Einsätze des militärischen »Werwolf« Prützmanns sofort abzubrechen und neue Aktionen von vornherein zu unterbinden, allerdings doch noch so weitergegeben haben, als gelte dies nur für das westliche Kampfgebiet, nicht jedoch für den Osten.

Generalfeldmarschall Keitel ordnete am 5. Mai 1945 für den Bereich der Wehrmacht an, jede »Werwolf«-Aktion zu unterlassen. Dönitz selbst hinderte noch im allerletzten Moment eine Luftwaffen-Staffel daran, in den Untergrund zu gehen. Vereinzelt gelang es deutschen Piloten, sich mit Flugzeugen ins neutrale Ausland abzusetzen, vorzugsweise nach Spanien.

Als Chef GenSt Luftwaffe sandte schließlich auch Koller mittels dringender Funksprüche an alle noch erreichbaren Luftflotten- und Luftwaffen-Kommandos den scharfen, uneingeschränkten und unmißverständlichen Befehl des OKW, »jede Betätigung für Werwolf oder Unterstützung derartiger Unternehmen... unter allen Umständen« zu unterlassen. Geschädigt werde durch »Wer-

Mit diesem Blitz-Funkspruch versuchte General Koller am 7. Mai 1945, »Werwolf«-Aktivitäten innerhalb der Deutschen Luftwaffe zu verhindern.

LFL. KDO. 6 FUNKSTELLE 2/35 **151**

FUNKSPRUCH NR. 75 DRINGEND/BLITZ

VON O.K.L 7.5. 2110
AN LFL. KDO. 6 7.5. 0405

- - - - - - - - - - - - - - - - - - -

AN LFL. KDO. 6 UND LW. KDO. 4 UND LW.KDO. ~~VIII~~ 8 NACHRICHTLICH. JEDE BETAETIGUNG FUER WERWOLF ODER UNTERSTUETZUNG DERARTIGER UNTERNEHMEN IST DURCH O.K.W. VERBOTEN WORDEN. JEDE BETAETIGUNG IN DIESER RICHTUNG SCHADET NUR DEM DEUTSCHEN VOLK UND IST UNTER ALLEN UMSTAENDEN ZU UNTERLASSEN. ALLE UNTERSTELLTEN FUEHRUNGSDIENSTSTELLEN STAEBE UND TRUPPENTEILE MIT ALLEN VERFUEGBAREN NACHRICHTENMITTELN UMGEHEND ENTSPRECHEND ANWEISEN.

DER CHEF DES GEN.STABES DER LW.
OKL FUEST IA ↕ ROB. ↕
GEZ. KOLLER

Nach Abgang

CHEF. GENST. Zurück an Major i.G. ...

F.D.R.

verm. Lw. Kdo. 8: 0545
Lw. Kdo. 4: 0523

wolf«-Aktivitäten doch nur das deutsche Volk. Koller befahl, »umgehend« alle Führungsdienststellen, Stäbe und Truppenteile mit allen nur verfügbaren Nachrichtenmitteln im Sinne des sofortigen »Werwolf«-Verbots anzuweisen.

Dasselbe geschah, von wenigen Einzelfällen abgesehen, auch beim Heer und bei der Kriegsmarine – im Westen und im Osten.

In Ostpreußen waren etwa 200 Angehörige des Prützmann-»Werwolf« im Rücken der Russen zurückgeblieben.

Aufgefangene Funksprüche verrieten, daß die Russen dort für längere Zeit drei komplette Sicherungsdivisionen einsetzen mußten, um die einzelnen »Werwolf«-Trupps mühsam zu jagen. Wie der Horchdienst aber auch ermittelte, gerieten mindestens zwei Trupps in die russische Falle und wurden vernichtet.

Östlich der Elbe schlugen sich Reste der Gatower »Werwolf«-Schule in Gruppen von zehn Mann bis zum Fluß durch. Als sie jedoch amerikanische und britische Truppen am westlichen Ufer entdeckten, die zu ihrem Empfang bereitstanden, machten sie kehrt und versuchten, mit ihren unzulänglichen Waffen Panzerspitzen der Roten Armee aufzuhalten.

Das Drama dauerte nicht lange.

Die russischen Panzer fegten durch ihre Reihen, als ob sie überhaupt nicht vorhanden wären. Ein paar »Werwölfe« retteten sich zwar noch in Erdbunker, wurden aber schon wenig später durch Einheimische verraten.

Eine andere kleine »Werwolf«-Gruppe Prützmanns, über deren wirkliche Stärke nichts mehr in Erfahrung zu bringen war, tauchte bei der Besetzung des Kreises Bütow/Ostpommern in den Wäldern unter, verübte einige Sabotageakte und hielt sich noch bis zum Herbst 1945 verborgen.

Danach soll es dieser Gruppe tatsächlich gelungen sein, sich im Fußmarsch nach Westen durchzuschlagen.

Aber auch hier im Westen ebenso wie im Norden und Süden des zusammenbrechenden Reiches geschah nichts, was, wie die oben geschilderten Einzelfälle beweisen, über örtliche Bedeutung hinausgelangt wäre – kein Untergrundkampf bis aufs Blut, keine spektakuläre, mitreißende Sabotage oder Aktion, kein leidenschaftliches, rücksichtsloses Aufbegehren ganzer Landsmannschaften, keine neue nationalsozialistische Revolution. Dem »Werwolf« mangelte es an allem, was ihn tatsächlich hätte »unheimlich« machen können – an politischen, ideologischen, militärisch-logistischen Vorteilen aller Art, an genügendem Elitekämpfertum, schließlich und vor allem aber am Glauben an eine »gute Sache«.

Stroop, HSSPF Rhein-Westmark und dortiger Chef des Prützmann-»Werwolf«, schlüpfte in die Maske eines Hauptmanns der Reserve. Als »Josef Straup« ging er am Tage der deutschen Kapitulation, am 8. Mai 1945, in dem kleinen Alpenort Rottau in amerikanische Gefangenschaft, wurde später jedoch entdeckt und an Polen ausgeliefert.

Prützmanns Kleinkampfverbände, genannt »Werwolf«, blieben in Ermangelung von genügend Zeit zur Gründung echter, schlagkräftiger Nachfolgetrupps vormaliger »Feldjägerdienste« ein Torso. Über mehr Wirksamkeit als zu einigen, kaum spürbaren Nadelstichen gelangte der militärische »Werwolf« nicht hinaus. Ein paar Optimisten zogen sich auf Almen zurück, um diese als Stützpunkte im Sinne des von Prützmann gelehrten Kleinkrieges zu halten, gaben dann aber auch, oft erst nach Monaten, auf.

Es gab viele Möglichkeiten, sich im Wirrwarr der Zeit unmittelbar nach Ende des blutigen Ringens in günstigen Gegenden mit reichlich Wald und dünner Besiedelung noch relativ lange verborgen zu halten.

Einen Monat nach dem totalen Zusammenbruch Deutschlands hielt auch Hauptscharführer K. weiteren Widerstand für sinnlos. Am 12. April 1945 war er in Klosterreichenbach mit weiteren acht Angehörigen der leichten Panzer-Jagd-Kompanie z. V. RFSS einem Aufruf seines Kompaniechefs gefolgt und freiwillig als Anführer eines »Werwolf«-Trupps in der Gegend von Kappelrodeck untergetaucht. Als er seine Männer nach Hause schicken wollte, fehlten zwei. Es heißt, sie seien als »Werwölfe« erkannt und von französischen Besatzungssoldaten erschossen worden.

Pfingsten 1945 hauste eine Gruppe von Soldaten im Ringinger Hairenwald unangefochten in einer Holzhauerhütte; nachher barg man aus dem Meisenklotz der Hütte mehrere Pistolen.

Reichsjugendführer Axmann und einige ehemalige Hitler-Jugend-Führer versteckten sich sogar noch bis in den Oktober 1945 hinein in einer hochgelegenen Almhütte in den bayerischen Bergen. Sie stellten sich dann selbst den Amerikanern in Memmingen.

Mit gefälschten Papieren ausgestattet, sollten überlebende Gauleiter nach Anweisungen Bormanns untertauchen, um bei nächster Gelegenheit »Werwolf«-Gruppen aufzustellen und zu führen. Ein neues, nationalsozialistisches Regime sollte aufgerichet werden. Die neuen Ausweise lauteten vorzugsweise auf jüdisch klingende Namen; aus Gauleiter Rudolf Jordan wurde zum Beispiel »Richard Gebriel«.

Die wenigsten machten Gebrauch davon.

Von dem ersten Sechs-Mann-Kommando des »Werwolf«, dessen stellvertretender Anführer den Aachener Oberbürgermeister erschoß, war, wie wir uns erinnern, einer tot, zwei waren durch Minen schwer verwundet worden. H., einer der beiden Frontläufer des Trupps, traf am Sonntag, dem 1. April 1945, in Gut Hombusch bei Mechernich die verlorengeglaubten Attentäter Wenzel und H. wieder. Wenzel, der Anführer, zog sich auf einen der vorher ausgemachten Fluchtplätze, Gut Velderhof bei Stommeln, zurück. Hier gelang es ihm, unterzutauchen. Der Eigentümer, nichtsahnend, fragte nicht viel nach woher und wohin; er konnte in schwerer Zeit eine kräftige Hand gebrauchen. Bis August 1945 arbeitete Wenzel im Dienste des Landwirts hart wie ein Knecht. Dann ging er plötzlich fort, angeblich um einen Onkel in Halberstadt aufzusuchen – eine Ausrede, wie sich ergab.

Seitdem blieb der Anführer des ersten, gegen einen »verräterischen« Oberbürgermeister eingesetzten »Werwolf«-Kommandos verschollen.

Der Rest von Prützmanns Kleinkrieg-Verbänden einschließlich Stab und Stabswache fand infolge rapiden Verfalls nicht mehr die geringsten Voraussetzungen für »klassische« Kleinkampf-Einsätze. In der Tarnung als Verkehrspolizei »Feldpolizeikommando Süd« marschierte der »Stab Prützmann« (Werwolf) und alles, was noch dazugehörte, nach Süden in »volle Deckung«.

Letzter Standort des rollenden »Werwolf«-Stabsquartiers war schließlich der Bahnhof Germering südwestlich von Pasing, nicht weit von München. Prützmann hatte sich mit Stabschef und I a-Offizier bereits in Reinsberg von seinen Leuten getrennt. Mit der Verlegung nach Süden betraute er den Leiter der »Werwolf«-Ausbildung, dem er dann noch den jungen Major (I a-Offizier) nachschickte, mit der Weisung, er solle »das Ganze weiterführen und je nach Lage handeln«. Er selbst, Prützmann, bleibe im Norden, wohin sich ja auch Himmler zurückgezogen hatte und wo sich

dann etwas später um Dönitz die kurzlebige neue deutsche Reichsregierung scharte. Prützmanns letzte Weisung lautete: »Unnötige Verluste meiden; besonders die jungen Jahrgänge schonen«. In Germering löste man die Stabswache des »Werwolf« auf, übergab der Reichsbahn den Sonderzug und setzte sich mit dem Rest des »Werwolf«-Stabes auf eigenen Kraftfahrzeugen in die sogenannte »Alpenfestung« ab, und zwar über Siegsdorf bei Traunstein, Saalfelden bis nach Maishofen bei Zell am See. Hier, inzwischen war es Anfang Mai geworden, verteilte sich der Rest des »Werwolf«-Stabes mit Billigung der Führung auf reguläre Truppen. Aus Angehörigen des aufgelösten »Werwolf«-Stabes, Männern der Versorgungseinheit und weiteren Soldaten stellte SS-Stubafü Sch. auf Befehl des I a-Offiziers Prützmanns ein Freiwilligen-»Werwolf«-Kommando zusammen, dessen Zielsetzung zunächst noch im Dunkeln blieb. Unter den siebenundfünfzig Freiwilligen befand sich auch eine Stabshelferin; sie machte tapfer den nun folgenden Einsatz mit.
Bewaffnet mit Sturmgewehren, Karabinern, zwei MG's, Sprengmitteln, Funk- und Fernsprechgeräten standen der »Werwolf«-Einheit zwei Lkw's, zwei Polizei-Überfallwagen, ein Pkw und ein Krad zur Verfügung. In Erwartung des Einsatzbefehls bezog man ein Zeltlager in der Nähe von Grafrath. Hier wurden ein Funk-Code entwickelt, tote Briefkästen geplant und die Anruf- beziehungsweise Antwort-Parole »Nuni – weiwe« (Nur nicht – weich werden) ausgegeben.
Endlich kam der schriftliche Einsatzbefehl. Stubafü Sch. erhielt weitreichende Vollmachten sowie einen Sonderausweis. Der Kampfauftrag bezog sich auf einen genau bezeichneten Gebäudekomplex in Garmisch-Partenkirchen, das bereits feindbesetzt sein sollte. In dem Häuserblock befand sich eine Dienst- oder Forschungsstelle höchster Geheimhaltungsstufe; wie sich nachher ergab: eine V-2-Forschungsstelle Dr. Wernher von Brauns.
Um sicher zu sein, daß nichts Wichtiges in Feindeshand gelangte, sollte der »Werwolf«-Trupp nachts in die Stadt eindringen und das Bauwerk zerstören. Vollzug oder Fehlanzeige waren verschlüsselt über Funk zu melden. Käme zwei Stunden danach kein weiterer Einsatzbefehl, sei der »Werwolf«-Trupp voll auf sich gestellt; der Untergrundkampf war fortzusetzen.
Durch mancherlei Schwierigkeiten – Kraftfahrzeugpanne, Deser-

tion zweier freiwilliger Polizisten, die sogar ein Funkgerät unbrauchbar machten, Nebel – kam die »Werwolf«-Einheit nur langsam vorwärts.
Eines Tages, gegen 20.30 Uhr, geriet sie in einen Hinterhalt der Amerikaner. Während eines zweistündigen Feuergefechts gab es auf deutscher Seite drei Tote und sieben Verwundete, und der Kommandeur, nicht mehr der Jüngste, wurde mit zweien seiner Männer überwältigt und gefangengenommen. Daraufhin platzte der »Werwolf«-Trupp auseinander.
Der Kampfauftrag blieb unerledigt.
Der offizielle, ursprüngliche, militärisch orientierte »Werwolf« war damit beendet. –
Was wurde aus Prützmann, was aus Himmler?
Als Dönitz seine Regierung bildete, versuchte Prützmann, als Verbindungsoffizier zwischen dem neuen Staatsoberhaupt und Himmler unterzukommen, der ja bereits ab Februar mit Folke Graf Bernadotte, dem Vizepräsidenten des Schwedischen Roten Kreuzes, mehrmals zusammengetroffen war.
Es gab jedoch nichts Verbindendes mehr zwischen Staatsoberhaupt und Reichsführer-SS.
Eine zeitlang spielte der oberste »Werwolf«-Führer mit dem Gedanken, an Bord eines U-Bootes zu entfliehen; aber Dönitz hatte alle Häfen sperren lassen. Als auch der Luftweg abgeschnitten war, gab Prützmann auf.
Ein paar Tage nach der Kapitulation ließ er sich von englischen Soldaten gefangen nehmen.
Vierundzwanzig Stunden später zerbiß er während eines Aufenthaltes auf der Latrine eine Zyankali-Kapsel, einen sogenannten »Selbstvernichter«, den man trotz schärfster Kontrolle nicht entdeckt hatte.
Er starb rasch.
Reichsführer-SS Heinrich Himmler ignorierte Ohlendorfs und Schwerin von Krosigks Forderungen, sich zu stellen und die Verantwortung für das deutsche Volk auf sich zu nehmen. Stattdessen tauchte er, nun ohne den charakteristischen Schnurrbart und mit einer Klappe über dem linken Auge, als Heinrich Hitzinger, Feldwebel, unter, begleitet und beschützt von zwei unerschütterlichen SS-Männern seiner Leibwache.
Bis zum 23. Mai 1945 schlüpfte die kleine Gruppe tatsächlich

durch alle Maschen. Dann jedoch fiel sie einer Streife auf; die drei Männer wurden in das Vernehmungslager Nr. 031 bei Lüneburg gebracht.
Hier endlich, unter bohrenden Fragen von Captain Tom Selvester, gab der Reichsführer sich zu erkennen.
Bei der sofort eingeleiteten Durchsuchung stellte man einen »Selbstvernichter« sicher. Doch Colonel Michael Murphy, Chef des Geheimdienstes im Hauptquartier Montgomerys, der abends im Camp eintraf, wollte es ganz genau wissen; er ordnete eine neuerliche, gründliche körperliche Untersuchung an, auch der Mundpartie.
Als Himmler gehorsam den Mund öffnete, sah der Arzt einen kleinen dunklen Gegenstand im hinteren Rachen des Gefangenen. Um besser nachschauen zu können, befahl er Himmler, seinen Kopf mehr ins Licht zu rücken. Als der Reichsführer nicht reagierte, vielleicht, weil er den englischen Befehl nicht verstanden hatte, drehte der untersuchende Arzt den Kopf selbst mit der Hand herum. In diesem Augenblick entzog sich Himmler dem Griff und zerbiß die Giftkapsel.
Sekunden später war auch er tot.
Jenes sozialdarwinistische Prinzip, nach welchem der Stärkere den Schwächeren frißt, und von dem Hitler sowie die Großen des Dritten Reiches so fasziniert gewesen waren, hatte seine Gültigkeit bewiesen.

– – – – –

Fazit:
Eine ernst zu nehmende Verschwörung unter dem Zeichen des »Werwolf« fand nicht statt.
Dem Prützmann-»Werwolf« blieb der militärische Erfolg versagt.
Und Goebbels' Erfolg?
Keine Spur von jener Horde reißender, vielgestaltiger Bestien, deren Bild die deutsche Propaganda heraufbeschwor und dessen Schatten eine manchmal hysterische Nachkriegspresse weit übertrieb.
Relativ wenige Ereignisse, die dem »Werwolf« anzulasten sind – jedes einzelne für sich genommen schlimm genug – geschahen gegen Ende eines lange währenden, erbittert geführten Krieges. Brutal und rücksichtslos handelten einige Fanatiker, deren Zahl in

der Menge derjenigen, die gutgläubig noch bis zum Schluß kämpften, weil sie im Grunde ihres Herzens treu waren, zur Bedeutungslosigkeit herabsinkt. Was an »Werwolf«-Taten krimineller Art aktenkundig wurde, sind Einzelerscheinungen gewesen, wie sie nach der Lebenserfahrung in der Härte und Ausweglosigkeit von Endkämpfen auf der Verliererseite wohl überall, bei allen Völkern und zu allen Zeiten vorgekommen sind und auch für die Zukunft nicht ausgeschlossen werden können.

Quellenverzeichnis

Kapitel 1:
B 8, S. 353 ff; B 26, S. 12, 47, 70, 86, 111, 113, 116, 121, 126, 132, 136, 137; HStA Düsseldorf, RW 34 Gestapo-Köln 1945, RW 37 Gestapo-Köln; Stahl: KG 200, MOTORBUCH, 1977, S. 18 ff, 85; W V, S. 422 ff; W X lfd. Nr. 325, S. 82; W XI lfd. Nr. 389, S. 203.

Kapitel 2:
B 26, S. 65 ff; B 27, S. 558 ff, 647; BA, PD 4/1813; BA, NS 19 neu/954, 1746; MA, RM 7/100, Pag. 317; XXXXVI, S. 261; LXXXX Bd. XX, S. 436, Bd. XXI, S. 591; Siebel-Briefe; Archiv Vopersal.

Kapitel 3:
B 5, S. 42; B 11, S. 233; B 18, S. 158; B 25, S. 200, 289; J, S. 98, 384, 388, 415 ff; Y, S. 116; F St Hamburg, 4131; XXXXIX S. 24; LXXVI S. 514; Bertelsmann Lexikon, Bd. 10, S. 294; Organisationshandbuch der NSDAP, Ausgabe 1943; Görlitz/Quint: Adolf Hitler, Stuttgart, 1952, S. 583; Hermann Löns: Der Werwolf, Jena, 1920.

Kapitel 4:
B 1, S. 35, 39, 56 ff, 232; B 2 Bd. 1, S. 47, 80, 113 ff; B 2 Bd. 2, S. 27; B 3, S. 27 ff, 104; B 5, S. 2, 17, 40, 42, 49 ff, 80 ff; B 6, S. 64 ff, 77, 79, 92, 108, 195, 210, 213 ff, 216, 219; B 7, S. 22, 211, 213 ff, 235, 336; B 18, S. 35, 81, 292; B 20, S. 35, 75; B 21, S. 20 ff; F St Hamburg, 11/C 1, 4131; H St A Düsseldorf, Gestapo-Akte 34428, Nr. 8088, Nr. 52401 (594); MA, RH 2/v. 418; LXXXX Bd. XXVI S. 309.

Kapitel 5:
B 17, S. 20; B 25, S. 342 ff; D, S. 103 ff; D Teil II, S. 274, 286, 288; E, S. 479 ff, 483, 488; Y, S. 166; BA, NS 19 neu/1988; MA, RL 7/522; MA, RH 2/v. 332; LXXIX S. 245, 250, 252, 255 ff, 261; LXXXX Bd. IV S. 53 d, Bd. XVI S. 730, Bd. XXXVIII S. 292, Bd. XXXX S. 116; Grau: Schlesisches Inferno, Stuttgart, 1966, S. 111.

Kapitel 6:
B 7, S. 23; B 10, S. 14; B 12, S. 33, 88; B 17, S. 73, 148, 268, 326; B 25, S. 165; BA,

NS 19 neu/1503; H St A Düsseldorf, RW 37 HSSPF/West; MA, H 10.28.04/7, Bl. 210, via Archiv Vopersal; MA, RH 19/XV-9 via Archiv Vopersal; Rose: Radikaler Luftkampf; W II S. 761; W III S. 244, 669; W VII S. 174; XI S. 384; XV S. 33; XX S. 418; XXX S. 275; XXXI S. 149; XXXIV S. 76ff; XXXV S. 43; LII S. 196; LV S. 224, 225; LXIV S. 44; LXXVI S. 702; LXXXIV Vol. III S. 742.

Kapitel 7:
B, S. 251; B 6, S. 7; B 10, S. 63, 83, 152; B 12, S. 243; B 14 via Archiv Vopersal; R, S. 147, 169; Z, S. 54ff; I f Z, MA-468, 6047–6057.

Kapitel 8:
B 6, S. 48, 130, 177; B 9, S. 35, 40; B 10, S. 16; B 12, S. 109, 338; B 14 via Archiv Vopersal; B 17, S. 96; B 18, S. 305; B 20, S. 19, 22; B 23, S. 38, 103, 141, 184; B 26, S. 70, 72, 74; B 27, S. 668; R, S. 191, 122; O, S. 505; Z, S. 83, 89; BA, H 12–19/174; BA, RM 2/v. 921; BA, NS/vorl. 353; MA, RH 2/v. 849; MA, RL 7/558; MA, RW 4/v. 703, Pag. 142; MA, RL 7/542 Pag. 41; H St A Düsseldorf, RW Gestapo Köln 1938–45; W I S. 419; W III S. 57ff, 415; W X S. 607; W XIV S. 703, 709ff; W XIII S. 366ff, 710; Siebel-Briefe.

Kapitel 9:
B 8, S. 353ff; B 14 via Archiv Vopersal; B 26, S. 73, 103; B 27, S. 664; BA, Index 132/84–85, Folder 42; BA, NS 19 neu/1974, 2093, 2557; MA, LIII AK, 76117; W XIII lfd. Nr. 413; Siebel-Briefe.

Kapitel 10:
B 6, S. 66; B 8, S. 353ff; B 12, S. 333; B 14, S. 81; B 26, S. 145; BA, H 12–19, 222; BA, NS 19 neu/1 868; BA, Index 132/84–85, Folder 42; Rose: Radikaler Luftkampf; Siebel-Briefe; XXXXIV S. 76; LXXXX Bd. XVI S. 540, Bd. XIX S. 122.

Kapitel 11:
B 9, S. 260ff; B 25, S. 321ff, 329, 367, 370, 375ff; B 26, S. 69, 74, 85, 167; MA, RL 7/558; LXXXX Bd. XXXIV S. 148ff; Bd. XXXXI S. 527; Hohenzollerische Jahreshefte, 21. Bd., Jahrgang 1961, S. 184ff.

Kapitel 12:
BA, NS 6/vorl. 354; MA, RW 15/44; MA, RH 2/v. 849; MA, RH 19 XV/6; MA, H 12–19/172 und 173; LXXXX Bd. XV S. 324, 338; Bd. XVII S. 534.

Kapitel 13:
B 12, S. 412; B 23, S. 38, 63, 97, 143, 250; BA, RH 34/182; BA, NS 6/vorl. 354; BA, NS 19 neu/508; MA, RL 10/109; MA, LIII AK, 76117; H St A Düsseldorf, RW 34 Gestapo Köln 1944; XXXXVII S. 76; LVIII S. 522ff; LXIII S. 290; LXXXX Bd. II S. 341ff; W XII lfd. Nr. 408, S. 698ff; Grau: Schlesisches Inferno, Stuttgart, 1966, S. 166; Rose: Radikaler Luftkampf, Stuttgart, 1977.

Kapitel 14:
B 10, S. 11, 33, 35; B 11, S. 64; B 12, S. 472; B 18, S. 153; H St A Düsseldorf, RW 37 Gestapo Köln; MA, H 12–19/172; LXXXX Bd. IV 490ff; Bd. IX 703; Bd. X 703; Bd. XIII 387; Bd. XV 347, 351; Bd. XVIII 7, 27; Bd. XIX 38; Bd. XXVI 117ff; Bd. XXVII Dok. 1676–Ps; Bd. XXXV 183, 325; Bd. XXXVI 714ff; Bd. XXXIX 122ff, 272, 366.

Kapitel 15:
B 10, S. 27; B 14 via Archiv Vopersal; B 23, S. 181, 214, 222ff; B 25, S. 25, 83, 132, 143, 134, 187, 220, 261, 319, 383; B 26, S. 79; BA, NS 6/vorl. 354; E A F Personalia; KTB/WFSt Bd. IV, 2, S. 1042, 1089; KTB/Lfl. 6 v. 29.1.45; MA, H 12–19/173, 222, 223; MA, RH 19 IV/6; MA, RH 2/v. 328; MA, RM 7/100, Pag. 230, 317; MA, RW 4/v. 703; Rotes Kreuz, Blätter 6634/16, 656225; W II S. 574ff; W IV S. 197, 206, 210; W XIII lfd. Nr. 413; XXVIII S. 45; XXXIV S. 278; LXXIX S. 487ff; LXXXX Bd. IX S. 623; Bd. XX S. 309, 326, 381, 396, 510; Bd. XXXVIII S. 83.

Kapitel 16:
A, S. 12; B 7, S. 191ff; B 8, S. 353ff; B 6, S. 94, 97, 99, 133; B 10, S. 72, 142, 155; B 12, S. 179, 368, 415, 507ff; B 18, S. 76, 85, 95, 97, 127, 131, 133, 135, 248, 254, 273, 300ff, 316, 319; B 19, S. 84, 221, 609, 632; B 23, S. 26; BA, H 12–19, S. 171, 173, 233; BA, NS 6/vorl. 353, 354; ABA, NS 19 neu/751; H St A Düsseldorf, RW 23 NSDAP; H St A Düsseldorf, RW Gestapo Köln 1938–45; I f Z, MA–140, 8806, 8904–8908, I f Z, MA–289, 0299–0303; I f Z, ZS 7; W I S. 383ff; 436ff; W III S. 196, 300ff; W IV S. 143; W VI S. 144; W X S. 191, 199; Y, S. 282; LXXXV S. 547; LXXXX Bd. II S. 210, Bd. VIII S. 288, Bd. IX S. 672, Bd. XI S. 139, Bd. XIV S. 492, 542, Bd. XV S. 369, Bd. XVI S. 557, 577, Bd. XVII S. 153, 221, Bd. XIX S. 659; Bd. XXX S. 293, Bd. XXXX S. 462, Bd. XXXXI S. 517ff, 539, 553; W XVI lfd. Nr. 489 S. 298.

Kapitel 17:
B 8, S. 353ff; I f Z, MA–140, 8806; I f Z, MA–289, 0299–0303.

Kapitel 18:
B, S. 110; B 10, S. 11, 33, 35; B 11, S. 64; B 12, S. 406, 472, 516, 520; B 18 S. 153, 276; B 26, S. 179; BA, H 12–19/174; BA, NS 6 vorl./354; H St A Düsseldorf, RW 37 Gestapo Köln; MA, H 12–19/172; MA, RW 4/v. 702; W VI S. 125, 391; W VII S. 159; W IX S. 90; W X S. 75; W XIII S. 561; W XV lfd. Nr. 467, S. 303ff, lfd. Nr. 472, S. 376ff; LXXXX Bd. IV S. 490ff; Bd. IX S. 251; Bd. X S. 703, 721; Bd. XIII S. 387; Bd. XV S. 347, 351; Bd. XVI S. 548, 557; Bd. XVIII S. 7, 27; Bd. XIX S. 38; Bd. XXII S. 88; Bd. XXVI S. 117ff; Bd. XXVII Dok. 1263–Ps, 1676–Ps; Bd. XXXV S. 86, 183, 325; Bd. XXXIV S. 148, 378, 502, 771; Bd. XXXII S. 474; Bd. XXXVI S. 714ff; Bd. XXXIX S. 122ff, 272, 366.

Kapitel 19:
B 12, S. 100, 151, 337, 393, 397, 435, 442, 457, 487, 498ff, 516, 518, 521; B 15, S. 9ff, 20, 27, 51, 141, 167, 201, 262, 265; B 16, S. 17, 33, 35, 48, 84, 216; B 26, S.

146, 176; H St A Düsseldorf, RW 23 NSDAP; I f Z, ZS 7; MA, RH 19/XV–9 via Archiv Vopersal; XX S. 368, 412, 472, 592; XXV S. 927; XXIX S. 28; LVIII S. 522 ff; LXXI S. 189; LXXXX Bd. XVI S. 577; Bd. XVII S. 157, 253; Bd. XXXIV S. 148 ff.

Kapitel 20:
A, S. 22; B 18, S. 279; MA, RM 2/v.–921; W II S. 759; W III S. 4 ff; W V S. 324 ff; W XV S. 800 ff; Grau: Schlesisches Inferno, Stuttgart, 1966, S. 167; LXXXX Bd. X S. 668.

Kapitel 21:
A, S. 26; B 12, S. 457 ff; W I S. 60; W II S. 137 ff, 504, 754, 789 ff; W III S. 72 ff, 113, 226, 557, 681, 695, 763 ff; W XIII S. 579 ff; W X S. 547; W XIII S. 530 ff, 776 ff; XIII, S. 83, 135.

Kapitel 22:
B 10, S. 73; B 20, S. 76; B 26, S. 109; Z, S. 233; H St A Düsseldorf, RW 37 HSSPF/West; RW 37 Gestapo Köln; RW 34 Gestapo Köln 1936–45, 1944–45; RW 23 NSDAP; E A F Personalia; MA, RW 4/v. 702; W I S. 412 ff; W II 2 Ks 1/47, Ss 150/48; W X S. 99, 633; W XII S. 545 ff; W XIII S. 290, 455, 459; W XVI S. 174; LXXXX Bd. IV S. 364; Bd. XIV S. 608; Bd. XVIII S. 71; Bd. XX S. 140; Bd. XXI S. 590; Bd. XXII S. 17; Bd. XXVII S. 492 ff; Bd. XXIX S. 132; Bd. XXXI S. 37; Jacob/Dollinger: Die letzten 100 Tage, S. 116.

Kapitel 23:
B 17, S. 275; B 24, S. 192 ff; B 25, S. 394, 398 ff; B 26, S. 149, 151, 153, 162, 168; B 27, S. 644, 671, 679; BA, NS 20/115; MA, RW 4/v. 703 Pag. 146/147; W XVI S. 391; LXXIX S. 520 ff; B 34, S. 147.

Kapitel 24:
R, S. 174; S, S. 7; B, S. 368 ff; B 7, S. 162; B 8, S. 353 ff; B 10, S. 32; B 12, S. 185; B 13, S. 76; B 18, S. 20, 179, 326, 333; B 23, S. 38; B 25, S. 376; B 26, S. 168, 182, 186, 189 ff, 195; B 27, S. 672; W XI S. 107; W XII S. 710; W XIII S. 773; Hohenzollersche Jahreshefte 1961, S. 188; Siebel-Briefe; E A F Personalia; H St A Düsseldorf, RW 23 NSDAP; MA, RL 7/547 Pag. 151; MA, RW 4/705; LXXXX Bd. XXXIV S. 148 ff; Bd. XXXV S. 116 ff; Bd. XXXXI S. 437 ff, 533, 539; Archiv Vopersal; XIX, S. 561.

Sachverzeichnis

Blutorden: Gestiftet zum Andenken an die »Blutzeugen der (nationalsozialistischen) Bewegung« sowie andere »Opfer der Reaktion«. Ursprünglich nur jenen Alten Kämpfern der NSDAP zugedacht, die am 9. November 1923 am Marsch zur Feldherrnhalle in München teilgenommen hatten, gab Hitler die Auszeichnung am 5. September 1938 auch frei für solche, die »im Kampf für die Bewegung« Freiheitsstrafen von mindestens einem Jahr Dauer erhielten.

Franktireurs (Francs tireurs): Zivilisten, die hinter der Front unter Mißachtung völkerrechtlicher Bestimmungen bewaffneten Widerstand leisten. Ursprünglich reguläre napoleonische Infanteriekorps bezeichnend, verwendeten französische Widerstandskämpfer den Namen erstmals im deutsch-französischen Kriege 1870/71 in dem jetzt noch geltenden Sinne.
Nach der Besetzung Frankreichs durch deutsche Truppen im Zweiten Weltkrieg nannten sich kommunistisch orientierte Kampfgruppen innerhalb der französischen Widerstandsbewegung wiederum »Francs-Tireurs et Partisans«.

Haberfeldtreiben: Vergleichbar mit der westfälischen Feme. Rechtsbrauch in Altbayern, dem germanischen Stammesgebiet mit treuester Überlieferung. Haberfeldtreiben bestimmte ein kultischer Geheimbund aus germanischen Wurzeln, mit Feldmeister, Rat und Geheimsprache. Eigentlich ein Rügegericht im bayerischen Oberland, bei dem Schuldige in ein Ziegenfell gesteckt wurden. Es ahndete gerichtlich nicht belangte Verstöße, zum Beispiel Verstöße gegen die Sittlichkeit.

Minen-Produktion russischer Partisanen: Entschärfte Blindgänger aller möglichen Kaliber wurden in alten, mit Wasser gefüllten Milchkannen aufs Feuer gestellt. Nach etwa einer halben Stunde erweichte das Pulver in dem siedenden Wasser und floß nun leicht wie Sirup in vorsichtig bereitgestellte leere Konservendosen. Sobald die Masse erhärtet war, wurde sie zerkleinert und in Holzkisten im Ausmaß von 30x40 cm gestampft. Nach Zündereinbau lagen dann Minen bereit, die auf Metall geeichten Suchgeräten verborgen blieben.
Als man auf deutscher Seite dahinterkam, weshalb immer wieder Minen in angeblich nicht verseuchtem Gelände explodierten, setzte man Spürhunde ein, die auf den Geruch von Trinitrotoluol (TNT) abgerichtet waren. Dieser ernsten Gefahr begegneten die Partisanen wiederum auf einfache Weise: sie stopften Machorka-Tabak in die Minenöffnungen. Als Tabak rar geworden war, kam man auf die Idee, bei den Minen in verschiedenen Abständen kleine gelbe TNT-Krümel in die Erde zu streuen. Das lenkte Hunde und Hundeführer wirksam ab.
Beim Eingraben der Minen ging man sehr umsichtig vor; Holzspaten schluckten laute Geräusche. Der Boden um die Grabung herum wurde peinlich genau wieder hergerichtet, das aufgeschüttete Erdreich mit dem gewachsenen Boden durch Anfeuchten verbunden.
Zum Sprengen von Munitionszügen gelangten Minen mit Verzögerungszünder zur Verwendung; sie gingen erst unter der Zugmitte hoch. Andere Minen sprachen nicht nur auf Druck durch das Gewicht von Lokomotiven oder Waggons an, sondern auch auf Ziehkräfte. Explodierte die Mine nicht von selbst auf Druck, garantierte ein Ruck am Seil für den Erfolg.
Vor Eisenbahnsprengungen, meist weit weg von deutschen Stützpunkten oder Bahnstationen, wurden als erstes Telefon- und Telegrafenkabel gekappt. Scharfschützen legten sich etwa 100 bis 150 Schritt von der Sprengladung entfernt auf die Lauer. Fünfhundert Meter links und recht von der Sprengstelle verhinderten Fallen am Bahndamm das Eingreifen herbeieilender Soldaten.

RPA: = Reichspropagandaamtsleiter: Besondere Fachberater der Reichsverteidigungskommissare im Sinne des Führererlasses vom 13. Juli 1944 über die Befehlsgewalt in einem Operationsgebiet innerhalb des Reiches. RPA's sorgten für Stimmungsmache und möglichst wirksame Propaganda in ihren Bereichen.

Schloß Hülchrath: Burg Hülchrath entstand 1120 als Sitz selbständiger Dynasten. Gericht und Amt Hülchrath, deren Herren die Grafen von Sayn im Jahre 1190 waren, begründeten das Städtchen Hülchrath an der Gill. Kleinlich-egoistisches Gezänk von Fürsten, Kurfürsten, Erzbischöfen und Edelherren verursachte über Jahrhunderte hinweg kriegerische Auseinandersetzungen um Burg und Ortschaft.
Erzbischof Heinrich von Virneburg machte Schloß Hülchrath im Jahre 1323 zum Sitz des Amtmannes eines kurkölnischen Amtes. Bei der Belagerung 1583 durch Truppen des Chorbischofs Ferdinand von Sachsen wurden die Gräben trockengelegt und Mauern zerschossen. Auf notdürftige Ausbesserungen folgte erneute Befestigung erst 1608 durch den Koadjutor Ferdinand von Bayern; sie blieb im wesentlichen erhalten.
Die Burg diente nun fast nur noch als Verwaltungssitz.
1931 richtete die Landwirtschaftskammer im Schloß eine Landwirtschaftsschule ein. Als nächster Besitzer folgte der Reichsnährstand. Später brachte der HSSPF West einen Teil seines Stabes dort unter.
Ab November 1944 diente Schloß Hülchrath als Ausbildungsstätte des »Werwolf«-West (Prützmann-»Werwolf«). Anfang 1945 befand sich im Schloß vorübergehend der Sitz des OKW.

Schwarze Reichswehr (1919–1933): Der damals gebräuchliche deutschvölkische Begriff »Schwarze Reichswehr« umschloß alle militärisch formierten Organisationen, die insgeheim mit der offiziellen, gezwungenermaßen auf 100000 Mann beschränkten Reichswehr in Verbindung standen, sei es durch Finanzierung, Ausrüstung, Ausbildung oder Unterbringung. »Schwarze Reichswehr« bedeutete illegale Reichswehr. Generaloberst Hans von Seeckt, der Befehlshaber der Reichswehr, hatte sie hauptsächlich im außenpolitischen Interesse des schwachen Nachkriegsstaates als heimliches Reserveheer aufstellen lassen, wohl wissend, wie sehr er dabei die Artikel 177, 178 des Versailler Vertrages mißachtete. Aber er befürchtete weitere Interventionen fremder Mächte auf deutschem Boden (Ruhrbesetzung).

Verbände der »Schwarzen Reichswehr« waren straff militärisch organisiert, uniformiert, zum Teil sogar kaserniert, mit Fuhrpark und geheimen Waffendepots aus Beständen der Reichswehr ausgestattet.

Selbstvernichter: Sie dienten der Selbsttötung in aussichtsloser Lage. Füllung: Wasserfreie Blausäure, gewonnen aus technischem Natriumcyanid, stabilisiert mit 2% Oxalsäure. Rund 1 ccm Inhalt pro Glasampulle; Durchmesser der Ampulle 9 mm, Länge 35 mm. Am zugeschmolzenen Ende blaugefärbt und, falls vacuumgeprüft, mit rotem Tupfen. Behälter: Infanteriegeschoßhülse, abgeflacht, mit aufgestecktem Deckel. Durchmesser des Behälters: 11 mm, Länge 46 mm.
Hergestellt wurden circa 4000 Stück im Konzentrationslager Sachsenhausen; verantwortlich für die Herstellung: Kriminaltechnisches Institut (KTI) des Reichskriminalpolizeiamtes (RKPA).

V–1: Vergeltungswaffe Nr. 1, Typ Fieseler Fi 103, auch FZG = Fernzielgerät, A–1 oder »Kirschkern« genannt. Kreiselgesteuerte Flachbahn-Flügelbombe (Roboter-Bombe). Gewicht: 2140 kg. Sprengstoffladung: 650 kg. Antrieb: Argus-Pulso-Schubrohr (Argusrohr) von Dr. Diedrich; kerosingetrieben; mittlere Geschwindigkeit: 650 km/h. Dienstgipfelhöhe: 3500 m. Reichweite: 250 km. Kosten: 3500 Reichsmark. Arbeitsaufwand bei der Hertellung: 286 Stunden.

V–2: Vergeltungswaffe Nr. 2; Projektbezeichnung: A–4. Stratosphärenbombe aus Aluminium, auf elektrischem Leitstrahl nachsteuerbar. Schub: 320 Sekunden. Geschwindigkeit: Fünffache Schallgeschwindigkeit. Gipfelpunkt: 90 km. Länge: 14 m. Gewicht: 12,9 t, davon 1 t Sprengstoff.

Der Wehrwolf. Bund deutscher Männer und Frontkrieger e. V.: Gründungsjahr: 1923. Entstehung: Infolge rechtswidriger Ruhrbesetzung durch französische Truppen, aus deutschvölkischen Kreisen. Die Hamburger Ortsgruppe des »Wehrwolf« entstand zum Beispiel aus der Wanderriege St. Georg. Stempel: Ein Wappenschild mit Totenkopf über gekreuztem Gebein, darunter ein

W. Wehrwolf-Zentrale: Halle an der Saale. Organe: Bundesleitung und Bundesvorstand. Gliederung: Landesverbände, Gaue, Untergaue, Kreise, Ortsgruppen, Treuschaften, Wehrschaften, Riegen, Kampftrupps und Gruppen. Führer ernannte die Bundesleitung. Aus einem Bericht über Stärken der hauptsächlichsten Rechtsverbände in Württemberg geht hervor, daß hier am 22. Juli 1925 etwa 270 Aktive dem »Wehrwolf« angehörten, davon 120 Mann der Ortsgruppe Stuttgart.

»Wehrwolf«-Ortsgruppen umfaßten Aktivisten, Mitglieder der »Getreue Ekkehardgruppe im Wehrwolf«, Angehörige des »Jungwehrwolf« sowie Mitglieder der Opfergruppe für den »Wehrwolf«. Eine Kleiderordnung sorgte für einheitliche Kluft, feldgraue und schwarze Töne dominierten. In allen Dienststellungen trug man Totenkopfkokarde, schwarz-weiß-rotes Abzeichen und Wehrwolfbinde mit rotem W oder Totenkopf am linken Unterarm. Verschiedenfarbige Kragenspiegel kennzeichneten Angehörige einzelner Gaue und Landesverbände. Dienstgradabzeichen in Form von silbernen und goldenen Sternen sowie Tressenstreifen in differenzierter Anordnung machten Führer des Bundes kenntlich.

Der »Wehrwolf«-Bund zeigte eine schwarze Bundesfahne mit Totenkopf und rotem W. Man grüßte mit »Wehrheil!«. Hauptsymbol war jedoch die Wolfsangel, manchmal über Kreuz – als Hakenkreuz.

Der »Wehrwolf«-Verlag in Halle an der Saale gab dreimal monatlich die Bundeszeitschrift »Der Wehrwolf« heraus.

RANGTAFEL

Wehrmacht	OT und Transport-Gruppe Speer	Polizei
Reichsmarschall		
Generalfeldmarschall Grossadmiral	Führer der OT und Transportgr. Speer	Reichsführer SS und Chef der dt. Polizei
Generaloberst Generaladmiral		Generaloberst
General der Inf. usw. Admiral	Einsatzgruppen-führer	General der Polizei
Generalleutnant Vizeadmiral	Einsatzleiter I	Generalleutnant
Generalmajor Konteradmiral	Einsatzleiter II	Generalmajor
Oberst/Kpt. z. S.	Hauptbauleiter Hauptstabsfr.führer	Oberst
Oberstleutnant Fregattenkapitän	Oberbauleiter Oberstabsfr.führer	Oberstleutnant
Major Korvettenkapitän	Bauleiter Stabsfrontführer	Major
Hauptmann Kapitänleutnant	Hauptbauführer Hauptfrontführer	Hauptmann
Oberleutnant (z.S.)	Oberbauführer Oberfrontführer	Oberleutnant
Leutnant (z.S.)	Bauführer Frontführer	Leutnant
Stabsoberfeldwebel	Haupttruppführer	
Oberfähnrich (z.S.)		
Oberfeldwebel	Obertruppführer	
Feldwebel	Truppführer	Meister
Fähnrich (z.S.)		
Unterfeldwebel Matr.Ob.Maat	Obermeister	Hauptwachtmeister
Unteroffizier Matr.Maat	Meister	Rev.O.Wachtmeister Zugwachtmeister
Stabsgefreiter Hauptgefreiter	Vorarbeiter	
Obergefreiter		Oberwachtmeister
Gefreiter	Stammarbeiter	Wachtmeister
Obersoldat		Rottwachtmeister
Soldat Matrose	OT-Mann	Unterwachtmeister

RANGTAFEL

Wehrmacht	SS	Waffen-SS
Reichsmarschall		
Generalfeldmarschall Grossadmiral	Reichsführer SS und Chef der dt. Polizei	Reichsführer SS und Chef der dt. Polizei
Generaloberst Generaladmiral	Oberstgruppen-führer	Oberstgruppen-führer
General der Inf. usw. Admiral	Obergruppenführer	Obergruppenführer
Generalleutnant Vizeadmiral	Gruppenführer	Gruppenführer
Generalmajor Konteradmiral	Brigadeführer	Brigadeführer
	Oberführer	Oberführer
Oberst/Kpt. z. S.	Standartenführer	Standartenführer
Oberstleutnant Fregattenkapitän	Obersturmbann-führer	Obersturmbann-führer
Major Korvettenkapitän	Sturmbannführer	Sturmbannführer
Hauptmann Kapitänleutnant	Hauptsturmführer	Hauptsturmführer
Oberleutnant (z.S.)	Obersturmführer	Obersturmführer
Leutnant (z.S.)	Untersturmführer	Untersturmführer
Stabsoberfeldwebel	Sturmscharführer	Sturmscharführer
Oberfähnrich (z.S.)		
Oberfeldwebel	Hauptscharführer	Hauptscharführer
Feldwebel	Oberscharführer	Oberscharführer
Fähnrich (z.S.)		
Unterfeldwebel Matr.Ob.Maat	Scharführer	Scharführer
Unteroffizier Matr.Maat	Unterscharführer	Unterscharführer
Stabsgefreiter Hauptgefreiter		
Obergefreiter		
Gefreiter	Rottenführer	Rottenführer
Obersoldat	Sturmmann	Sturmmann
Soldat Matrose	SS-Mann	SS-Mann
	SS-Anwärter	

RANGTAFEL

Wehrmacht	**SA**	**NSFK**
Reichsmarschall		Reichsminister der Luftfahrt
Generalfeldmarschall Grossadmiral	Stabschef	Korpsführer
Generaloberst Generaladmiral		
General der Inf. usw. Admiral	Obergruppenführer	Obergruppenführer
Generalleutnant Vizeadmiral	Gruppenführer	Gruppenführer
Generalmajor Konteradmiral	Brigadeführer	Brigadeführer
	Oberführer	Oberführer
Oberst/Kpt. z. S.	Standartenführer	Standartenführer
Oberstleutnant Fregattenkapitän	Obersturmbann-führer	Obersturmbann-führer
Major Korvettenkapitän	Sturmbannführer	Sturmbannführer
Hauptmann Kapitänleutnant	Hauptsturmführer	Hauptsturmführer
Oberleutnant (z.S.)	Obersturmführer	Obersturmführer
Leutnant (z.S.)	Sturmführer	Sturmführer
Stabsoberfeldwebel	Haupttruppführer	
Oberfähnrich (z.S.)		
Oberfeldwebel	Obertruppführer	Obertruppführer
Feldwebel	Truppführer	Truppführer
Fähnrich (z.S.)		
Unterfeldwebel Matr.Ob.Maat	Oberscharführer	Oberscharführer
Unteroffizier Matr.Maat	Scharführer	Scharführer
Stabsgefreiter Hauptgefreiter		
Obergefreiter		
Gefreiter	Rottenführer	Rottenführer
Obersoldat	Obersturmmann	Sturmmann
Soldat Matrose	Sturmmann	NSFK-Mann
	SA-Anwärter	

RANGTAFEL

Wehrmacht	NSKK	RADm
Reichsmarschall		
Generalfeldmarschall Grossadmiral	Korpsführer	Reichsarbeitsführer
Generaloberst Generaladmiral		
General der Inf. usw. Admiral	Obergruppenführer	
Generalleutnant Vizeadmiral	Gruppenführer	Obergeneral-arbeitsführer
Generalmajor Konteradmiral	Brigadeführer	Generalarb.führer Generalarbeitsarzt
	Oberführer	
Oberst/Kpt. z. S.	Standartenführer	Oberstarbeitsführer Oberstarbeitsarzt
Oberstleutnant Fregattenkapitän	Oberstaffelführer	Oberarbeitsführer Oberarbeitsarzt
Major Korvettenkapitän	Staffelführer	Arbeitsführer Arbeitsarzt
Hauptmann Kapitänleutnant	Hauptsturmführer	Oberstfeldmeister Arbeitsfeldarzt
Oberleutnant (z.S.)	Obersturmführer	Oberfeldmeister Hpt.mus.zugführer
Leutnant (z.S.)	Sturmführer	Feldmeister Obermus.zugführer
		Unterfeldmeister Musikzugführer
Stabsoberfeldwebel	Haupttruppführer	
Oberfähnrich (z.S.)		
Oberfeldwebel	Obertruppführer	
Feldwebel	Truppführer	Obertruppführer
Fähnrich (z.S.)		
Unterfeldwebel Matr.Ob.Maat	Oberscharführer	
Unteroffizier Matr.Maat	Scharführer	Truppführer
Stabsgefreiter Hauptgefreiter		Untertruppführer Hauptvormann
Obergefreiter		Obervormann
Gefreiter	Rottenführer	Vormann
Obersoldat	Obersturmmann	
Soldat Matrose	Sturmmann	Arbeitsmann

RANGTAFEL

Wehrmacht	**RADw**	**HJ**
Reichsmarschall		
Generalfeldmarschall Grossadmiral	Reichsarbeitsführer	Reichsjugendführer
Generaloberst Generaladmiral		Stabschef
General der Inf. usw. Admiral		Obergebietsführer
Generalleutnant Vizeadmiral		Gebietsführer
Generalmajor Konteradmiral		Hauptbannführer
		Oberbannführer
Oberst/Kpt. z. S.	Stabshauptführerin	Bannführer
Oberstleutnant Fregattenkapitän	Stabsoberführerin	Oberstammführer
Major Korvettenkapitän	Stabsführerin	Stammführer
Hauptmann Kapitänleutnant	Maidenhaupt- führerin	Hauptgefolg- schaftsführer
Oberleutnant (z.S.)	Maidenober- führerin	Obergefolgschafts- führer
Leutnant (z.S.)	Maidenführerin	Gefolgschaftsführer
	Maidenunter- führerin	
Stabsoberfeldwebel		
Oberfähnrich (z.S.)		
Oberfeldwebel		
Feldwebel	Jungführerin	
Fähnrich (z.S.)		
Unterfeldwebel Matr.Ob.Maat		Oberscharführer
Unteroffizier Matr.Maat	Kameradschafts- älteste	Scharführer
Stabsgefreiter Hauptgefreiter		Oberkamerad- schaftsführer
Obergefreiter		Kameradschafts- führer
Gefreiter		Rottenführer
Obersoldat		
Soldat Matrose	Arbeitsmaid	Hitlerjunge

RANGTAFEL

Wehrmacht	BDM	DJ
Reichsmarschall		
Generalfeldmarschall Grossadmiral	Reichsjugendführer	Reichsjugendführer
Generaloberst Generaladmiral	Stabschef	Stabschef
General der Inf. usw. Admiral		Obergebietsführer
Generalleutnant Vizeadmiral	Obergauführerin (Gebietsführerin)	Gebietsführer
Generalmajor Konteradmiral	Gauführerin (Hauptmädelführerin)	Hauptbannführer
		Oberbannführer
Oberst/Kpt. z. S.	Untergauführerin (Bannmädelführerin)	Bannführer
Oberstleutnant Fregattenkapitän		Oberjungstamm- führer
Major Korvettenkapitän	Mädelringführerin	Jungstammführer
Hauptmann Kapitänleutnant		Haupfähnlein- führer
Oberleutnant (z.S.)		Oberfähnleinführer
Leutnant (z.S.)	Mädelgruppen- führerin	Fähnleinführer
Stabsoberfeldwebel		
Oberfähnrich (z.S.)		
Oberfeldwebel		
Feldwebel		
Fähnrich (z.S.)		
Unterfeldwebel Matr.Ob.Maat		Oberjungzugführer
Unteroffizier Matr.Maat		Jungzugführer
Stabsgefreiter Hauptgefreiter		Oberjungenschafts- führer
Obergefreiter		Jungenschaftsführer
Gefreiter	Mädelscharführerin	Oberhordenführer
Obersoldat		Hordenführer
Soldat Matrose	Mädelschafts- führerin	Pimpf

RANGTAFEL

Wehrmacht	JM	
Reichsmarschall		
Generalfeldmarschall Grossadmiral	Reichsjugendführer	
Generaloberst Generaladmiral	Stabschef	
General der Inf. usw. Admiral		
Generalleutnant Vizeadmiral	Obergauführerin (Gebietsführerin)	
Generalmajor Konteradmiral	Gauführerin (Hauptmädelführerin)	
Oberst/Kpt. z. S.	Untergauführerin (Bannmädelführerin)	
Oberstleutnant Fregattenkapitän		
Major Korvettenkapitän	Jungmädelring- führerin	
Hauptmann Kapitänleutnant		
Oberleutnant (z.S.)		
Leutnant (z.S.)	Jungmädelgruppen- führerin	
Stabsoberfeldwebel		
Oberfähnrich (z.S.)		
Oberfeldwebel		
Feldwebel		
Fähnrich (z.S.)		
Unterfeldwebel Matr.Ob.Maat		
Unteroffizier Matr.Maat	Jungmädelschar- führerin	
Stabsgefreiter Hauptgefreiter		
Obergefreiter	Jungmädelschafts- führerin	
Gefreiter		
Obersoldat		
Soldat Matrose		

Übersichtstafel der Politischen Leiter und sonstigen Dienststellenleiter der NSDAP

Reichsinstanz	**Gauinstanz**
Reichsleiter	
Reichsoberamtsleiter Reichshauptamtleiter	Gauleiter
Reichsamtsleiter	Stv. Gauleiter und Gauhauptamtsleiter
Reichshauptstellenleiter	Gauamtsleiter
Reichsstellenleiter	Gauhauptstellenleiter
Reichshilfsstellenleiter	Gaustellenleiter
Reichssachgebietsleiter	Gauhilfsstellenleiter
Reichshilfssachgebietsleiter	Gausachgebietsleiter
Sonderbeauftragter	Gauhilfssachgebietsleiter
	Sonderbeauftragter

Kreisinstanz	**Ortsinstanz**
Kreisleiter	
Kreishauptamtsleiter	
Kreisamtsleiter	Ortsgruppenleiter
Kreishauptstellenleiter	Ortsgruppenamtsleiter
Kreisstellenleiter	Ortgsruppenhauptstellenleiter
Kreishilfsstellenleiter	Ortsgruppenstellenleiter
Kreissachgebietsleiter	Ortsgruppenhilfsstellenleiter
Kreishilfssachgebietsleiter	Ortsgruppensachgebietsleiter
Sonderbeauftragter	Ortsgruppenhilfssachgebietsleiter
	Zellenleiter
	Blockleiter
	Blockhelfer

Personenverzeichnis

Literaturverzeichnis

BA		Archivalien Bundesarchiv Koblenz
E A F		Archivalien Erzbischöfliches Archiv Freiburg
F St		Archivalien Forschungsstelle Hamburg
H St A		Archivalien Hauptstaatsarchiv Düsseldorf
I f Z		Archivalien Institut für Zeitgeschichte
KTB/WFSt		Kriegstagebuch Wehrmachtführungsstab
KTB/Lfl. 6		Kriegstagebuch Luftflotte 6
MA		Archivalien Militärarchiv Freiburg
Rotes Kreuz		Vermißtenblätter
Görlitz/Quint		Adolf Hitler; Stuttgart, 1952
Löns, Hermann		Der Wehrwolf; Jena, 1920
Rose, Arno		Radikaler Luftkampf; Stuttgart, 1977
A	Lass, Edgar Günther	Die Flucht. Ostpreußen 1944/45; Bad Nauheim, 1964
B	Hrsg. Gosztony, Peter	Der Kampf um Berlin 1945 in Augenzeugenberichten; Düsseldorf, 1970
B 1	Berghahn, Volker R.	Der Stahlhelm. Bund der Frontsoldaten 1918–1935; Düsseldorf, 1966
B 2	Hrsg. Seldte, Franz	Der Stahlhelm. Erinnerungen und Bilder; 2 Bände, Berlin, 1932, 1933
B 3	Salomon, Ernst von	Nahe Geschichte. Ein Überblick; Berlin, 1936
B 5	Posse, Ernst H.	Die politischen Kampfbünde Deutschlands; Berlin, 1936
B 6	Gumbel, E.J.	Verschwörer. Beiträge zur Geschichte und Soziologie der deutschen nationalistischen Geheimbünde seit 1918; Wien, 1924
B 7	Gumbel, E.J.	Verräter verfallen der Feme. Opfer/Mörder/Richter. 1919–1929; Berlin, 1929
B 8		Gutachten des Instituts für Zeitgeschichte. Band 1; München, 1958
B 9	Brockdorff, Werner	Flucht vor Nürnberg; München–Wels, 1969
B 10	Gamm, Hans-Jochen	Der braune Kult; Hamburg, 1962
B 11	Windisch, Hans	Führer und Verführte; Seebruck am Chiemsee, 1946
B 12	Goebbels, Joseph	Tagebücher. Die letzten Aufzeichnungen; Hamburg, 1977
B 13	Grau, Karl Friedrich	Schlesisches Inferno; Stuttgart, 1966

B 14		Werwolf. Winke für Jagdeinheiten; Faksimile-Ausgabe der Original-Werwolf-Kampfanweisung, Zeitschrift Nation Europa, XX. Jahrg., Heft 3, Coburg, 1970
B 15	Goebbels, Joseph	Der Angriff. Aufsätze aus der Kampfzeit; München, 1935
B 16	Goebbels, Joseph	Wetterleuchten. Aufsätze aus der Kampfzeit; München, 1939
B 17	Gosztony, Peter	Endkampf an der Donau 1944/45; Wien–München–Zürich, 1969
B 18	Lang, Jochen von	Der Sekretär. Martin Bormann: Der Mann, der Hitler beherrschte; Stuttgart, 1977
B 19	Speer, Albert	Spandauer Tagebücher; Frankfurt–Berlin–Wien, 1975
B 20	Brandenburg, Hans-Christian	Die Geschichte der HJ. Wege und Irrwege einer Generation; Köln, 1968
B 21	Drexel, Joseph E.	Der Fall Niekisch; Köln–Berlin, 1964
B 23	Murawski, Erich	Die Eroberung Pommerns durch die Rote Armee; Boppard am Rhein, 1969
B 24	Whiting, Charles	The Battle for Twelveland; London, 1975
B 25	Skorzeny, Otto	Meine Kommandounternehmen; Wiesbaden–München, 1976
B 26	Whiting, Charles	Werewolf. The Story of the Nazi Resistance Movement 1944–1945; London, 1972
B 27	Moczarski, Kazimierz	Gespräche mit dem Henker; Düsseldorf, 1979
D	Telpuchowski, Boris Semjonowitsch	Die sowjetische Geschichte des Großen Vaterländischen Krieges 1941–1945; Frankfurt am Main, 1961
E	Werth, Alexander	Rußland im Krieg 1941–1945; München–Zürich, 1965
J	Hrsg. Völker, Klaus	Von Werwölfen und anderen Tiermenschen. Dichtungen und Dokumente; München, 1972
O	Thorwald, Jürgen	Die große Flucht. Es begann an der Weichsel. Das Ende an der Elbe; Stuttgart, 1962
R	Hrsg. Haß, Kurt	Jugend unterm Schicksal. Lebensberichte junger Deutscher 1946–1949; Hamburg, 1950
S	Lüdde-Neurath, Walter	Regierung Dönitz. Die letzten Tage des Dritten Reiches; Göttingen, 1950
W	Hrsg. Universität von Amsterdam	Justiz und NS-Verbrechen. Sammlung deutscher Strafurteile wegen nationalsozialistischer Tötungsverbrechen 1945–1976; Bände I bis XVI. Amsterdam, 1968 ff
Y	Price, Ward G.	Führer und Duce, wie ich sie kenne; Berlin, 1939
Z	Hacker, Friedrich	Aggression. Die Brutalisierung der modernen Welt; Wien–München–Zürich, 1971
XI	Sims, Edward H.	Jagdflieger. Die großen Gegner von einst. 1939–1945; Stuttgart, 1968
XV	Toliver/Constable	Holt Hartmann vom Himmel; Stuttgart, 1974

XIX	Murawski, Erich	Der deutsche Wehrmachtbericht 1939–1945, Boppard, 1962
XX	Speer, Albert	Erinnerungen; Berlin, 1970
XXV	Feuchter, Georg W.	Der Luftkrieg; Frankfurt–Bonn, 1964
XXVIII	Girbig, Werner	1000 Tage über Deutschland. Die 8. amerikanische Luftflotte im 2. Weltkrieg; München, 1964
XXIX	Steinert, Marlis G.	Hitlers Krieg und die Deutschen; Düsseldorf–Wien, 1970
XXX	Baumbach, Werner	Zu spät; Buenos Aires–München, 1949
XXXI	Keppler, Kurt	Tod über Deutschland. Der Morgenthauplan; Tübingen, 1971
XXXIV	Toland, John	Das Finale. Die letzten hundert Tage; München–Jülich, 1968
XXXV	Schramm, Percy Ernst	Hitler als militärischer Führer; Frankfurt–Bonn, 1962
XXXXIV	Trevor-Roper, H. R.	Hitlers letzte Tage; Frankfurt–Berlin, 1965
XXXXVI	Skorzeny, Otto	Geheimkommando Skorzeny; Hamburg, 1950
XXXXVII	Schultz, Joachim	Die letzten 30 Tage; Stuttgart, 1951
XXXXIX	Freeman, Roger E.	The Mighty Eighth. Units, Men and Machines; London, 1972
LII	Spetzler, Dr. Eberhard	Luftkrieg und Menschlichkeit; Göttingen, 1956
LV	Fuller, J. F. C.	Die entartete Kunst Krieg zu führen 1789–1961; Köln, 1964
LVIII	Shulman, Milton	Die Niederlage im Westen; Gütersloh, 1949
LXIII	Rieckhoff, H. J.	Trumpf oder Bluff? 12 Jahre Deutsche Luftwaffe; Genf, 1945
LXIV	Cooper, R. W.	Der Nürnberger Prozeß; Krefeld, 1947
LXXI	Guillaume, A.	Warum siegte die Rote Armee? Baden-Baden, 1949
LXXVI	Irving, David	Hitler und seine Feldherren; Berlin, 1975
LXXIX	Piekalkiewicz, Janusz	Spione, Agenten, Soldaten. Geheime Kommandos im Zweiten Weltkrieg; München, 1969
LXXXIV Vol. I–III	Craven/Cate	The Army Air Force in World War II; Toronto, 1951
LXXXV	Dahms, Hellmuth Günther	Geschichte des Zweiten Weltkriegs; Tübingen, 1965
LXXXX		Der Prozeß gegen die Hauptkriegsverbrecher vor dem Internationalen Militärgerichtshof, Nürnberg 14. November 1945 bis 1. Oktober 1946; Nürnberg, 1949.

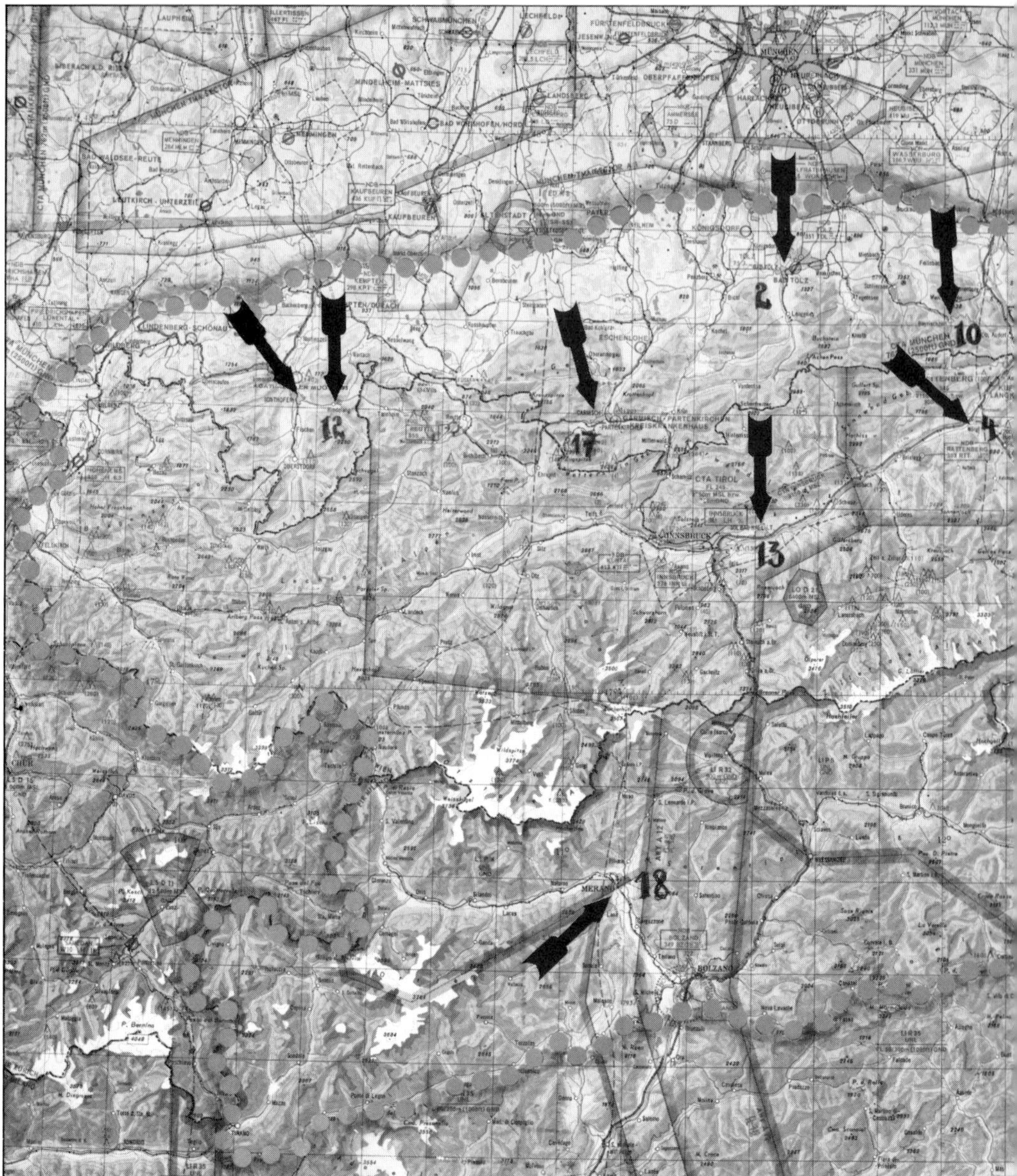

1 Gmunden am Traunsee
V-2 Abschußbasis

2 Bad Tölz
Offiziersschule der Waffen-SS; Trainingsstätte für Kampfschwimmer der SS-Jagdverbände; Sitz des Gen. v. Rundstedt.
Strem, Jennersdorf, Rathersburg
»Südosteinsatz«, Südwallbereich.

3 Berchtesgaden
Sitz von Reichsmarschall Göring, von General Koller.
Standort des OKL.
Sitz von Gen. Feldmarschall Kesselring.

4 Schloß Itter bei Wörgl
Prominenten-KZ.

5 Klagenfurt
Standort des LW-Kdo. »Bienenstock«, Reste des »Unternehmen Werwolf«.

6 Königssee
Sitz des OKW Süd (Gen. Winter)

7 Maishofen b. Zell a.S.
Standort des »Werwolf«-Stabes.

8 Pirtendorf bei Zell a.S.
Sitz von Gen. Feldm. Schörner.

9 Radstadt
Aufenthaltsort Skorzenys, Chef der SS-Jagdverbände, Kdr. »Alpenschutzkorps«.